縞・絣帳　安政元年＝1854　鳥取県日野郡　前田ヤミツ氏旧蔵

木綿手紡糸の作業（1975年，著者）

木綿経緯絣を織る（1985年，著者）

古代米（黒粳米・赤米）の糠で染めた木綿糸（1990年11月）

赤米の芒（のぎ）の拡大写真

古代米を自家の田の隅に栽培している
（1990年10月）

自家栽培で収穫した緑・茶・白の綿

自家の緑綿畑（2008年11月）

ものと人間の文化史

147

木綿再生

福井貞子

法政大学出版局

はじめに

日本近代の急速な資本主義化と度重なる戦争、敗戦、そして復興と経済の高度成長——その中で、私は身辺の主として農山村の木綿衣料に関心を注いできた。自ら織りを学び、村々の絣名人たちを訪ね歩き、忘れられつつあった織り手たちと共に過去の経験を掘り起こし、木綿にかかわる伝承をまとめて『木綿口伝』（第一版、一九八四年）として出版した。この本は予想外の反響があり、うれしかったが、二十五年余を経た今、振り返ってみると、当時の私は若年ゆえに年老いた織り手たちの経験を掘り起こすのが不十分であった。社会は急速な衣料革命の時代に入り、木綿離れはますます進行して、名もない織り手たちを置き去りにして行った。しかし、私の木綿を愛惜する気持ちはますます募るばかりだった。

本書には、木綿を愛し、半世紀にわたって木綿衣料を収集してこられた方々による絣図版を多数掲載させていただいた。汚れた木綿は洗い清められ、着用してきた人々の分身として大切に保存されてきた。これらの資料を提供された福岡県の古賀真理氏、奈良県の堀内泉甫氏、熊本県の吉岡威夫・孝子ご夫妻に心から感謝申し上げる。

日本の庶民の服飾文化史を研究する上で、こうした木綿絣資料が揃えば、後続の研究に役立ち、後世に語り伝えることができる。木綿衣料の技と美をしっかりと記録に留めておきたい。

私は、昭和中期ごろの農村でボロ布を補強して着継いできた女性たちの着古しの文化に、本物の美しさを見ていたのかもしれない。

私は、第二次大戦後の農村で農婦として働き、通信教育で学びながら、学徒出陣から生還した夫の拡大家族と共に貧しい生活と闘ってきた。夫は公務のかたわら平和運動・文化運動に没頭して家庭を顧みない苦しい生活の中で、私にとってその苦しみを忘れさせてくれたのが織物であった。

私は木綿とのかかわりの中で心のときめきと勇気を会得し、機の上で祈り導かれる思いで歩んできた。今、人生の終着点に近く、私の人生の大切な伴侶であった木綿の素朴な美しさを再認識することが、今は亡き皆様へのはなむけともなればと願っている。

本書は、これまで私の『木綿口伝』『野良着』『絣』『染織』の四冊の本を担当して下さった法政大学出版局の松永辰郎氏に勧められて筆をとることになった。最初は「自分史」を書くつもりでとすすめられて、私にはとても書けないとお断りしたが、考えてみれば、私は諸先輩のご指導と激励によって育てられてきたので、そのご恩を何らかの形でお返ししなければと思いなおし、お引き受けすることにした。

私を励ましながら世を去っていった多くの諸氏と老女たち、そして私を暖かく見守ってくれた家族への供養にもなればと思い、浅学を顧みず書き残しておくことにした。諸先輩のご指導を賜りたい。

目次

口絵

はじめに iii

第一章 木綿収集の四十余年 1

一 佐々絣のこと 2

二 古布の祭り展 13

三 絵絣の力強さ 24

四 来民文庫とかすり蔵 31

五 木綿往生記 40

六　蘇る染物　78

第二章　木綿私記　85

一　戦中・戦後の農村で　85
二　農婦と通信教育生　95
三　日本女子大学通信教育で学ぶ　104
四　絣に導かれて　117

第三章　機結びは解けなかった　141

一　夫の仕事　141
二　文化活動　144
三　信じることを織りで学ぶ　154

第四章　浜辺に立って　159
一　「漁火のような広がりを」　159
二　種をまき、芽吹かせた人　166
三　浜辺に立って　171
第五章　木綿を伝え続けて　181
一　織機と猫の思い出　181
二　織物を伝え続けて　190
三　着物つれづれ　198
四　綿を紡ぐ学生たち　220
五　沖縄再訪　237

参考文献・資料提供者一覧　245
あとがき　249

第一章　木綿収集の四十余年

木綿の原料は綿である。綿は最もすぐれた植物繊維として崇められ、正月の神棚には柳の枝に餅花（餅を小さく丸めて枝木に付けたもの）を飾り、綿の木と称して豊作祈願をする農家の慣習があった。江戸末期から綿作が普及しはじめると、米づくりの五倍の収益があがるようになり、米作から綿作へ転作する農家が出てきた。幕府は寛永二十年（一六四三）に「綿作禁止令」を出したが、綿花の需要は急激に高まり、綿栽培は農民の中にしだいに浸透していった。その後、幕府は安政三年（一八五六）には綿作を奨励するに至った。

紡績技術の進展に伴い、綿布の需要が増大すると、農家の女性たちの夜なべの糸紡ぎや機織りの仕事が盛んになった。そして木綿問屋が誕生し、「綿替え木綿」の制度によって在家の子女たちに綿が貸与され、白綿布を織らせた。農家の女性たちは、貸借した繰綿（種子を除去した綿花）を糸に紡ぎ、その手紡糸の出来具合によって収入が決まった。紡糸の訓練は幼少期からスタートさせ、なめらかで上等な糸が紡げるように競い合った。一方、綿作は施肥と灌水の作業が欠かせず、これらの作業は女たちの役割とされていて、砂丘地に水桶を天秤棒で担ぎ、素足で走りながら灌水したことなどが偲ばれる。

織物工場や家庭内での女性たちの重労働によって築かれた木綿文化も、第二次大戦後の昭和三十年ごろから、化学繊維など新衣料の出現により一気に衰退を迎えることになる。社会は高度経済成長期に入り、農山村の生活は生活改善の名の下に一変した。

農家では時代の流行の波に乗ってあっという間に木綿離れを引き起こし、木綿衣料を廃棄して新製品と交換するようになった。

しかし、こうした中でも、木綿に魅せられ、木綿のすばらしさを後世に伝えようと懸命に努力してこられた人たちが各地にいた。ここに紹介するのは、福岡県と奈良県と熊本県で、木綿の収集・展示活動を通じて日本の木綿文化を掘り起こそうとしている方々のことである。

一　佐々絣のこと

平成十八年（二〇〇六）十二月二日の消印で一通の手紙が私に届いた。差出人は水戸市に住む松浦浩子氏（一九四四年生）である。文面は、「……私は二十年ほど前に手織りの手ほどきを受けて織物を始めました。以来試行錯誤しつつ、つたないながら細々と続けております。さて、私事ながら、先年他界いたしました母の遺品を整理しておりましたら、父についての業界新聞の記事の中に祖父のなりわいについて言及されているコピーを見つけました。そこには明治初年から三十三年まで機業を営み

『佐々絣』を織っていたと記載されておりました。父は昭和四十四年に他界しておりまして、私も一度もその事について聞いておりませんでした。近年何とか『佐々絣』の文様を知りたいと存じまして、名古屋のお役所にお聞きしたり、トヨタ記念図書館に行きましたが、いまだ判明いたしません。広辞苑をひもときましたら、祖父たちの出身地（一宮市丹陽町）で寛政年間に工夫されました絣のようでございます。図書館にて先生の高著を読ませていただき、もしや調査方法をご教授ねがえたらと（以下略）」

私は、佐々絣について詳しくは知らなかった。早速手元の『日本機業史』（三瓶孝子著、雄山閣、一九六一年）を調べると、「佐々絣――天正十六年（一五八七）熊本城主佐々成政の没落後、一族が尾張国丹羽郡森本村に移住し、その孫の時代になって名古屋堀川において佐々絣を製織し始めたと伝えられている（『大阪木綿業史』）。おそらく薩摩絣に模したのであろう」と記述されていた。

松浦浩子氏のご尊父、故佐々成三氏について、業界新聞『名文ニュース』（一九六九年八月一日）は次のように記している。

「佐々家は織田信長の麾下にあった富山城主、佐々成政の流れを汲む由緒ある家柄であった。佐々成政は後に九州熊本城主となったが、石田三成に讒訴《ざんそ》され、織田信長の怒りを買って切腹した。その後佐々一門代々は尾張国丹羽郡森本村を郷土として居住した。明治維新後は名古屋の堀川に移り住んだ。佐々成三の父親成一は堀川端で明治初年に機業「佐々絣」を織って営業していた実業家であった。成三氏は明治二十九年父成一の次男として生まれたが、成三氏がまだ五歳の時父成一氏は他界した。

（中略）母りゃうさんは昭和三十三年百三歳で逝去した（以下略）」

松浦氏の祖母は長命で、昭和三十三年（一九五八）まで生存されたが、家業の織物については一言も語らず、母も知らなかった。遺品の新聞記事を見て驚き、自分が藍に魅せられて木綿を織りつづけたことが、祖先からの血の流れに通じる思いがしたようだ。どんな遠い所へでも出かけて行って木綿絣のことを調べたいという松浦氏にお目にかかり、私は「佐々絣」のことを調べることにした。

まず、佐々成政が切腹に至った経緯について、『熊本県の歴史』（山川出版社、一九九九年）は次のように記している。

松浦浩子氏の織物工房・クラフトパイン
（茨城郡城里町の小高い里山に建つ）

「佐々成政は織田信長の家臣で猛将として名高かった。天正三年、信長が越前を平定すると府中城を与えられ、ついで越中を与えられて富山城主となった。本能寺の変ののち柴田勝家に属したが、勝家の滅亡によって秀吉に降った。しかし、天正十二年、小牧の戦いには織田信雄《のぶかつ》にくみし、秀吉方の前田利家と戦った。四国を平定した秀吉が十三年八月、大軍を率いて富田城に迫ったので降伏した。秀吉は越中国を前田利家に与えたが、信雄の命乞いによって成政を許し、新川一郡を与えた」

この記述から、猛将であった成政が「信長の怒りを買って切腹した」というのは間違いであったことがわかる。同書の記述はさらに続く。

「秀吉は天正十五年（一五八七）三月に大軍を率いて九州に進出すると、あいついで秀吉のもとに馳せ参じ降伏させた。（中略）六月二日に隈本に至り、肥後一国を成政にあたえ、七日箱崎において小早川隆景に筑前、筑後を、黒田孝高《よしたか》に豊前六郡をあたえるなど九州の国割を行ない、大坂に帰還した。（中略）その直後、検地をめぐって国衆一揆が起きたのである。（中略）国衆一揆は新領主・佐々成政の所領差出し要求に対して抵抗した。（中略）有力国衆を糾合し、三万五千の兵をもって隈本城に迫った。秀吉は一揆蜂起の知らせを受け、その原因は佐々成政がにわかに検地を申しつけ百姓以下が迷惑におよび一揆を企てたものと思った。（中略）秀吉は天正十六年（一五八八）閏五月十四日佐々成政を尼崎で切腹させたあと、翌十五日付で肥後国を加藤清正、小西行長に分けあたえた」

このように、佐々成政の失政によって反乱軍を鎮圧できなかったことが秀吉の怒りを買い、天正十五年六月に隈本城主となった成政は、わずか一年後に滅ぼされてしまったようである。

その後、一族は尾張国丹羽郡森本村に居住し、佐々絣の生産を始められたようであるが、その生産規模や絣文様などについては不明で、今となっては誰も知る人はいない。

私は松浦さんに、図書館で調査を依頼してはどうかと助言した。ところが彼女からの手紙で、インターネット上で「筑紫次郎の世界」（久留米絣・小川トク伝、ホームページ）として福岡市の古賀勝氏が報告している文中に「佐々機」という言葉を見つけたが、佐々絣との関連はいかがなものだろうかという知らせを受けた。「軽くて使いやすい名古屋の佐々機の技術を取り入れた」という古賀氏の記述通り、佐々機は久留米絣にも応用されていた。また、国立国会図書館デジタルアーカイブポータルの「佐々絣」の項に「機具ニハ古管公の発明セルモノナリト言フ処ヨリ所謂管大臣の称アルモノヲ用ユ大体ノ構造普通ノ手織機ニ類シテ頗ル低ク一見窮屈ノ感アルモ絣ヲ整フル上ニ於ては便利之ニ優ルモノナシト云フ（尾濃機業取調報告書、高等商業学校、田村信三、浅井義三、明治三十四年四月）」という記述を見出すことができた。上の文中、「絣ヲ整フル上ニ於テハ便利之ニ優ルモノナシ」とは、織機の間丁《けんちょう》を短く（註・機に経糸が流れる距離を短くすると絣糸が乱れない）し、織り元を狭くした軽い機のようである。佐々絣と共に佐々機が登場し、絣製織の能率を上げていたと考えられる。

『絣之泉』

二〇〇七年四月から五月にかけて、倉吉絣保存会（三十五周年記念）と倉吉市は「倉吉絣を織り継ぐ」のタイトルの下に倉吉市博物館の収蔵資料を展示して、倉吉絣保存会員の作品も所狭しと出品された。ガラスケースの中は書物や絣見本帳、型紙などである。その中に古書が見開きで陳列され、絣柄を一面に短冊に並べて掲載した書物が目にとまった。たしかに見覚えのある本であり、「佐々絣」の文様を捜し求めていた私は、ガラスケースに顔を付けて覗き込み、「この古書の文様集の中に佐々絣がきっとある」と直感した。展示会の最終日の後片付けの際に学芸員の関本明子氏に願い出て、この書物を閲覧する機会を得た。私の予想通り、そこには佐々絣のことやその文様が記録されていた。

私は昭和四十年（一九六五）に『絣之泉』という古書を故・桑田重好氏（元倉吉桑田絣工場主、愛知県刈谷市、一八八六―一九七七）から一か月間借用していたことがあるので、見覚えのある書物だった。当時、私は『倉吉かすり』（米子プリント社）を執筆中で、桑田氏にご指導いただいていた。桑田氏は京都工芸繊維大学を卒業後、家業の倉吉桑田機工場の後継者として絣産業の発展に尽力され、機業の衰微と共に工場を整理して愛知県刈谷市に移住された。刈谷市では高等学校の教職を歴任され、倉吉に帰られたときはいつも私を呼び出しては、倉吉絣の大綱を話され、「倉吉絣を伝えてくれ」と何度も懇願された。そして『絣之泉』を「参考書だ」と言って渡された。同書には第五回内国勧業博覧会（明治三十六年）に三等賞に入選した倉吉絣の図柄が掲載されていること、また、第三回内国勧業博覧会（明治二十三年）に出品した桑田勝平氏は重好氏の祖父で、女物経緯蚊絣の着物で銅賞を受賞していることなどを知った。

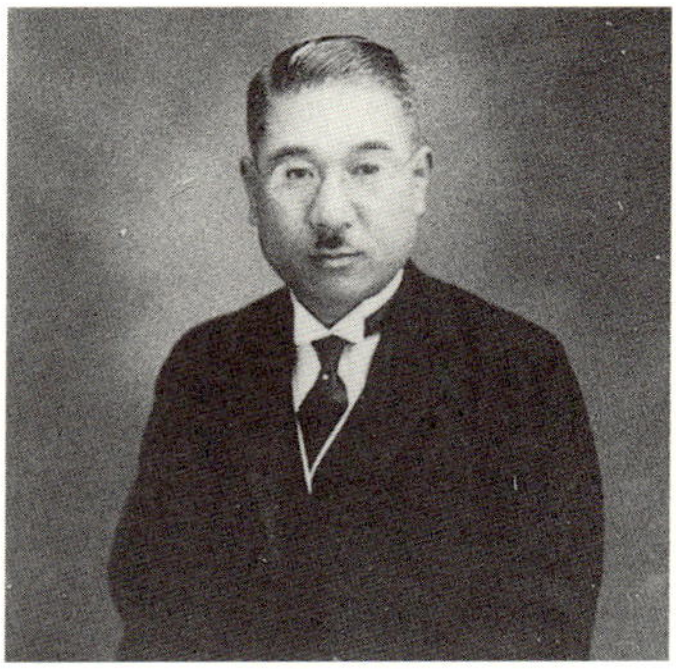
桑田重好氏（1886-1977）

私は桑田氏から倉吉絣資料の提供とご指導を受けた。そして、かつての自営絣工場の図柄三十五種類を手描きにして模倣を勧められた。（本書六六～七三頁参照）

『絣之泉』はその後桑田重好氏から倉吉市博物館に寄贈されたまま、長い間眠っていた。

私は念願の「佐々絣」の文様を見出すため、薄暗い博物館の中で古書に目を釘付けにして一頁ずつめくっていった。六百種類もある図柄の中で、やっと「佐々絣」を確かめることができ

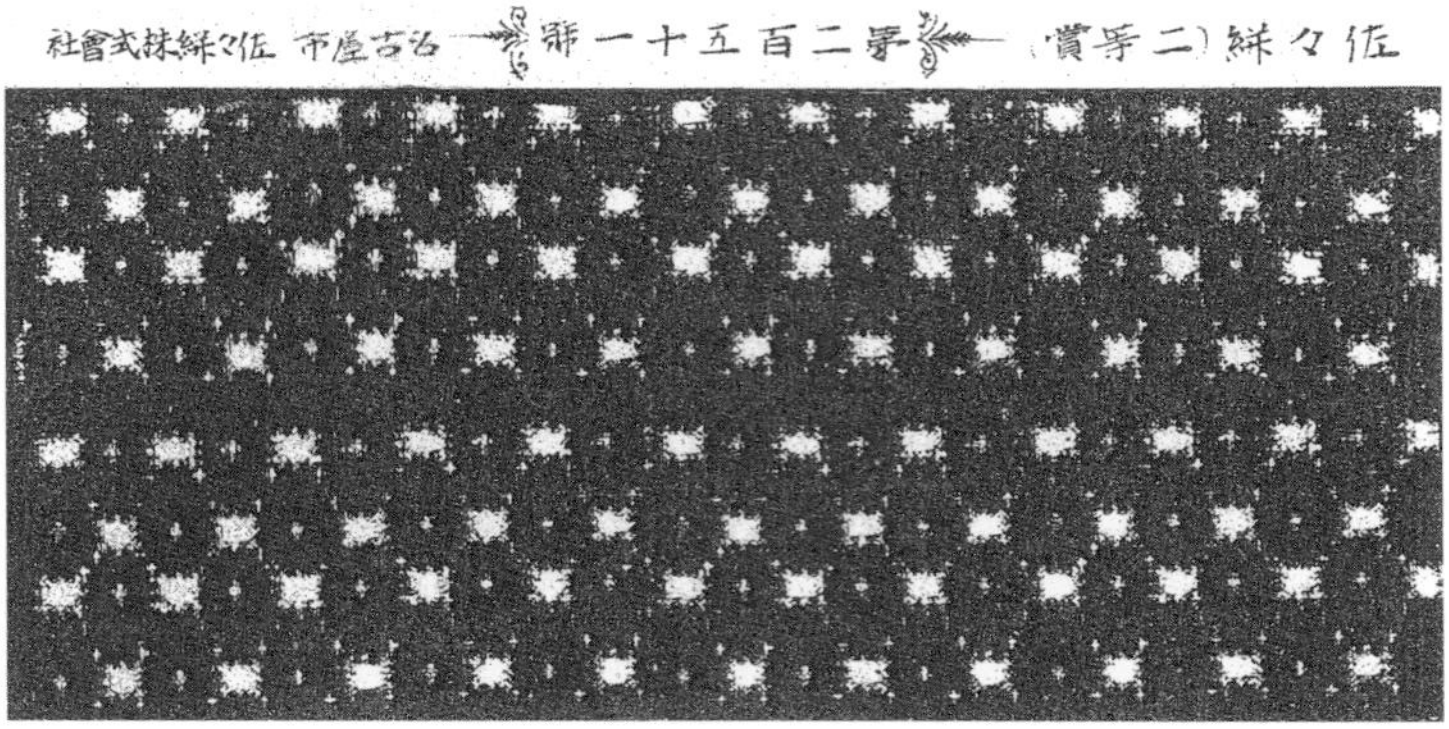

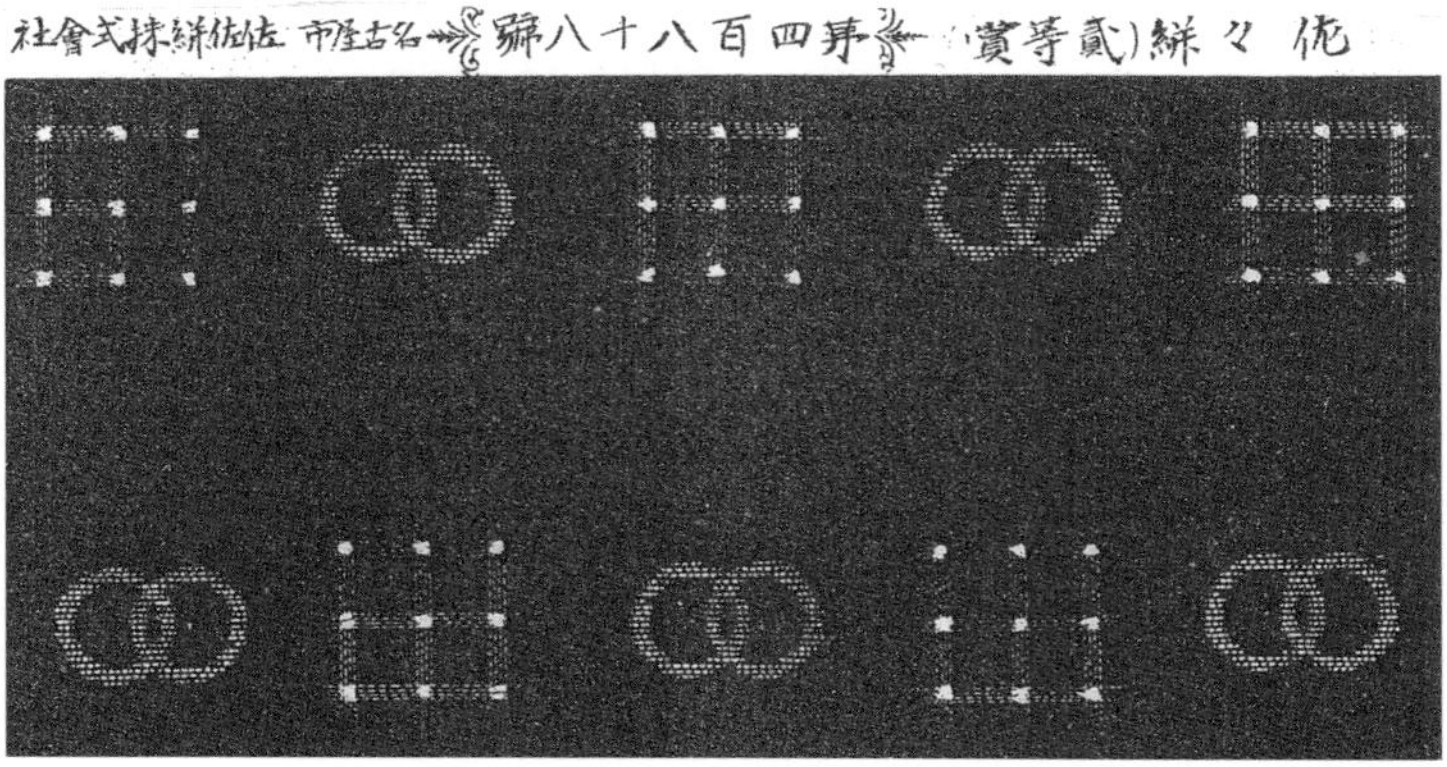

第５回内国勧業博覧会（明治36年）で二等賞（上下とも）の佐々絣
（『絣之泉』明治37年，同仁社より）

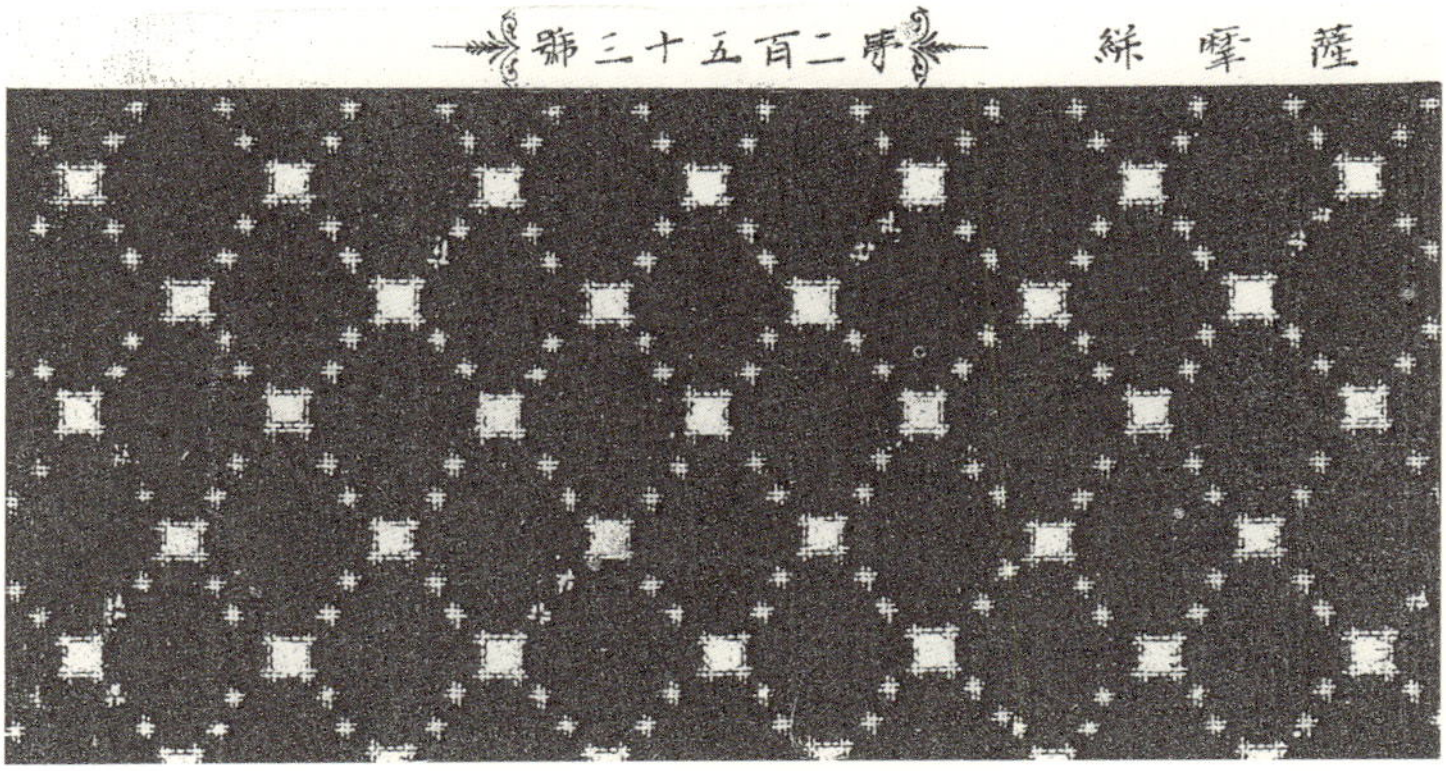

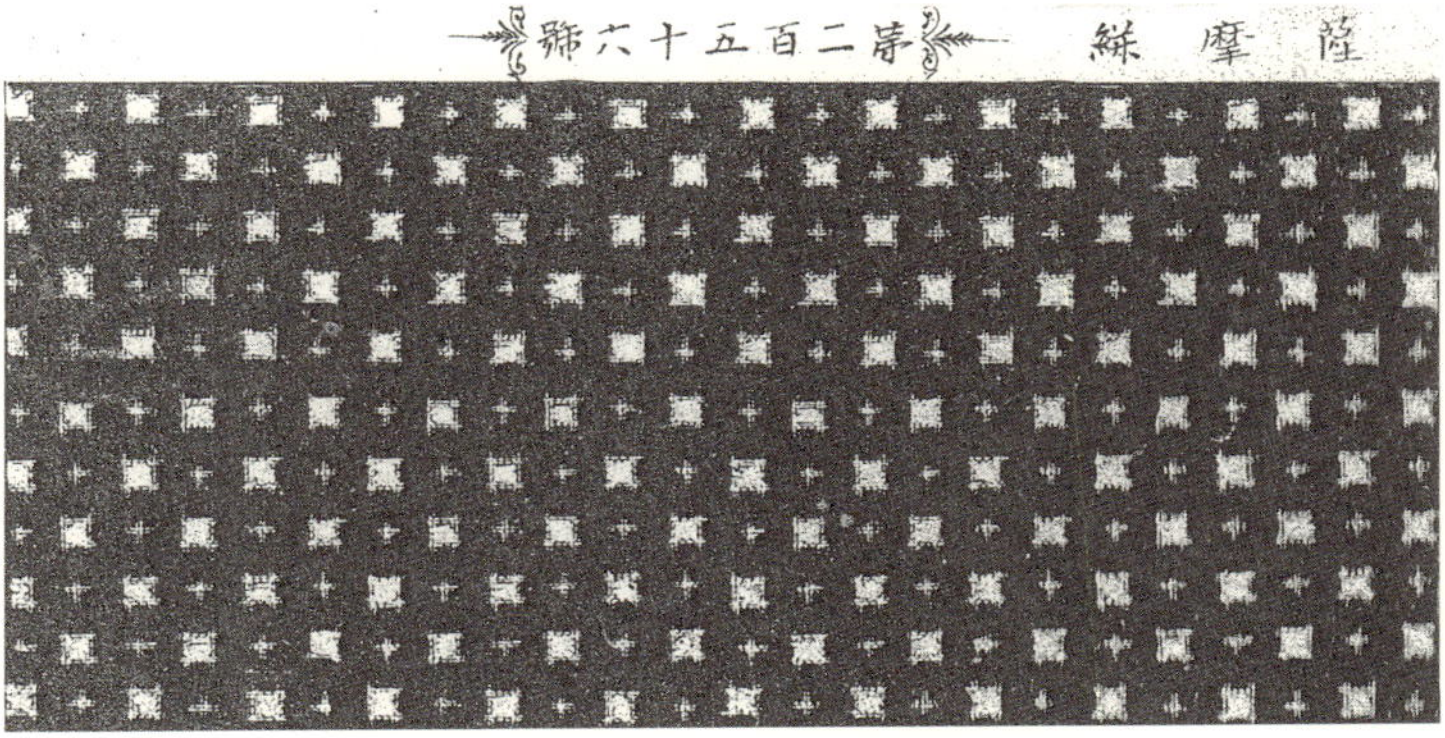

第５回内国勧業博覧会（明治36年）に出品された薩摩絣（上下とも）
（『絣之泉』明治37年，同仁社より）

た。「佐々絣二等賞、第二五一号、名古屋市佐々絣株式会社」「佐々絣貳等賞、第四八八号、名古屋市佐々絣株式会社」の二点を捜し出した。私の胸は高鳴り、手の汗を拭きながら佐々絣図案と対面した。しばらくは眼がかすみ、何も見えなくなった。喜びの気持ちを抑えながら「佐々絣は薩摩絣を模している」と記した文献のことを思い出し、薩摩絣第二五三号と同第二五六号を拾い出して佐々絣と比べてみた。両者とも幾何学文様で、とてもよく似ていた。

『絣之泉』は内国勧業博覧会出品作六〇〇種類を収録しているが、小絣が多く、ほとんどが幾何学文様であった。これは、小柄を至高の技術として評価し、製品の高低の基準としていたことを証明している。

佐々絣の文様を見出したことを松浦氏に報告し、私は市立図書館に出かけた。『絣之泉』を検索すると、地方の図書館にはこの書物はなく、京都工芸繊維大学図書館や国立国会図書館などに数冊しか残されておらず、しかも禁帯出となっていることが判明した。

二〇〇七年五月二十二日、松浦浩子氏が市博物館においで下さった。『絣之泉』を拝見し、「佐々絣」の図案と解説文のコピーを願い出て許可された。「これで念願がかない、先祖の墓に報告できます」と、佐々絣のコピーを胸に抱いて喜ぶ松浦氏の姿に、私はほっと溜息をついて「よかった、博物館の皆さんに感謝します」と言った。

佐々成政が無念の最期を遂げた後、一族が織物業で生計を営まれたことは前に記したとおりである。成政の没年（一五八八年）から松浦浩子氏の祖父・成一氏の没年（一九〇一年）までの三百余年の年月を経て、今、孫の浩子さんによってその歴史が語り伝えられる。十年前のことが次々に忘れられていく超スピードの時代に、忘れられた歴史が奇跡的に蘇ったのだ。「藍木綿に魅せられた」浩子氏はきっと先祖から目に見えない糸によって導かれて『絣之泉』に出会われたのだろう。

『絣之泉』は佐々絣の沿革について次のように解説している。

「名古屋市ニ於テ産出スル佐々絣ハ従四位少将陸奥守佐々成政ノ孫成善ノ創作スル所ナリ元和年間尾州丹羽郡森本村ニ住居シテ始メテ絹織物ノ錦綾ヲ製造シ五世ノ孫成達ニ至リ天明年間之ヲ木綿織ニ改メ其子成信ハ居ヲ名古屋ニ転シテ文化年間絣織入法ヲ発明セリ下テ文政年間ニ至リ世人ハ之ヲ佐々絣ト称シ大ニ珍重セシヨリ次第ニ流行シテ名声四方ニ拡マレリ其子成重ハ染法其他ニ種々ノ改良ヲ加ヘ維新ノ後会社組織トナシ明治二十六年佐々絣株式会社ヲ起シ爾来絣器機ヲ発明シ図案ニ意匠ヲ凝ラシ研究熟練ノ結果良好ノ品ヲ製シ販路ノ拡張ヲ見ルニ至レリ染料ハ主トシテ尾州産出藍ヲ用ユ」

また、同書に掲載された佐々絣の産額は次のとおりである。

年次	産額（反）	価額（円）	平均価格（円）
明治三十二年（一八九九）	一七、四二〇	四八、九五〇	二・八一
三十三年（一九〇〇）	二一、四八〇	六八、二四〇	三・一七
三十四年（一九〇一）	二四、一〇五	七二、〇五〇	二・九八

絣織物年次産額統計表（明治三十二年〜三十四年三ヶ年間調査）

府県名	名称	年次（明治）	産額（反）	価額（円）	平均価格（円）	機台数
愛知県	佐々絣	三十二年	一七、四二〇	四八、九五〇	二・八一	
		三十三年	二一、四八〇	六八、二四〇	三・一七	
		三十四年	二四、一〇五	七二、〇五〇	二・九八	
広島県	備後絣	三十四年	六二一、〇〇〇	九三一、五〇〇	一・五〇	
		三十五年	四九六、八〇〇	六九五、五二〇	二・四〇	
		三十五年	三七二、六〇〇	四八四、三八〇	一・三〇	一二、四二〇
愛媛県	伊予絣	三十三年	一、〇三七、五〇〇	一、一九八、三七三	一・一五	
		三十四年	一、〇六二、八三〇	一、四五〇、七六三	一・三七	一七、一五七
		三十五年	一、五五四、一五一	二、一三六、五七〇	一・三七	
福岡県	久留米絣	三十四年	九四一、五二〇	一、八八三、〇四〇	二・〇〇	四一、二一〇
		三十五年	九九二、五〇〇	一、九八五、〇〇〇	二・〇〇	四二、三二〇
		三十六年	九四七、二一六	一、八九四、四三三	二・〇〇	四二、五二〇
鹿児島県	薩摩絣	三十四年	一三、〇〇〇	三六、四〇〇	二・八〇	一、二〇〇
奈良県	紺地大和絣	三十四年	六五〇、〇〇〇	八七五、五〇〇	一・三五	
		三十五年	八〇〇、〇〇〇	一、二〇〇、〇〇〇	一・五〇	
		三十六年	六五〇、〇〇〇	九一〇、〇〇〇	一・四〇	

（同仁社『絣之泉』（明治三十七年）を参照して作成）

同書に掲載された一覧表で明治三十五年度の各産地の産額を見ると、トップは伊予絣で一五五万四一五一反、価額は二一三万六五七〇円、平均価格は一・三七円と安価である。佐々絣の平均価格は、日本の四大絣、久留米・伊予・備後・大和と比べて最も高い。よほど良質の製品が産出されていたことだろう。

佐々絣の調査後、松浦氏と私は市内で食事をしながら、彼女が持参した写真を見て話を聞いた。「山の中の織物工房はクラフトパインといい、そこで織ったテーブルセンターの上に夫の作った工芸品を置いて、趣味を生かした生活をしています」と語る彼女の姿は民芸品と自然を愛する暮らしぶりをそのまま表わしているようだった。

佐々絣の調査はきっとご先祖の供養になることだろう。調査しなければ風化し、忘れ去られてしまう伝統を発掘できた喜びは大きい。私は先人たちの功績に感謝しつつ、ありがたい安堵感を得て彼女と別れた。

二　古布の祭り展

北九州市に住む古賀真理氏（一九五二年生）は「伝」と称する古布の祭り展を主宰する。彼女は、木綿衣料や絣を集めて北は北海道から南は沖縄まで各地の画廊などで展示即売会を開いている。こうして全国を歩きながら、地方ごとの衣類を収集し、その一部を和洋折衷着に仕立て替えて人気を呼んでいる。

私の町には二〇〇〇年頃においでになった。最初にこの町で展示会を催すにあたり、地方新聞の取材に「『木綿口伝』を読んで感動し、木綿の古布を九州で集めるうちに、木綿に魅力を感じて展示会を始めた。すると木綿の大好きな方々が集まって、次回は展示即売会をしてくれということになって、この仕事を本業にするようになった。著書に感銘をうけたので、この倉吉で開催するのが夢だった」と語った。

彼女は私の絣舎においでになり、「和絣や古布を展示しているし、改良服も並べているので、ぜひ出かけてほしい。倉吉で展示会がもてたことが幸せです」と話した。各地に一週間ほど滞在しながら古布の文化を伝える彼女に共鳴し、毎年恒例のお祭り展には、絣の生徒や知人たちと出かけて古賀さんに教えられて一緒に学習している。

古布の祭り展に展示された古布の中から、糊染め中型絵文様の彩色について述べてみたい。布団用布一幅布に桜花文を糊伏せし、地色は弁柄《べんがら》で染めている。弁柄染めは鉱物染めに属する。また、更紗布団用の鳳凰と桐の文様を藍と漆汁で部分的に染め、地色は栗で染めている。紅花染めに藍と黄色を加えたり、きはだ染めに藍を加えて緑色に染めたり、古布からはいろいろと学ぶことが多かった。

筒描き布団と風呂敷は、いずれも婚礼用の遺品である。枝牡丹文様に唐獅子を絵画のように藍の濃淡と紅花で染めている。第3図の風呂敷は、隠れ蓑と小槌の吉祥文を多彩色で重厚に表現している。

古布の祭り展は大半が藍染めの木綿製品や裂布であるが、洗いざらしの木綿の柔らかで藍の褪色した美しさに出会える場である。

3　家紋に隠れ蓑と小槌文
手紡　2.5幅風呂敷

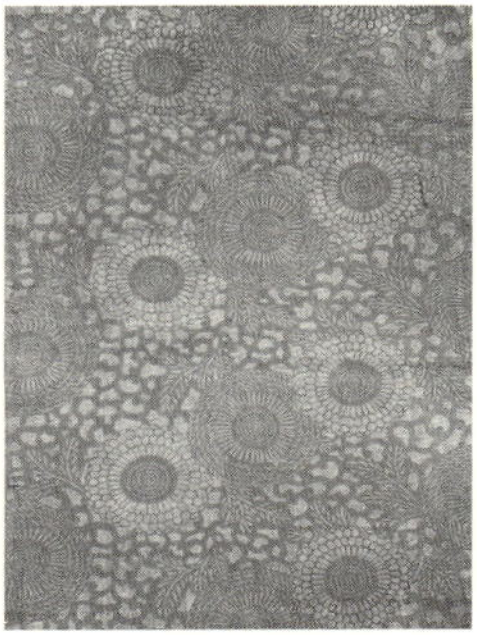

2　菊花文弁柄　きはだと
藍　1幅布団

1　紗綾に龍文　型染
弁柄　1幅布団

6　桜花文　型染　弁柄
1幅布団

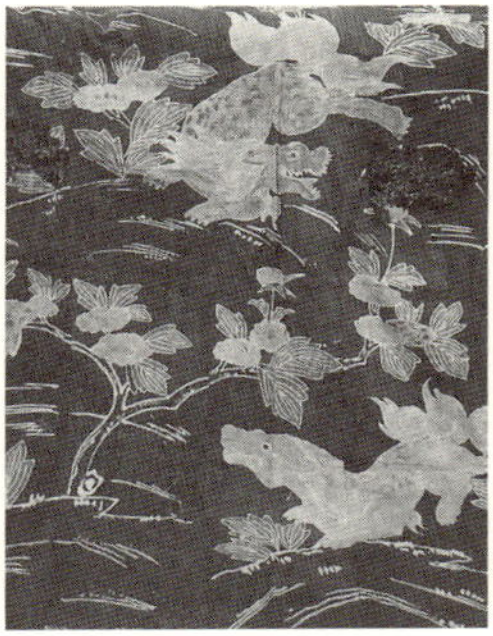

5　枝牡丹に唐獅子文
筒染　布団　紅花と藍

4　菊花入り七宝文　型染
藍　1幅布団

7　鳳凰と桐文　更紗　2幅布団
栗，藍，漆染

「古布の祭り展」より（1）

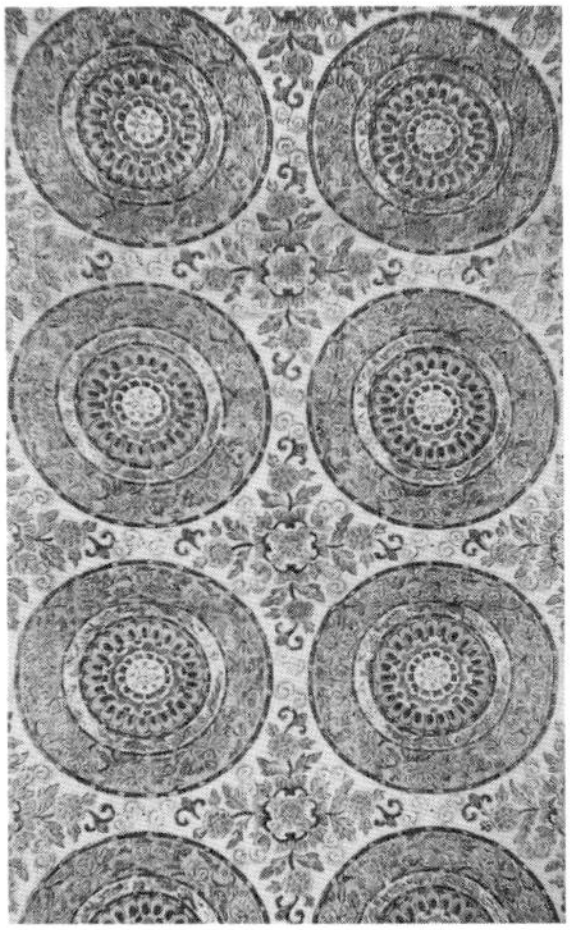

9　丸輪菊花文　1幅布団　更紗
藍ときはだ

8　白地花文　型染　1幅布団　藍

11　枝菊花文　型染　1幅
布団　紅花と藍　茶色を残
している

10　亀甲花菱文　型染　1
幅布団　弁柄　藍ときはだ
で緑

「古布の祭り展」より（2）

12　木綿甘木絞り長着物　明治初期（福岡）　前身（左）と同後身（右）
丈136 cm，ゆき55 cm，袖丈50 cm，重量450 g

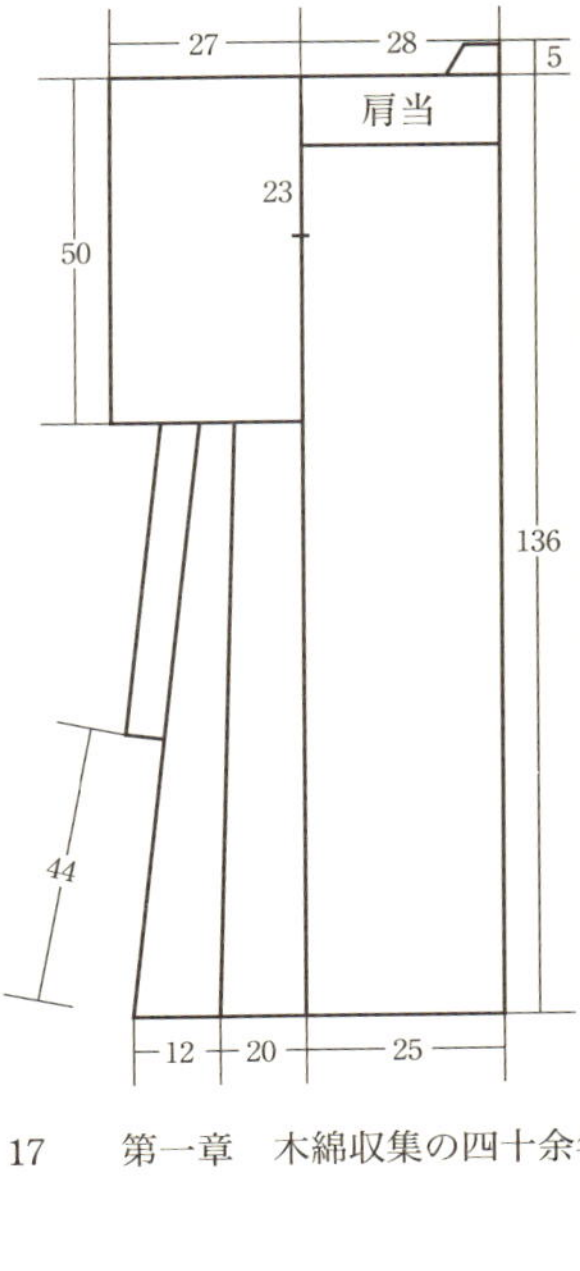

13　同上後身の部分拡大

「古布の祭り展」より（3）

「古布の祭り展」より（4）

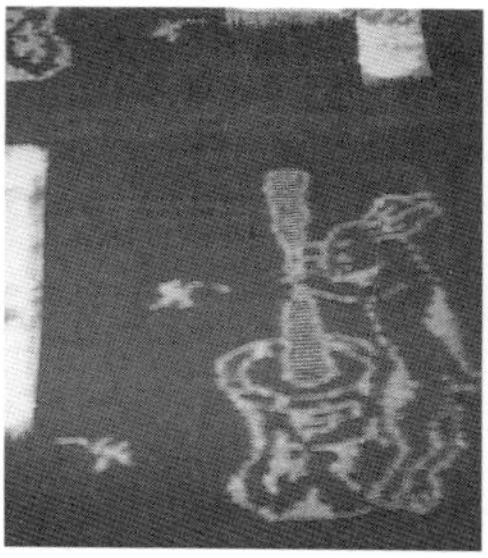

16　兎の餅つき文　1幅布団　久留米絣

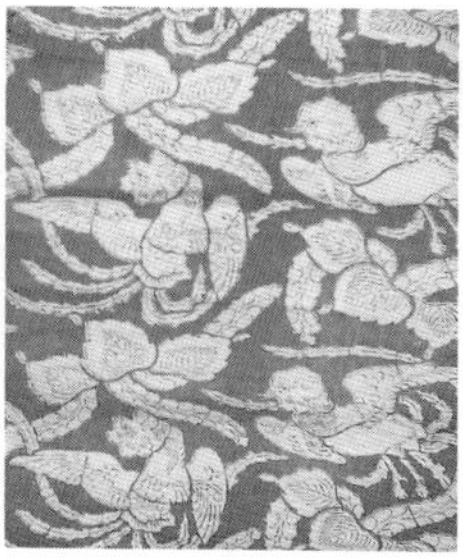

15　鳳凰と桐文　型染1幅布団　弁柄染

14　「楽」文　5幅木綿絣布団久留米（大正～昭和初期）

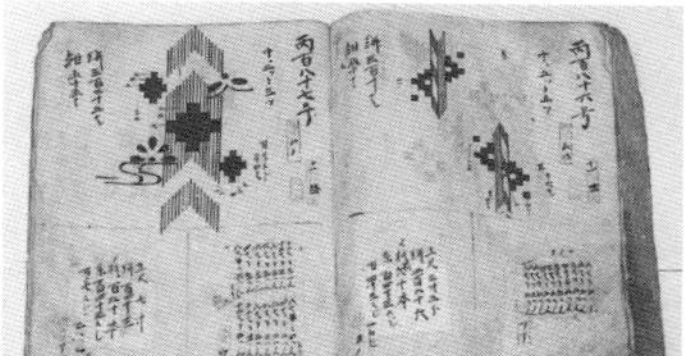

18　嫁入り布団（夜着）明治後期，倉吉，下の『船木絣』187号のデザインによく似ている

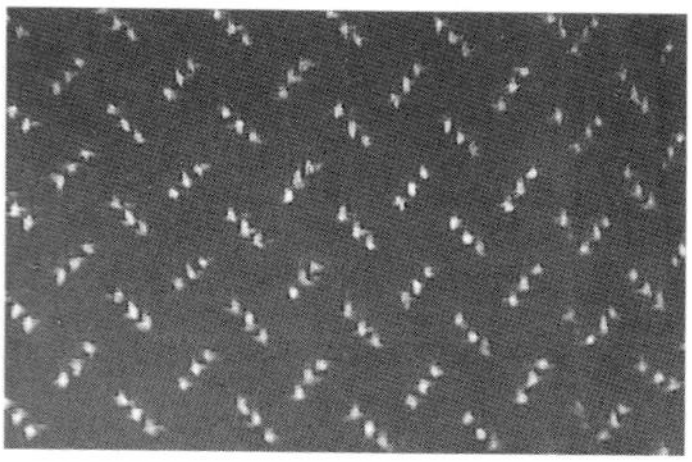

17　繻子掛衿女物袷長着物　経緯三段紗綾文（明治期，倉吉絣）
下は上掲着物の部分拡大

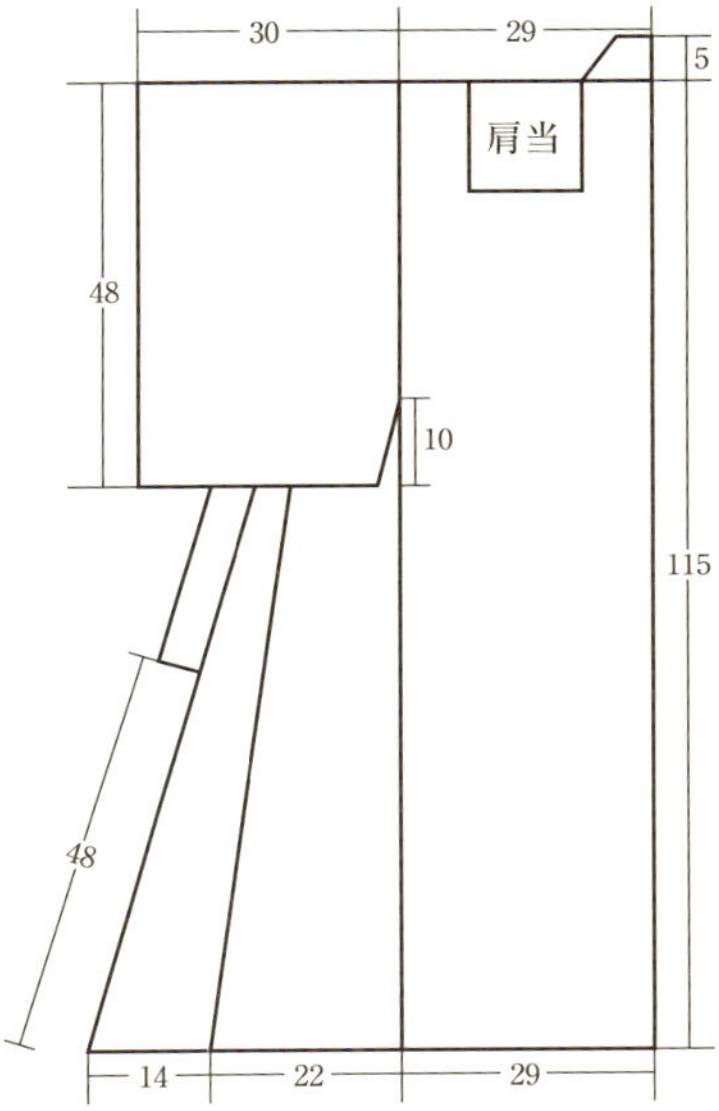

20　（男）麻着物（明治期，対馬麻）750g

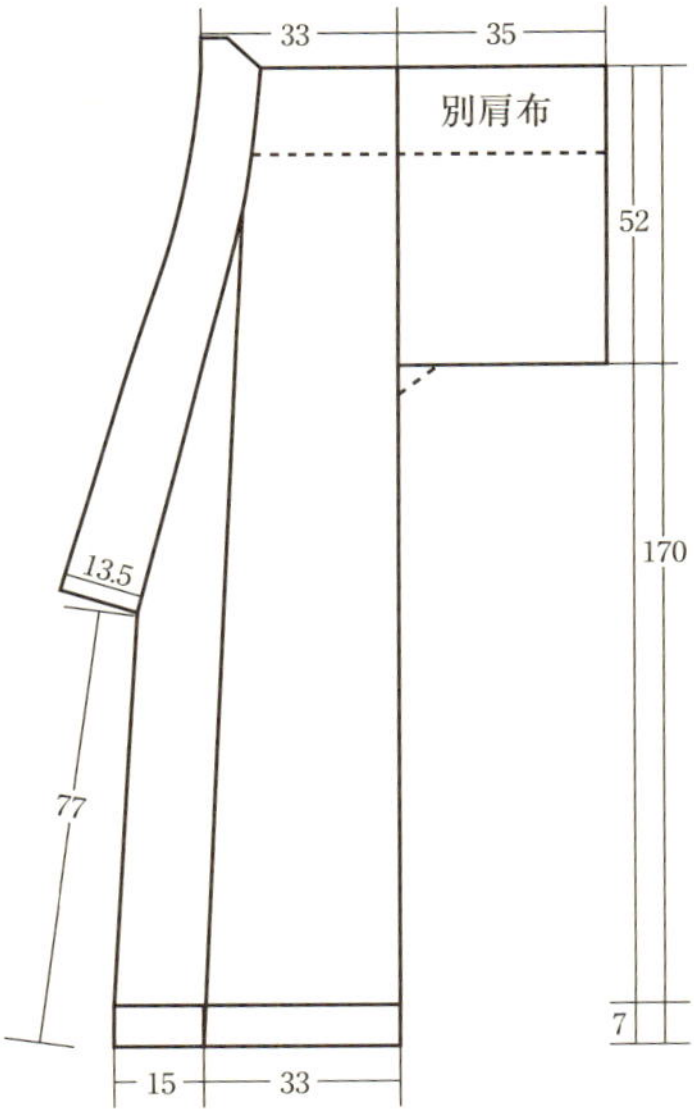

19　木綿絣袷夜着（18図のもの　倉吉，明治後期）1650g

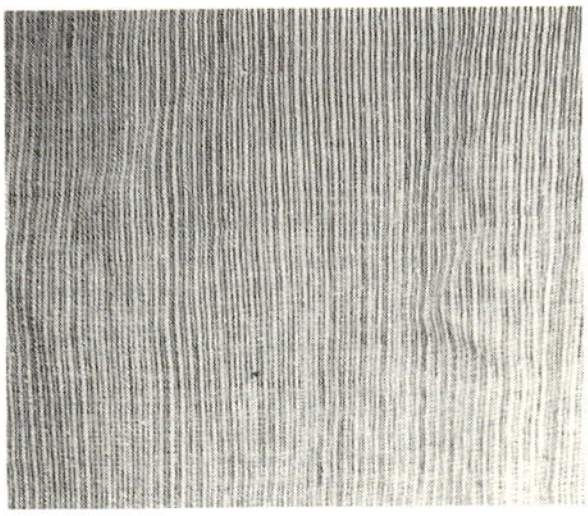

21　男物麻着物　対馬麻
密度：経16本／緯10本／1 cm
右図の着物部分拡大

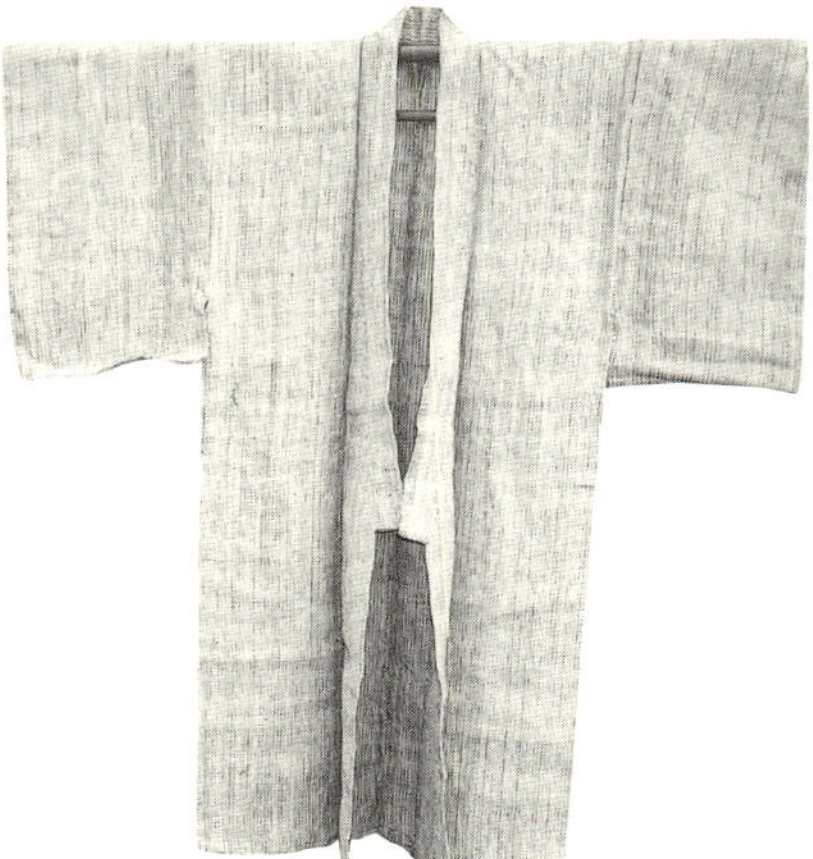

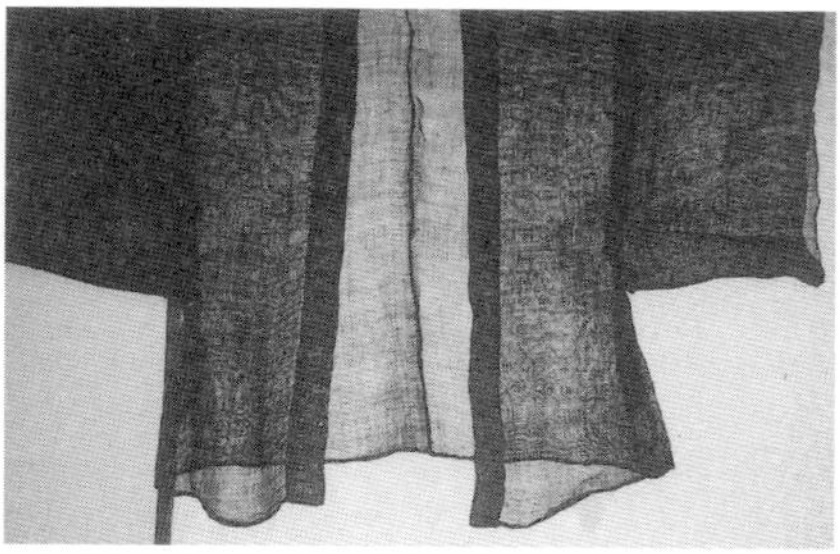

23　裂織り前掛　佐渡　大正期
35×80　ひも108×2　200 g
下は同拡大（密度：4 段／1 cm）

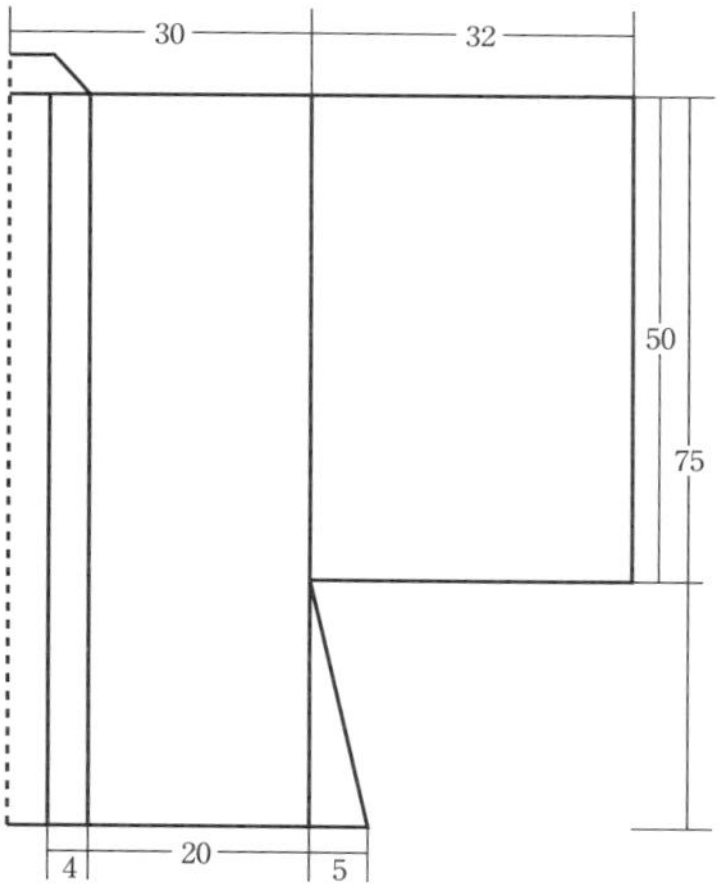

22　麻捩り織り羽織　250 g

中には、12図のような明治初期の木綿絞りが見られる。甘木しぼりは久留米絣の産地で作られたもので、絣の前史の産物として有名である。これを手に取って調べてみた。女物長着物の背を中心に鎧《よろい》を染め、裾から肩まで老松樹を配した絞り文様だった。この着物は護身と長寿の願いをこめてつくられたものと感じた。重量は四五〇グラム、木綿濃紺染めである。

また、古賀さんは「珍品」として21図の麻着物を示された。対馬麻の男物着物で、今では見られないものだという。調査を許可されたので織り密度を調べてみた。経糸は一センチ間に一六本、緯糸一〇本が平織りされ、どっしりと重い。着物丈は一一五センチと短く、袖丈は四八センチ、全体の重量は七五〇グラムだった。また、22図の麻の羽織は麻捩《もじ》り織りで、絡み合って目を粗くつくる織り方で清涼感がある。男性用の軽い羽織で、重量は二五〇グラムだった。この透けるような美しさは洋装にマッチするのではないかと思い、私が購入した。

展示会場の正面には久留米絣「楽」布団の文字絣が掲げられていた。五幅構成で一七二センチ×一八〇センチの大布団は額縁裏付きで一・五キロの重量があった。この絵絣を眺めていると、楽しさを願う心と敬虔な祈りの気持ちが迫ってきた。すべて経緯絣工程の白場の美しさにどれほどの愛をこめて織られたことか。機音まで響いてくる気持ちにさせられる大作である。また、久留米絣のウサギの餅つき文様のデザインもすばらしい。幾何学文で月と雲を表現し、月夜にウサギが餅をつくそのデザインは夢見心地にさせる（16図参照）。

この展示会では、木綿の染物、筒袖、中型、小紋、更紗染め、絞り、織物では紺地、縞、絣、裂織りと多彩である。用途も着物、帯、襦袢、腰巻、仕事着、布団、風呂敷、袋類、のれんなどの多岐にわたっている。色彩は前記のとおり、紺と白場だけの文様ではなく、あらゆる天然の草木樹や鉱物で染め出し、各種の染料をミックスさせたり、媒染剤で発色させて定着させている。

この催しは古布を鑑賞しながら先人の手わざと色彩感覚を学ぶ絶好の場所で、私はすっかり「伝」のファンになってしまった。彼女のデザインした古布パッチワークの和洋折衷服は、並幅を直線のまま生かして縫製していて、着やすくて布の無駄がない。

二〇〇七年六月二十九日から一週間、毎年恒例の「古布の祭り展」が市内の百花堂で開かれた。私は市の生涯学習センターで教えている生徒たち十名と一緒に行った。木綿絣を中心に、手に触れて産地を確認しながら鑑賞した。初めて見る絣は手ごろな値段のものは購入し、高価なものは触感を楽しんだ。機械絣と手紡糸の手前織りの違いは、よく見て素手で触れて覚えること、重量感があり、風合いのいい絣がいいものだと生徒たちに話した。

催しの最終日は七月五日で旧暦の節句である。わが家には匂い菖蒲を植えた田圃がある。十年前に亡夫と減反した田圃に千株の菖蒲を手植えしたものだ。連日大勢の見学者に古布や木綿のすばらしさを伝えている古賀さんへのお土産にしようと思い立ち、七〇センチほどに伸びた菖蒲数十本を束ね、根元に水分を含ませてビニール袋に入れた。そして新聞紙に包んで早速会場へ持参した。市内のパッチワークの先生や「伝」の常連たちが楽しそうに語り合っていた。古賀さんは午後三時に店を閉めて夜行列車で九州へ帰るという。「菖蒲風呂は初めてだよ」と、古賀さんは喜んでくれた。

ふと周囲を見ると、初日にはなかった絣着物などがうず高く積み上げられている。それは地元の倉吉絣だった。男物絣袷着物、単（ひとえ）などの小絣数枚と、布団絣、夜着裏付き、経緯矢絣に蝶と水輪を組ませた秀作で、中綿を抜いているが、新品に近い嫁入り布団と思われる。そして、18図の夜着は、倉吉船木機工場の絣見本帳丙一八七号によく似たデザインで、私が捜し求めていた絣だった。また、17図の女物袷着物の小絣は、経緯市松三段摺《ず》り紗綾文の高度の技術を駆使した逸品で、これも新品に近い。広幅衿に黒繻子の半衿を付け、一センチの裾出袘《ふき》（裏を表布より長く出す）に綿を入れて縫製している。表、裏地とも手紡糸織りのどっしりとした（重量は一三五〇グラム）着物で、袖丈が五七センチと長い袖である。

倉吉市内の誰かが土蔵に保管されていた祖先の木綿絣を売りに出したのだろうと推測しながら、私はこれらの優れた絣の労作と対面して立ち尽くしていた。

古賀さんは、一昨年の展示会中に「山間の村の女性が、蔵の中を見て、古布と絣を買い取ってくれとのことで、夕方ハイヤーで出かけたが、蔵の中でも保存状態が悪く、穴と染みだらけで、一枚も買わずに帰ってきた」と話していた。それに比べて、今年のこの絣遺品はじつによく保存されている。この町には蔵が多く残っているので、まだまだ木綿絣が蔵の中で眠っていることを実感した。

積み上げられた絣を眺めているうちに、私は「これはこの土地の宝物だ。パッチワークに切られたら困る」という思いが込み上げて来て、思い切って絣を買い取りたいと申し出た。古賀さんは「この絣のすばらしさがわかると、もう手放せない、自分で持っている」と最初は抵抗したが、いろいろと話しているうちに、最後は私の衝動買いを快く許してくれた。そして「これを買った値段にします。絣舎で大切にしてね」と言ってくれた。私は早速購入資金を用意して戻り、この絣たちを胸に抱いて、遠くに行かないでよかったとしみじみ思った。

木綿古布を愛する古賀さんも、掘り出し物を手放したくなかったにちがいない。しかし、「土地の宝物を残して」という私の気持ちを理解してくれた。倉吉絣の優秀さ（手織りで手紡糸を使う）を私は出版物で紹介してきたが、その影響からか、今では倉吉絣は手の届かない高額商品になっている。今回は「匂い菖蒲が取り持つ縁」で絣の移動をくいとめ、この土地でこのままの姿で保存することになった。きっと闇に消えた織物の作者たちが私に味方をしてくれたのだ。

絣と一緒に家路につき、早速衣桁に着せ掛けて眺めた。陽だまりに照らされた絣の美しさ。最高級の着物として、着ることを惜しみつつ大切に保存されていたのだろう。そしてこの絣を織った先人は、娘への愛情と幸福を祈りつつ機を織ったにちがいない。

三　絵絣の力強さ

奈良県吉野郡下市町の堀内泉甫《いずほ》さんは木綿が大好きで、なかでも絵絣の収集家として有名である。とくに久留米絣の五幅布団地の大作をたくさん所蔵しておられる。彼女とは三十年来の友人で、わが家にも二度ほどおいでになった。

二〇〇七年の九月末、彼女の招きで吉野のお宅に伺うことになった。早朝の高速バスで大阪に出て、近鉄電車の吉野行きに乗車する。橿原神宮や飛鳥の駅を越えて下市口駅に到着したのは午後一時だった。駅からタクシーでお宅へ伺うと、堀内さんが門の前に立って出迎えてくれた。家の門扉は檜の柾目が使用され、玄関に入るなり分厚い檜の板と欅柱が目について、山林持ちの地主のお宅であることを表していた。彼女の便りによると、「南北朝時代、奈良県吉野郡下市の地区には、秋津城、竜王城、善城《ぜんじじょう》城の三城があり、堀内家は竜王城に住んでいた（『大和下市史』昭和三十三年発行）とあります。戦国時代、筒井順慶により城を焼かれ山を降りました。家の前の持山は檜の六十年生で（後略）」と記されていた。

堀内さんは昭和五年（一九三〇）父堀内与四郎・母楢野《ならの》の間で三姉妹の長女に生まれ、婿養子に文男さん（二〇〇五年に七十七歳で死亡）を迎えて子息に恵まれている。

堀内さんの祖母は奈良県郡部の大和の白絣産地から嫁に入られ、堀内さんはいつも絣の話しを聞いて育ったという。家の裏を流れる吉野川の支流、秋野

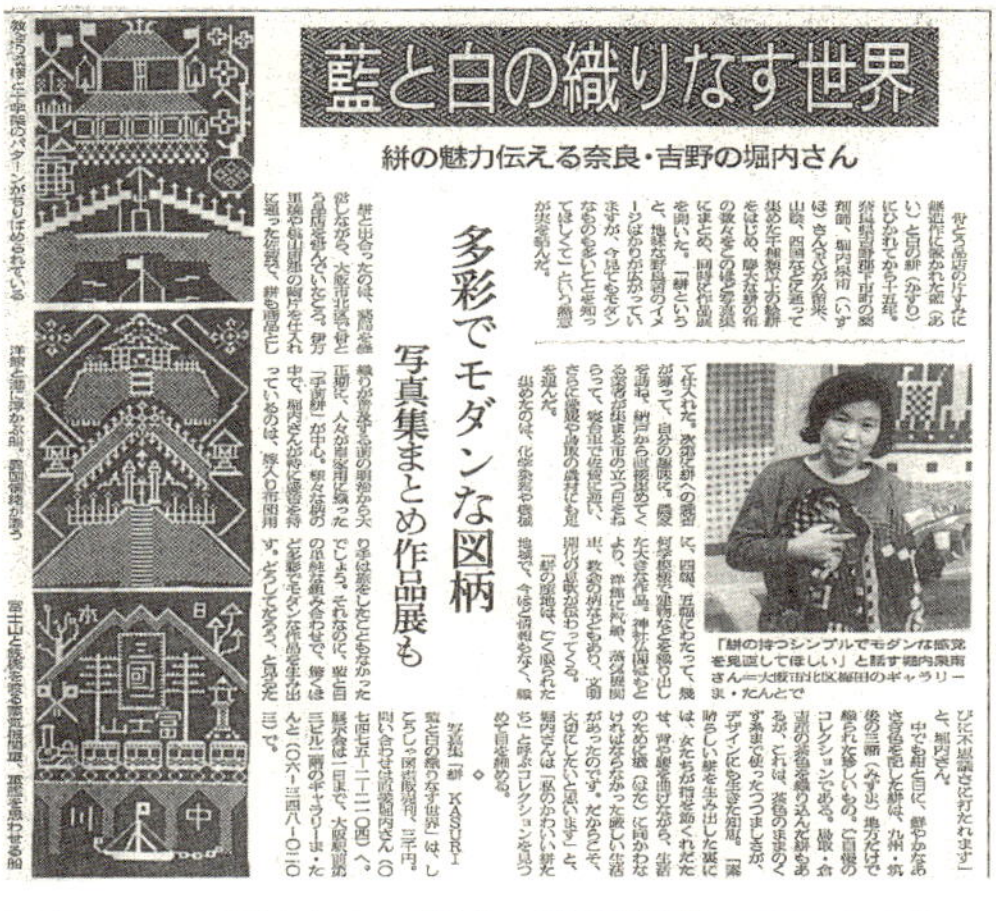
藍と白の織りなす世界

絣の魅力伝える奈良・吉野の堀内さん

多彩でモダンな図柄

写真集まとめ作品展も

「絣の持つシンプルでモダンな感覚を見直して欲しい」と話す堀内泉南さん＝大阪市北区梅田のギャラリーま・たんとで

堀内さんの活躍を伝える記事（『朝日新聞』1988. 9. 30）

川のほとりに三棟の蔵が並んでいた。大峯山に通じる国道三〇九号線沿いにあるいくつかの持ち山に杉、檜を育成し続けたが、戦後の山林業の不況で、親は堀内さんを薬剤師に教育し、薬局を営んで山林と薬局の二つの職業を営むことになった。大和は古くから薬所でもあり、また下市は日本一の箸の産地だった。彼女の便りには「吉野川（紀の川）の支流、秋野川の山間を川に沿って南に入って行くと、世界遺産、吉野・熊野の山中の霊場のひとつ、大峯山、洞川に達する。昭和年代にバス道が開通するまでは、山中の材木を運搬する荷馬車が行き交い、殆んどが林業に携っていた。下市町は全国でも九〇パーセントを越えるお箸の集散地でもあり、町中でも箸を刻む音が聞こえ、杉、檜のよい香りが漂っていた。大峯山への入口の下市町、山上参りと称する大峯山・山上ヶ岳参りの山伏の一行が全国から講を組んで下市口の駅からの道を徒歩で往く。チャリン、チャリンと錫杖の鈴音が響いていた。人の出入りが絶えなかった」とある。

堀内さんは長女で、祖父母の部屋ですごすことが多く、針仕事をする祖母のもとで木綿布を身近に成長した。ときどき祖父の山行きのお供をし、帳面付けの手伝いをしたようだ。山守りが伐採する木に刻印を打ち込み、目の高さで一本づつ木の周りの寸法を記帳する仕事である。山村は豊かでおおらかであったが、外材が輸入されるようになると、山村の疲弊と衰退は急速にすすんだ。薬局店を開業したことは正解だったようだ。大阪の河内地区で薬局を営み、吉野の生活のかたわら薬局の店番と山行きの仕事をこなす多忙な生活の中で、堀内さんの関心はしだいに河内の木綿や大和の白絣の方に移り、商売よりも染織の方に気が向くようになっていた。しかし、その頃大和も河内も藍染め紺屋は姿を消してメリヤス工場に変わってしまった。

堀内さんが絣と出会ったのは、薬局を経営しながら大阪北区で骨董品店を営んでいたころ、伊万里焼や桃山唐津の仕入れに佐賀に通って、久留米絣の大作に出会い、絣を商品として仕入れるようになったことに始まる。その頃の日本は高度経済成長期で、九州各地の古い家々は取り壊されて、古い布類は野辺で焼き捨てられているありさまだった。堀内さんは車で走りながら、絣や筒描きを買い求めて次から次へと収集の旅をつづけた。そうした中で、佐賀に住むT女から堀内さんに寄せられた一通の手紙を紹介する。

「……十年前のあの秋の夕暮れ時、稲刈りの終わった野面で野焼きに見せて、私は無我夢中で義母の遺品を焼き捨てようとしていました。横に佇んで悲しそうな面差しで、じっと私を見つめ続けておられたあなた様に行き会わなかったら、私は一生とり返しのつかないとんでもない事をしてしまう所でした。東京生まれの東京育ちの私が、夫の故郷の佐賀に来て……というより夫と共に連れ戻されて三年経った頃でした。昔の炭鉱町に近い貧しい不便な町。言葉も通じない、生活の仕方もわからない片田舎での生活に、私は疲れ切っておりました。早く夫をなくしたしっかり者の義母との暮らしは、暗くて不満に満ちた毎日でありました。なまじの資産家故に故郷を、母を捨てきれなかった夫、一生懸命家の体面を保つことに生涯を貫いた義母（中略）もみ合いながら三年を過ごし、ちょっと病床に着いたまま義母は帰らぬ人となった。初七日の夕方、何もかも焼き尽くして、これからの私の生き方を考え直そう……と野に立った私でした。燃えろ、燃えろ、もっと、もっと。髪を振り乱して必死で火をかき立てる私の形相は、修羅とも夜叉とも写ったことでありましょう。『焼いてしまうのですか、ちょっと待ってください、焼くのなら私にゆずって下さいね。お願い、布がかわいそうです……』（という声を聞いた）。

（義母の）病状が悪化した日、『私の嫁入り布団を出して着せて下さい、私の家系の誇りを見せなくてはならない』と言う義母に『今時こんなものを』と言うと、義母は『いいえ、このあたりの人達にはわかるはずです』。『家系のあかしですって……それでは嫁入り布団でなく死布団ではありませんか』、『それでいいのです』。生きざまを見せるため死布団に、私はそれを最期まで後家のふんばりを通した（後略）」。

義母の持ち物をすっかり焼き払って東京に戻るか、この地に落ち着くかを考えていたT女の便りである。「死布団」の焼却を止めた堀内さんは、木綿筒描き布団を授かり、手紙と共に大切に保存していた。

堀内さんは本職の薬局と山林業、それに骨董にも専念するわけにいかず、身近な物を売る店を出したところ、女性の店であることが仲間を呼び、安価なことが人気で、この店を十五年間続けたようである。彼女は、骨董業者に頼んだり、直接出かけて行ったり、保存状態と値段を考えて、時代衣装には目もくれず、主婦感覚の木綿収集に絞っていた。絣は深入りするほどに奥が深く、魅力的だった。家の蔵には古布が溢れてしまった。

堀内さん宅に飾られた布団絣の数種を拝見すると、藍の濃淡や草木染めの縞が美しい。玄関前に並

25　福寿帆舟文　久留米　4 幅布団
（170.5×129）

24　やぐらに提灯文　久留米
5 幅布団（209×161.5）

27　城と橋に舟文　久留米
4 幅布団（177×154）

26　軍艦世界富士文　久留米
4 幅布団（162.5×125）

堀内さん収集の絵絣（堀内威男氏撮影）

べられた米袋も藍の色調変化をよく表現している。各種の絣柄と茶糸の縞を縫合した大中小の四つの袋は、どれも美しい。彼女は、常設展示はしないで、土蔵で保管し、ときどき家の室内で飾っているという。

彼女は、自家用に織った「手前絣」を求めて、業者の集まる市の立つ日をねらって九州まで足を運んだ。とくに四、五幅の幾何学文様の建物、神社仏閣、洋館に汽船、文明開化などの絣文様を収集した。こうして集めた絣をもとに、一九八八年に『藍と白の織りなす世界』を自費出版し、また、作品展を大阪北区の梅田ギャラリー「ま・たんと」で公開した。絵絣の力強さを伝えると共に、文様のモダンな図柄に生きた知恵を読み取ってほしいと話していた。

堀内さん宅の客間には木綿筒描きの豪華に彩色された吉祥文様が吊るされ、木造住宅によくマッチして絵の世界に入り込む迫力があった。また、数百枚の小切れを縫合した絣のパッチワークタピストリーも見事であった。彼女は数冊の標本帳にびっしり貼った絣をひろげて、「手前絣はなんとも美しいもので風合いがよい。藍の濃淡や縞を自由自在に組ませ、幾何文と絵文のありとあらゆる動植物を織り出した、女性たちの生み出した絣を後世に伝えたい」と語った。

絣の収集家も八十歳の高齢になると、集めた資料をどのように保存・管理し、そしてどのようにして発表するか、大いに悩むものである。私自身もそのことで悩んでいたので、堀内さんと話し合った。そろそろ各自の資料を合体して写真集にしてまとめ、一世紀前の藍のデザインを民衆の服飾文様の文化として世に出すことが学術的にも必要だということで一致した。

二時間の滞在を終えて庭に出ると、まっ白い彼岸花が塀の下に咲き乱れ、遠い昔絣を織った女性たちが目の前で笑顔で見送ってくれているような、不思議な風に包まれた。

個人の浄財と愛情によって焼却から免れて秘蔵されている絣たち、その布の中に眠っている魂に光を当て、日本の宝物として世界へ羽ばたかせるために、実在する木綿古布を二人で力を合わせて世に出さなければと語り合って帰郷した。

四　来民文庫とかすり蔵

熊本県山鹿《やまが》市鹿本《かもと》町来民《くたみ》の吉岡威夫氏は、元地元の高等学校の教諭であった。二〇〇六年秋の早朝、突然わが家においでになり、私は初対面をした。絣の写真一六〇〇種を持参された吉岡氏は図録集の出版について相談にこられたとのことで、「今、絣蔵を移築建設中です」と話された。そして、「どうか来民においでください」とご招待を受けて、翌年八月、お言葉に甘えて山鹿市を訪ねることになった。

二〇〇七年八月二十三日、倉吉発福岡行きの高速夜行バスに乗車した。早朝五時に関門海峡（山口県側）の断崖で小休憩があった。薄暗い中を断崖に立ち、かすかに明けはじめた海面を眺めた。本州と九州の間は手の届くほど接近していることがよく見えた。福岡天神バスセンターで下車し、朝食をとる。吉岡氏が指示されたひのくに号熊本行きの高速バスに乗り換えて植木インターで下車した。九時十五分に無事山鹿に到着し、吉岡氏が出迎えて下さった。

吉岡氏は、鹿本町来民の集落と町並みについて、昔は養蚕業や竹製品の籠や団扇の産地で、家屋の構造もそれに合わせて建てられていると、狭い路地を乗用車で回りながら説明された。家並みは、江戸時代と昭和時代が同居していて、落ち着いた感じを受けた。そして、過去にはこの地域は米作で栄え、味噌や酒などを扱う有名な店もたくさんあったと話しながら、吉岡さんは回り道をして、自営の有機栽培の水田とすもも畑を案内された。田圃の稲の勢いは力強く、葉先の鋭角の輝きは見事だった。

お宅の前庭は花と野菜畑が色とりどりの花を咲かせ、畑にはヘチマやゴーヤが垂れていた。門構えの住居左側に蔵が並んでいた。旧居は江戸時代からの二棟の蔵（白壁土蔵造り）二階建てと、本館（ギャラリー）は御曽祖父様が明治十三年（一八八〇）に建立された重厚な母屋を改装されていた。さらに今年（二〇〇七年）八月に「かすり資料館」が菊池市から移築されていた。これも江戸時代の古い蔵で、幅二間二尺、奥行き三間三尺、建坪十六坪の二階建てである。完成は十月で、来春三月から絣が一般公開される予定だという。

約二千坪の前庭にある二棟の蔵（来民文庫と明治蔵）には、天井まで届く書架に書物が積み上げられている。元中学校教師の妻・孝子さん（六十七歳）と共に、二〇〇四年から自宅ギャラリーを開設し、絣と世界各国の民具を並べて資料館にしている。開館四年目を迎えて来館者も増えてきているという。

夕食までの時間に、吉岡氏は平野碩也氏（一九四二年生、元市役所職員で、絣の撮影を担当された）と

吉岡氏収集の木綿藍着物　旧居の床の間，仏間，座敷に吊している

蔵の外壁に掛けられた農耕具

来民文庫明治蔵入口と書架

向って右より，吉岡夫妻，著者，平野夫妻（平野碩也氏撮影）

私を乗用車で山鹿市内に案内して下さった。

市街地には和風の商家が軒を連ね、昔のままの風情を残しながら更新されて、商店街は活気があった。また、菊池川の水運で栄えた商都の米の積み出し口にも案内されて、豊かな穀倉地帯であったことを現地で実感することが出来た。町のシンボルであり、国の重要文化財になっている芝居小屋「八千代座」にも案内してくださり、文化芸術の薫り高い町であったことを知った。そして思いがけず来民在住の山崎寿一氏（六十七歳）にめぐり会うことになった。山崎氏は倉吉稲扱き千歯商人として九州に定住して活躍された三代目の方である。拙著『木綿口伝』の中で、倉吉絣は千歯商人によって広められ、稲扱き千歯と絣の二大商法で発展したことを述べている。そして、倉吉の山崎「山屋」氏（明治二十二年生）からの聞き書きに、「祖先の時代から千歯商人として全国に販売に回っていた。（中略）叔父は九州で千歯販売をし、後に金物屋として居ついている。妻も倉吉出身で、いまも健在（九十五歳）だが、土地の商工会頭として、総代理店にまで成功している」と語った山崎政次郎氏のお孫さんにここでお目にかかるとは夢にも思わなかった。なにか目に見えない糸で引かれるように、吉岡氏の紹介で寿一氏と面会した。

寿一氏はいくつかの農機具メーカーの特約店として合資会社を経営され、その日は大展示会の催し中で、夕方五時すぎの商い中にお会いすることができた。広い敷地内に大型耕耘機やトラクターが並んでいて、忙しそうな中に奥様にもご挨拶して、盛況をお祝いした。

吉岡威夫氏は昭和十三年（一九三八）生まれ。地元の熊本大学で地理学を学ばれ、宮本常一氏の著書『日本の離島』に啓発されて漁業史や漁撈民具の収集などに熱中され、阿蘇の小国高校、天草の牛深商高、菊池の大津などに勤務された。昭和四十一年（一九六六）八月に山形県鶴岡市の致道博物館の「庄内の仕事着コレクション」一二六点が国の重要民俗資料の指定を受けたことを新聞で知り、致道博物館を訪れたことから、衣料の収集に乗り出されたようだ。

吉岡氏は、木綿以前の藤布やシナ布、麻布、ゼンマイ織りなどに特別の興味を持ち、また、裂織りや刺し子の仕事着が木綿を徹底的に大事に再利用しているありさまに感動し、補強して強靭な布に仕上げた先人の知恵に圧倒されたという。そして、籠は編んで組まれたものだが、布も同じく経糸と緯糸で編まれ、織られたもので、同じ分野に属するものであることに気づかれたという。

吉岡氏は早速鶴岡市内の古物商を訪ね歩き、刺し子襦袢と裂織り襦袢を買い求めて大事に膝の上に置いて九州まで持ち帰ったという。買い求めた山形の古布をなで触りながら、西日本の絣や仕事着が古布回収業者によって買い集められていることを思い出し、今のうちにウェス業者を訪ねて収集するにはどうすればいいかと考えて、早速国鉄大津駅を訪ねてみた。貨物列車で運ばれる古布はどこに集荷されるのかを調べてもらうと、九州の古布の半分は熊本県の宇土へ集中していることがわかったという。そこで選別の作業をしていた女性たちから、「昭和三十年代は古布の五〇パーセントは絣だったよ、集めるには少々遅すぎたよ」と言われた。しかし、これからがいいチャンスだと思い直して収集を始めた。その当時は自家用車もなく、手荷物にしてバスで運んだ。その量は十キロから二十キロくらいに限られていたが、その後も十余年にわたって収集の旅を続けられた。

吉岡威夫氏収集の布団絣（明治～大正）（図28～42, 平野碩也氏撮影）

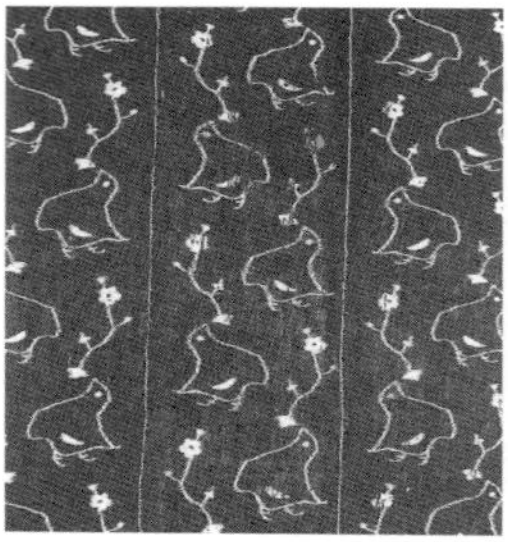

29　水鳥文（3 幅布団）

28　米俵と鍵，枡に鼠と柳屋文（2 幅布団）

32　組立て市松　鏡餅を供える福助文（4 幅布団）

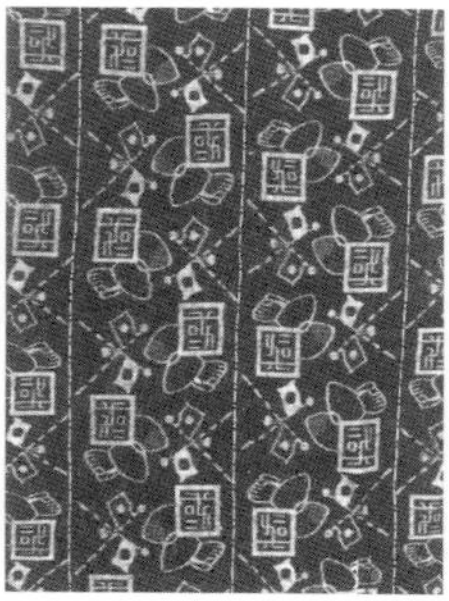

31　国旗と国文字（4 幅布団）

30　四角形と菱形（4 幅布団）

35　市松菱と大日本萬歳人物文（明治18年，3 幅布団）

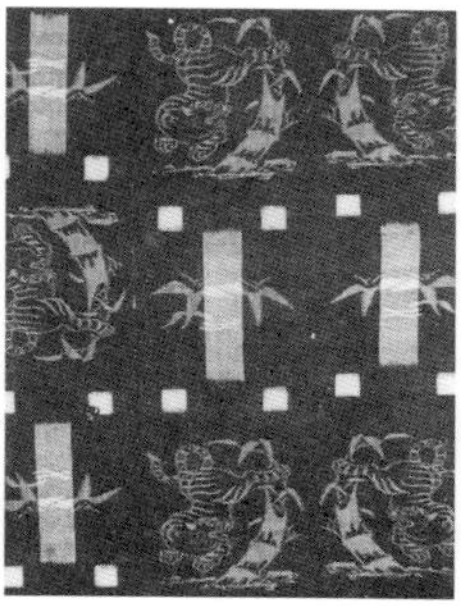

34　市松と竹に虎文（3 幅布団）

33　違い井桁と高砂と竜宮文（4 幅布団）

36　紗綾入り巣別電信とつばめ文（3 幅布団）

37　海老入り三重枡と梅に鶯文（4 幅布団）

38　市松に舟の網引く人文（3 幅布団）

39　福文字と鹿に老神官文（3 幅布団）

40　錨と鋼，戦勝旗と幾何学文（4 幅布団）

41　井桁十字の組立市松に枡つなぎ蝶文（3 幅布団）

42　教会と建造物文（4 幅布団）

吉岡氏の「来民文庫」について記しておかなければならない。

母屋ののれんをくぐると、中庭と座敷の間の廊下に書架が並び、自由に本が読める空間があった。「小学生が数人やって来て本を読んでいます」と話された。来民文庫開設のきっかけは、地元の図書館開設運動に取り組み、自分の蔵書と知人からの寄贈書を合せた八万冊を土蔵に常設したことに始まると言う。蔵の中では膨大な本が私を迎えてくれた。ふと、亡夫も図書館運動に没頭していたことを想い、不思議な感動を覚え、吉岡氏に親しみを感じた。「よくなさいましたね」と言ったが、胸が熱くなって次の言葉が出なかった。

母屋の座敷の壁一面に背負い籠が三十点ほど掛けられていた。また、玄関先には、直径一メートルの半円をつないで出来た竹製の雨具が飾られていた。三十年ほど前にネパールで入手したヒマラヤ地方の雨具だという。

絣や縞着物は、座敷と仏間、床の間などに所狭しと竹竿にハンガーで吊るされ、数百枚がびっしりと展示されていた。布団絣の古布は山積みにされていたので手で触れて鑑賞することが出来た。二階の部屋も絣の山積みがあり、どの部屋も絣や縞の古布であふれていた。その中に薩摩焼の重厚な黒い壺が並び、籠と黒い壺と絣の三者がよく調和してこの旧家ともマッチし、堂々とした迫力で私に迫ってきた。日本の誇る木造建築と陶器、木綿衣料が総合された空間は、本物の文化を感じさせる癒しの空間である。ご夫妻のこれまでのご苦労はいかばかりであったかと頭が下がる。

孝子さんの手料理の食卓を囲みながら、私は言った。「教職のお仕事のかたわら、よくもこれだけのものを買い集められましたね。九州地方で用いられた衣類が消えずに残されたことは大きな功績で、今はなき作者たちはきっと喜んでいますよ。吉岡さんの先見性には驚いています」。会話がはずんでいくうちに、奥様から本音が語られた。「休日になると古絣の包みを十キロも買って帰ってきてそれを洗濯する。この衣類や古布は誰が着ていたのか、病原菌が付着していないだろうかと心配で、子育ての最中には、こうした古布の臭いと汚れがいやでいやでたまらなかった。古布が家の中に山積みにされると困るので、家での洗濯を禁止しました。夫は外の山鹿温泉の洗濯場で洗剤で大量の古布を洗っているうちに手を傷めてしまいました。そうした生活の中で、夫の給料は古布になって消えてしまいました」。長い間夫の行動を理解するのに苦しみつづけた末に夫唱婦随の生活を築き上げてこられたのだ。

翌日は吉岡夫妻が島根県の石見銀山への旅に出られるので、私も同乗させていただくことにした。吉岡氏は私のためにわざわざ旧国道を走って下さり、土地土地の歴史や地理について懇切に説明して下さった。阿蘇山や熊本城や眼鏡橋、日田市の小鹿田焼、そして山口の瑠璃光寺や津和野の「安野光雅美術館」など、行く先々で吉岡氏の名解説に聞き入っていた。この充実した旅のもてなしをしてくださった吉岡夫妻に心からお礼を申し上げたい。

五　木綿往生記

ときめく心を持って

江戸末期から明治にかけて、全国各地に独特の個性豊かな木綿絣と縞が生まれたが、中でも西日本の久留米、伊予、備後、山陰地方（広瀬、弓浜、倉吉）の絣は有名だった。

私が大姑から手ほどきを受けた昭和三十四年（一九五九）ごろまで、私は紺地に文様のある絣を知らず、紺が愚鈍にさえ見えていた。ところが、紺絣の中に幾千万種の文様が織り出されていることに気付き始めると、私は小躍りしてよろこび、夢中になって布の収集と、地方の絣呼称の聞き取り調査を始めた。

各地に足を運び、聞き取り調査によって収集した布は一枚一枚洗い清めて整理していった。年代ごとに量がまとまると、その時代の全体的な傾向が把握でき、藍の濃淡や文様の巧拙によって生活レベルの差（濃紺染めや豪華で精巧な文様、あるいは細縞は富農が好む、など）がわかる。このようにして、文様の地域別傾向と特徴、用途、モチーフ、技法、文様の変遷などを遺品が語りかけてくれるようになった。

こうした木綿衣料を各家庭の自己表現としてあらわす役割を担ったのは、在野の無学な女性たちだった。彼女たちは厳しい労働の中でも、つつましい美意識に満ちた生活を営んでいたことがうかがえる。

藍と木綿について調査していくうちに、江戸時代には四度にわたる法度《はっと》で庶民の衣生活が木綿と藍色に制限され、絣に織り出す文様にのみ自由が許されていたことを知った。貧しい農村の女性たちは織り出す絣の絵柄によって反物の商品に格差をつけられていたが、言い換えれば、女性たちの感性と技の競い合いによって織物業は発展したのである。

絣の工程は厳重な秘密主義がとられ、技術の伝承は母から娘へと伝えられた。絣の文様には吉祥や長寿、宝づくし、子孫繁栄と安泰を願う祈りの気持ちが織り込まれていた。

絣の工程は、まずあらかじめ紙に下絵を描き、糸にこの下絵を移して、糸を括って染色する。染めると、括った箇所が白く残るが、これを絣糸という。つまり絵文様の糸である。布一センチ幅を織り上げるのに二十本の絣糸を織り込み、糸で絵を織り出す。

前掲（三六頁図28）の絣は複雑な絵画と幾何学文様を組み合わせ、先祖から伝承された文様の中に自分のアイデアを加え、そして不要なものを除いてデザインを発展させているようだ。

四幅縫合した大柄デザインの用途はもっぱら布団用である。とくに構成文様は、左右の絣柄とよく連ねる工夫がなされ、技術的に高度な作品が多い。布団の大方は結婚の際に新調され、嫁入りの布団は家柄と財力を象徴するものとされていたため、布団絣は特別な心意気で製織された。

縞帳と絣帳

縞帳や絣帳は家庭に常備する織物手本として重宝され、娘の結婚の際には分冊して持参させていた。ここに（四五〜四八頁）紹介するのは江戸末期・安政元年〜三年（一八五四〜五六）に前田ヤミツ、田中ヤトメという二人の女性が所持されていたもので、鳥取県日野郡内で版画家の長谷川富三郎氏（一九一〇—二〇〇四年）が昭和三十年代に蒐集・秘蔵されていたものを同氏のご遺族から私に寄贈されたものである。

この縞・絣帳にはおびただしい数の細縞と小絣がぎっしりと貼付されていて、江戸末期のすぐれたデザイン書として興味深いものである。色彩は藍を基調にしたものと茶糸の縞が多く、その中で絹糸が光り輝いていた。絹糸は黄色や緑、赤色と縹《はなだ》色、白と紫色などの多彩色に織り込み、木綿と材質の異なる動物繊維を加配することによって両者が引き立ち、とても美しいデザインになっている。

資料によると、徳川幕府は寛永五年（一六二八）百姓の着物について禁令を出した。

「百姓之着物之事、百姓分之者ハ布、木綿タルベシ、但、名主其他百姓之女房ハ、紬之着物迄ハ不苦《くるし》、其上之衣装ヲ着候之者、可為曲事《くせごと》者也、老中」（『苧麻・絹・木綿の社会史』永原慶二著、吉川弘文館、二〇〇四年）。布は苧麻《ちょま》布のことであり、紬はくず繭を織ったもののことである。このように絹物は厳しく制限されていた。

二冊目の縞・絣帳（四七〜四八頁）は「安政三年（一八五六）一月十二日、田中ヤトメ氏三十一歳女」の記載がある。前出前田氏のものより二年後であるが、両者とも手紡ぎ木綿織物の風合いのよさと温もりが漲っている。やはり絹糸と紡ぎ糸をかくし入れて交織している。拡大鏡で観察すると、木綿糸と絹糸を撚り合わせたり、絹糸と木綿糸を一本おきに配して（筬羽に一本おきに交互に入れる）絹糸を浮かせたり沈めたりして織っている。織りの密度や縞計算、それに配色など、これら先人の見本帳から学ぶことは多い。

江戸末期の二冊の見本帳に共通しているのは、藍と白の世界に各種の草木染めによる色糸が交織され、経縞と格子縞が多く、縞と小絣を組み入れていることである。藍色は水色と縹《はなだ》色が多く、藍と黄系統の草木液を重ねて萌黄《もえぎ》色や緑色を織り出していた。紡績糸や化学染料が市場に出回っていない時代に、このように豊富な色彩を駆使した織物が創作されたのは、地方の女性たちの感性と努力によるものである。

こうした配色と、素材の異なる木綿と絹との交織は、後の明治初年の見本帳では、絹縞が多くなり、庶民がしだいに絹の着物を着用するようになって、最高級品である絹織物を趣向を凝らして製織するようになった様子を、次に紹介する縞帳が語ってくれる。

第三の縞帳は明治初期のもので、「明治拾有二年上旬、伯耆国日野郡二部宿二七三番屋敷、伊達磯能愚作」とあり、表紙には「縞帳ハ何ンゾヤ衆人ノ継切ヲ集メ而ノ母帳ニ糊貼ス而ノ衣服ヲ機織スルノ規範トス況ンヤ何物タリト雖モ規矩ナクンバ得ル不能是レ衣服ヲ製スル基ナレバ婦女の尤モ愛観スル所ナリ」と、縞帳が女性の機織りに必要な記録であることを説いている。

この縞帳に貼付された布端は絹物が多く、色縞が目立っていた。男性用の着物と羽織縞、黒と白を合わせたグレーの万筋で、目が痛くなるような細縞だった。拡大鏡でよく観察すると、経糸は密度が高く(十八算、一四四〇本)光沢があった。女性用は紫色の縞と緑や黄色、紅色、淡藍色などを多彩に交織して、明度に富み、男性用と女性用とでは色彩の上ではっきりと違っていることがわかる。そして文明開化の波が庶民の足元にも打ち寄せ、変革の夢に向かって新しい文様が求められていたことがわかる。また、農家では養蚕の普及にともない出荷できない不良な繭から屑糸を紡ぎ、自由自在に染色して思う存分に紬織りをすることもできた。節糸の太い厚地の紬布もある。節糸と細糸を部分縞にし、市松文の織り文様に浮き立たせている。小絣や細縞を最高級品として評価していた時代の着物柄の多様性をこの縞帳は証明する遺品である。これらの縞帳・絣帳は一家に一冊は常備されていた。

四九〜五二頁に示す絣見本帳は機工場(倉吉桑田機工場)の製品見本帳で、幾何学文様を収録している。経営主の桑田重好氏から借用して絣文様を調査した。経緯絣の市松文を重ねたり散らしたりして並幅に三〜五立に配置し、大きな幾何学文様は布団用、小絣は着物用で、男女の着物柄に大きな差はなかった。しかし、若年層は柄行き《からゆ》(模様)は中くらいであった。絣柄に格差があるとすれば、点や十字絣を並幅に八十〜百個並べて織り出した着物は、上層の男性用着物と羽織に用いられ、価格も高く売買された。豪商や豪農は機織り女を雇っていた。彼女たちは母屋の裏の納屋の土間に莚を敷いて機を置き、機の傍に寝起きして日夜機織りをした。一方、機織り工場では十二〜十四歳の少女たちを三年間機織りに従事させ、修了時には高機一台を与えた。その高機には機工場の屋号が捺印されていた。そして彼女たちは工場に束縛され、出機方式という農家へ賃機に出す経営方式に組み入れられ

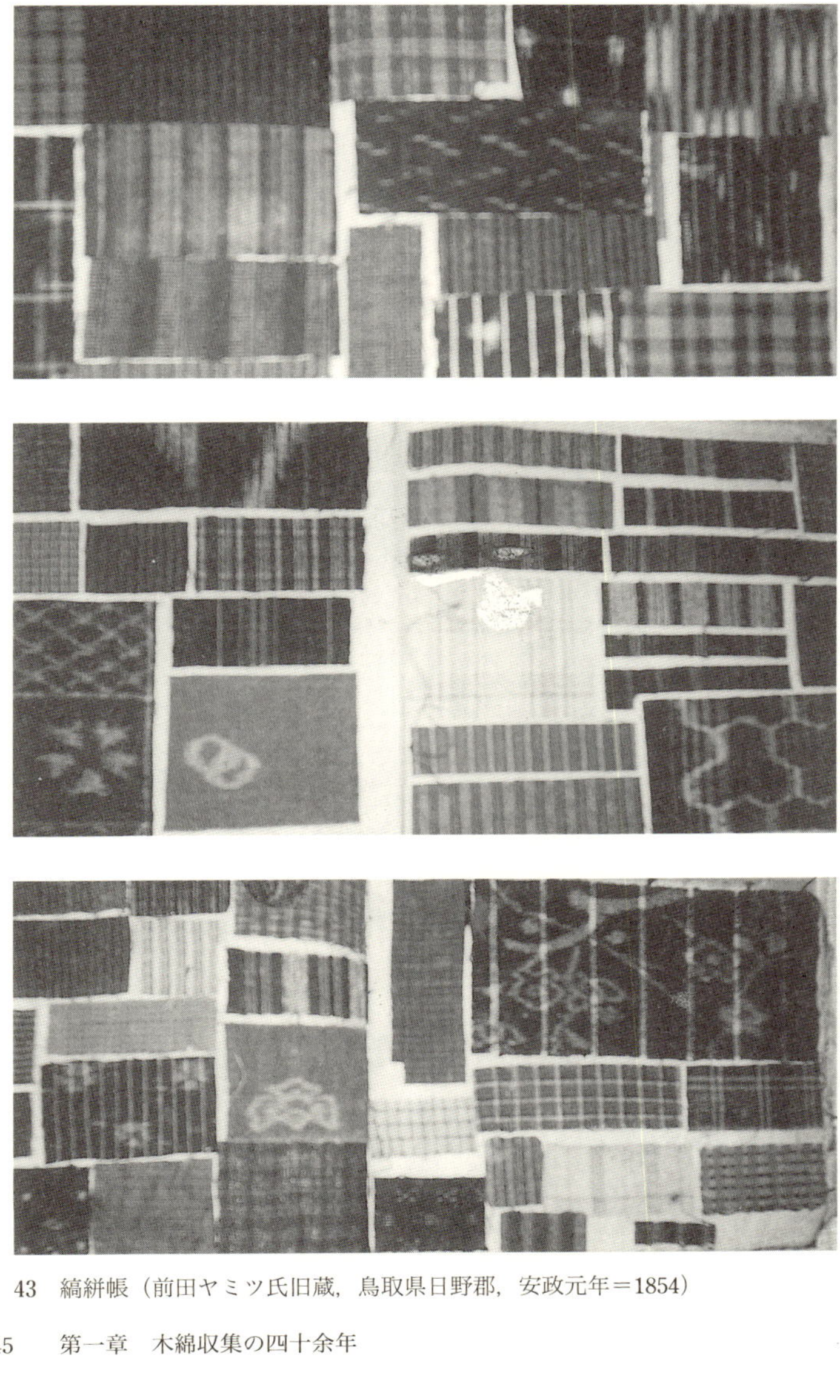

43　縞絣帳（前田ヤミツ氏旧蔵，鳥取県日野郡，安政元年＝1854）

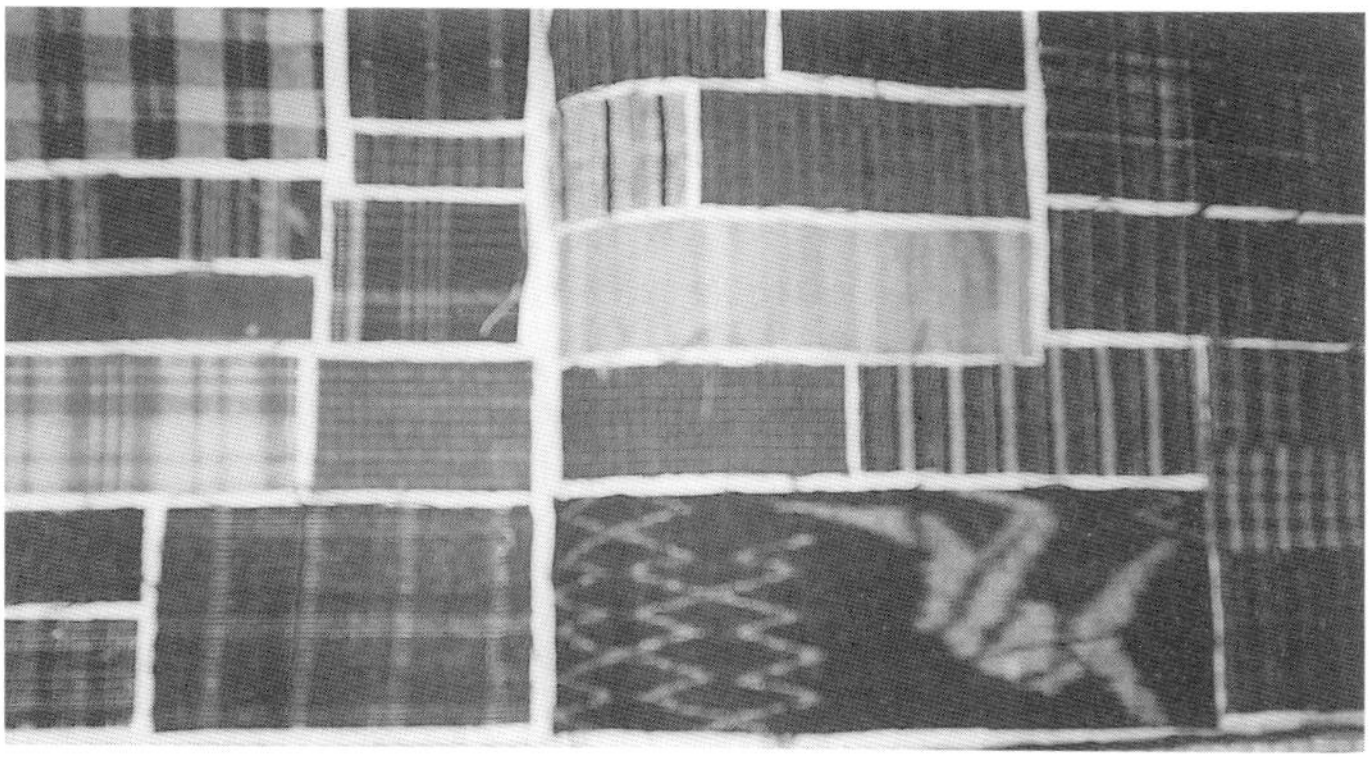
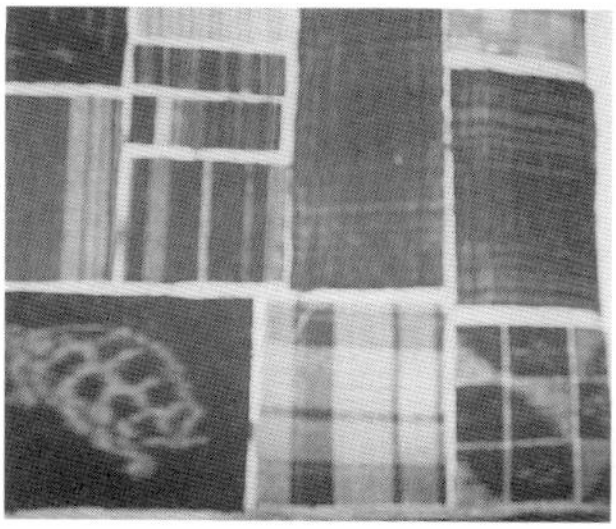

44　縞絣帳（前田ヤミツ氏旧蔵，鳥取県日野郡，安政元年＝1854）

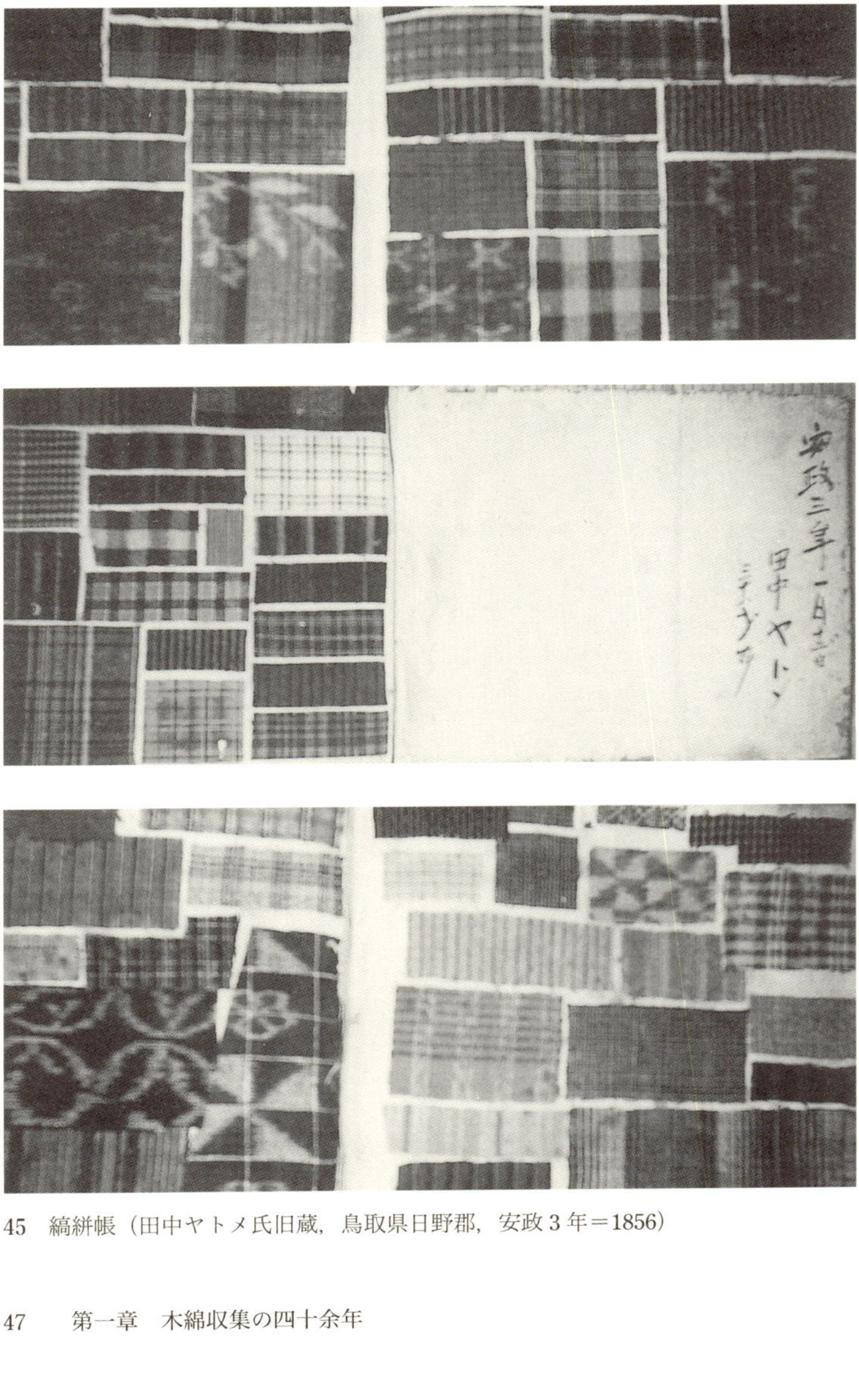

45 縞絣帳（田中ヤトメ氏旧蔵，鳥取県日野郡，安政３年＝1856）

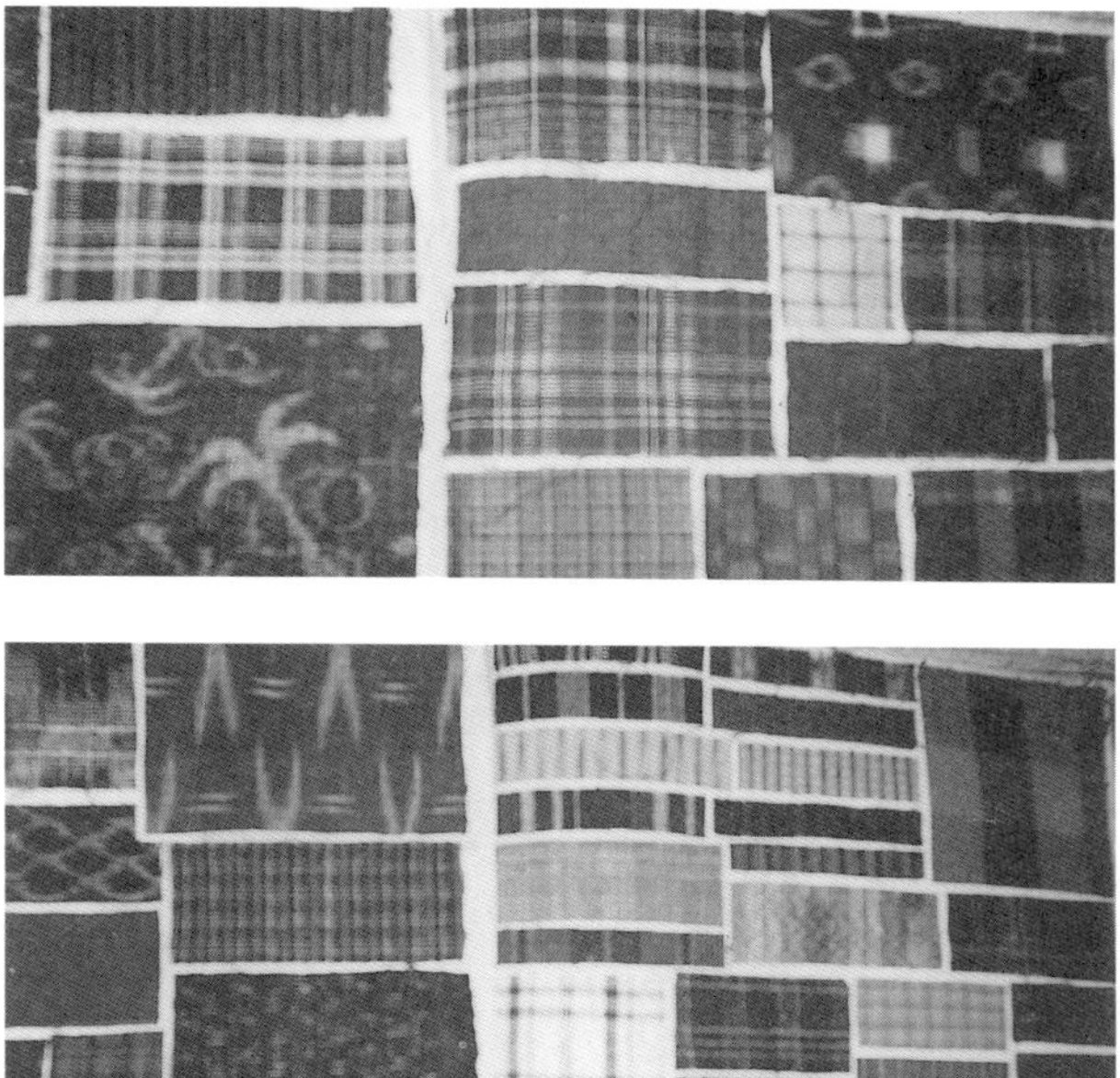

46　縞絣帳（田中ヤトメ氏旧蔵，鳥取県日野郡，安政 3 年＝1856）

47　絣見本帳（倉吉・桑田機工場，明治30年＝1897，桑田重好氏提供）

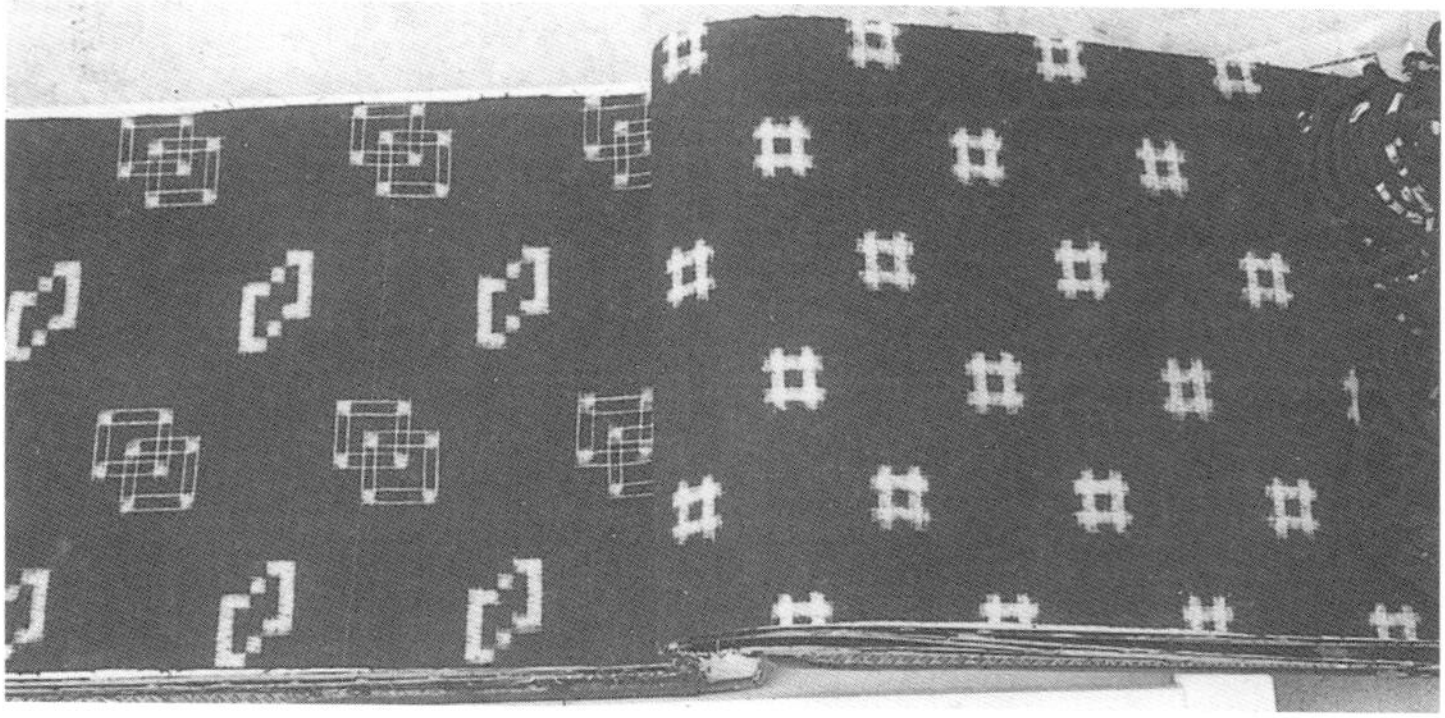

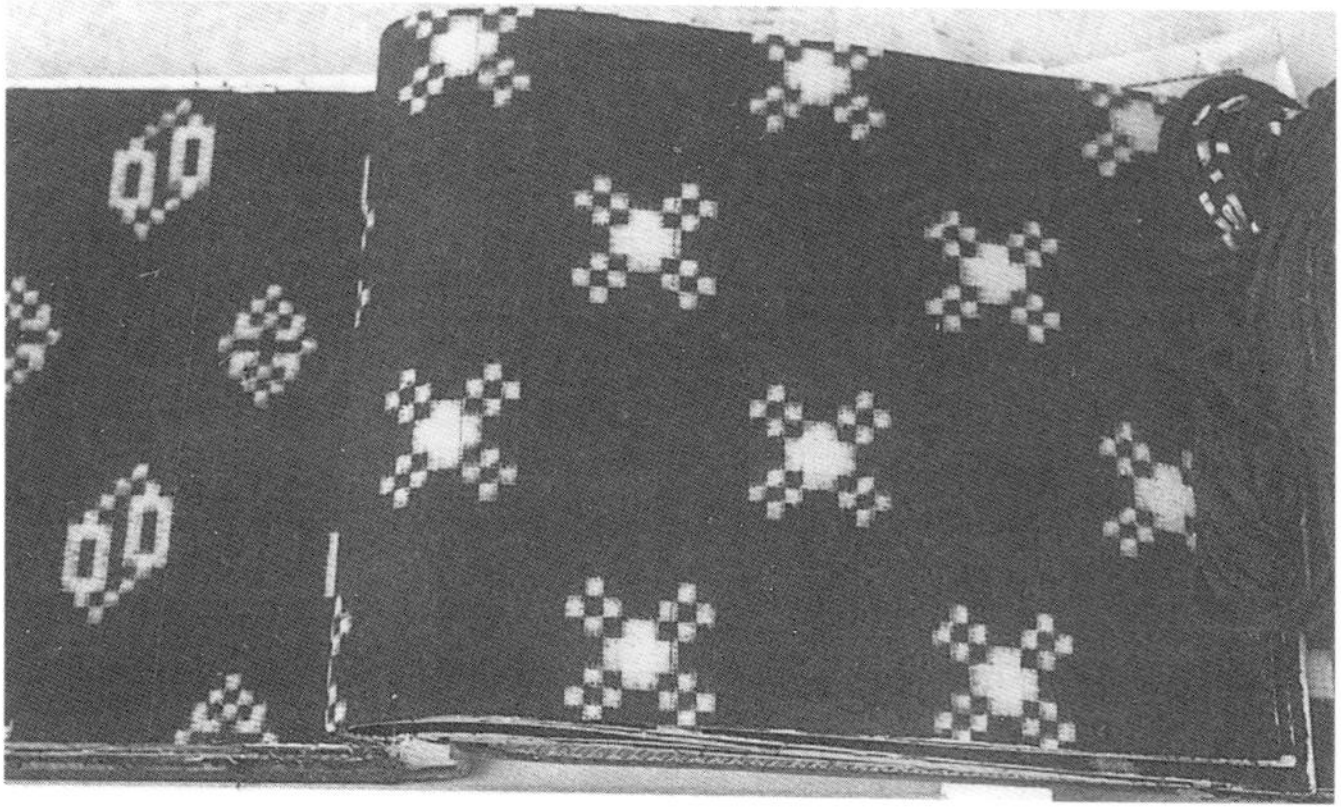

48　絣見本帳
(倉吉・桑田機工場，明治30年＝1897，桑田重好氏提供)

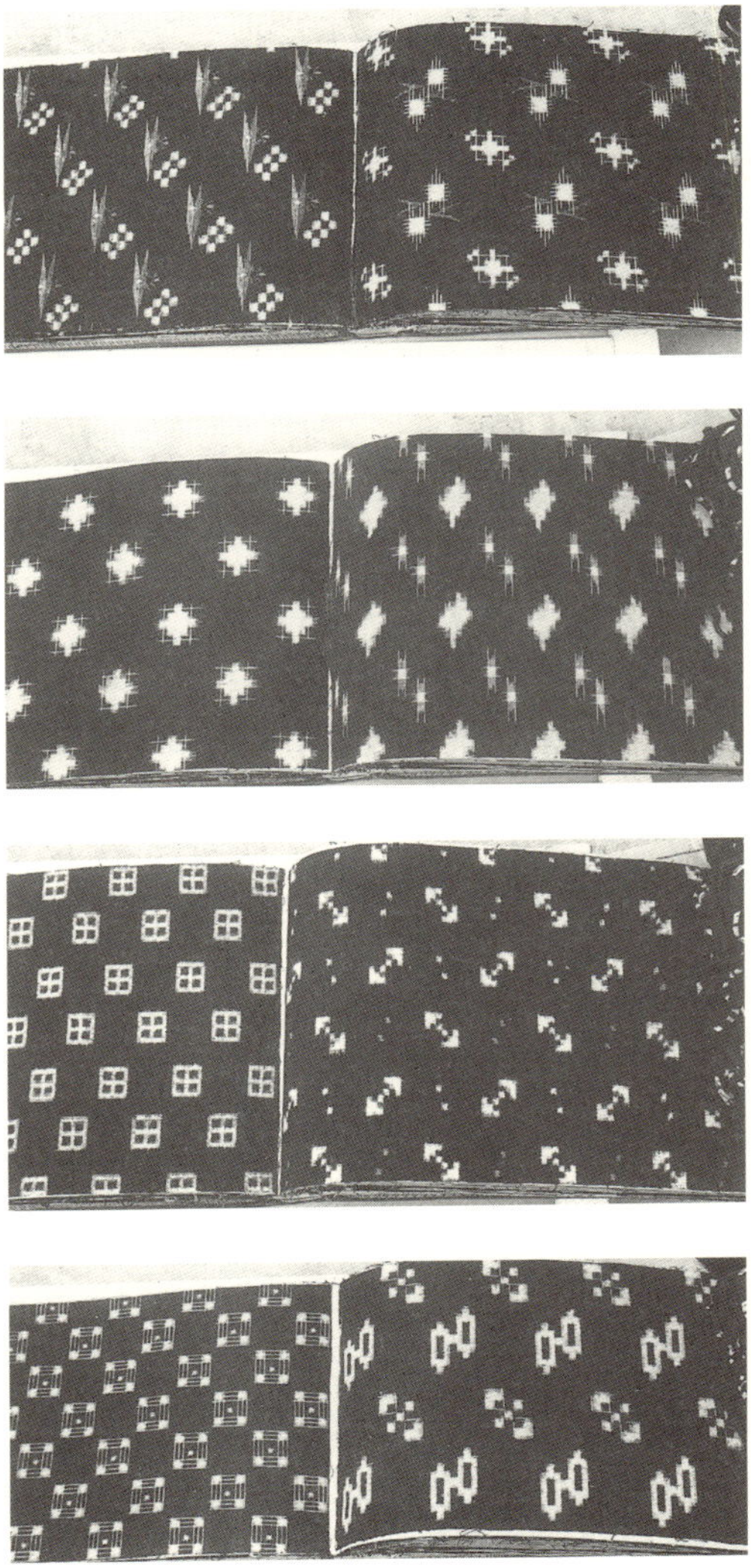

49　絣見本帳
（倉吉・桑田機工場，明治30年＝1897，桑田重好氏提供）

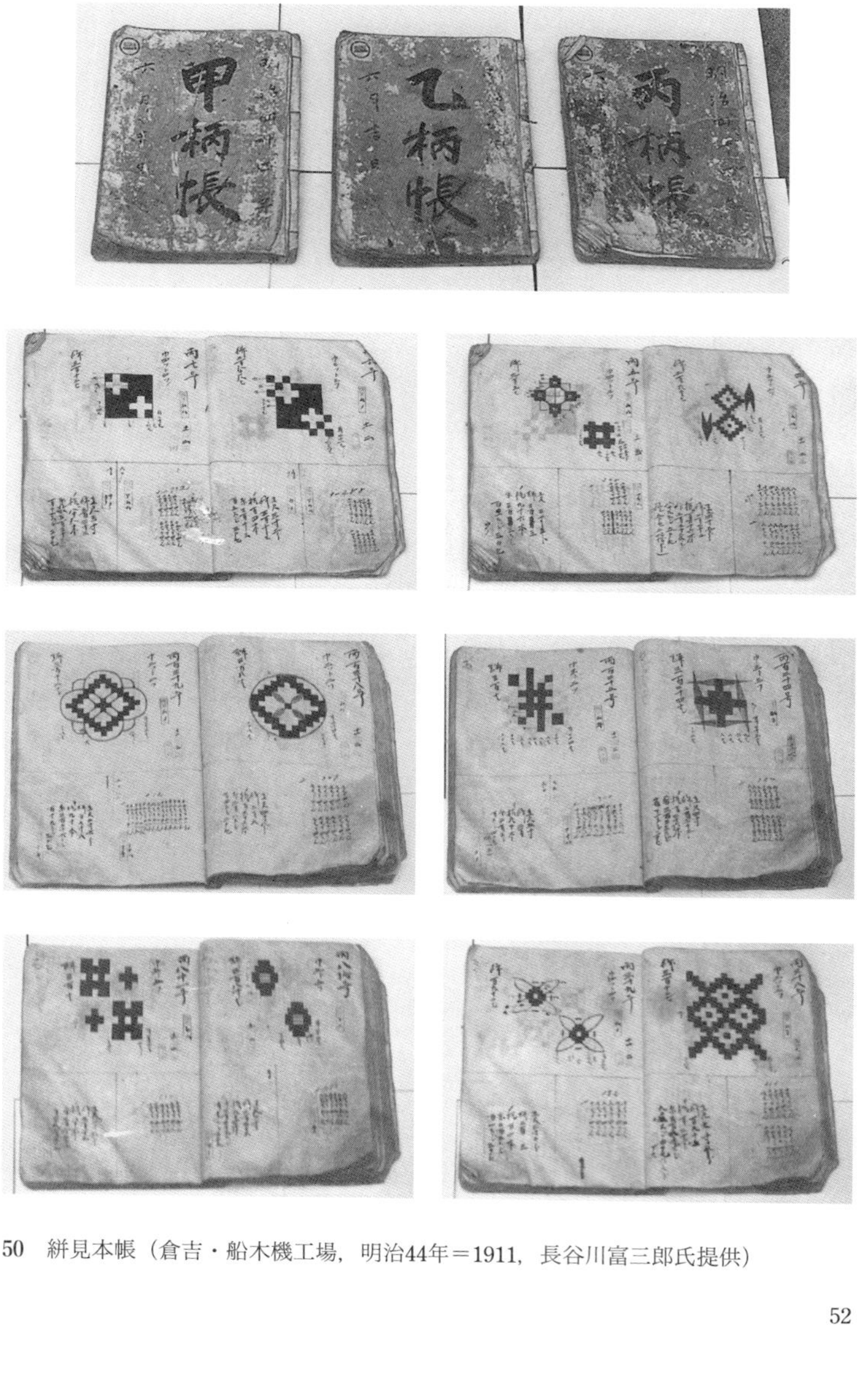

50　絣見本帳（倉吉・船木機工場，明治44年＝1911，長谷川富三郎氏提供）

53　手紡茶綿縞（1幅夜着，倉吉，明治初期）

52　藍格子縞（1幅布団，九州）

51　経縞（1幅布団，九州）

56　松皮菱と折鶴文（1幅布団，倉吉，明治期）

55　藍型染の幾何文（米袋の一部に縫合，倉吉，明治初期）

54　襦袢（藍型染，鳥取県北栄町，明治初期生まれが着用）

58　鳳凰と三角文（1幅布団，久留米，明治期）

57　花立涌文（着物，倉吉，明治初期）

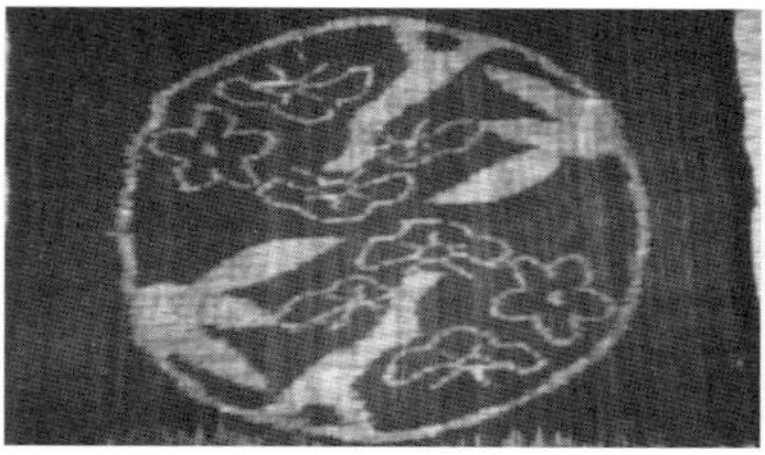

60　松竹梅丸文（1 幅布団，九州）

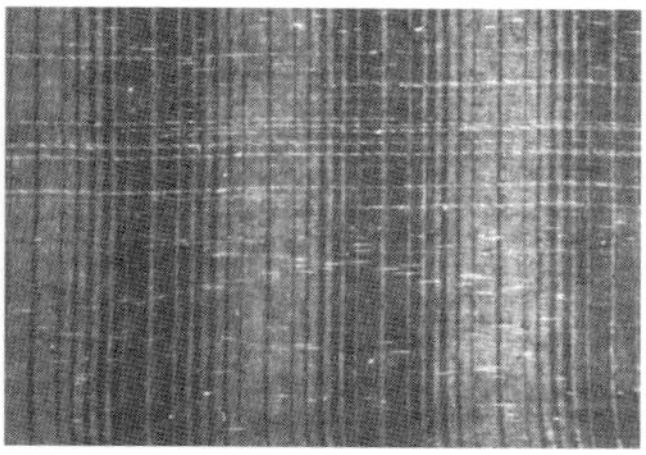

59　藍縞（4 幅布団，手紡と残糸ちり絣入り，倉吉市・米田しま氏が明治30年代に織る）

63　重ね市松と高砂文（2幅，久留米，明治末期）

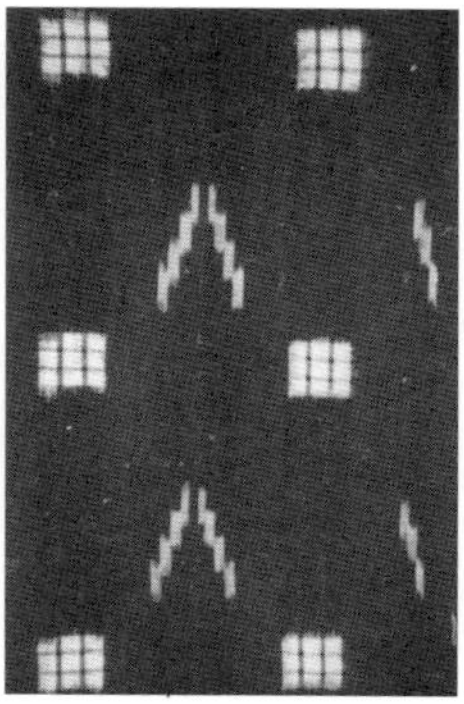

62　市松と矢絣文（1 幅布団，九州）

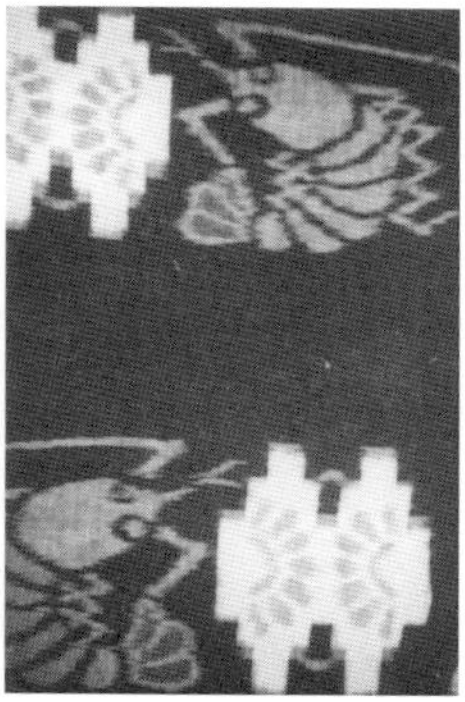

61　菊花入り幾何文と海老文（1 幅布団，九州）

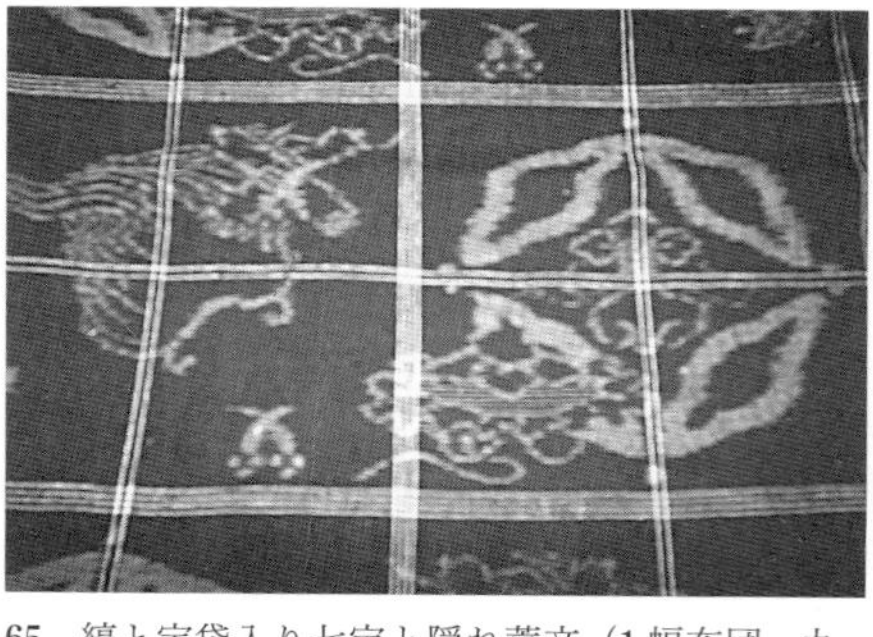

65　縞と宝袋入り七宝と隠れ蓑文（1 幅布団，九州，明治期）

64　竹笹に福助文（1 幅布団，久留米，明治期）

68　井桁と梅兜文（1 幅布団，久留米，明治期）

67　市松菱と船文（1 幅布団，久留米，大正期）

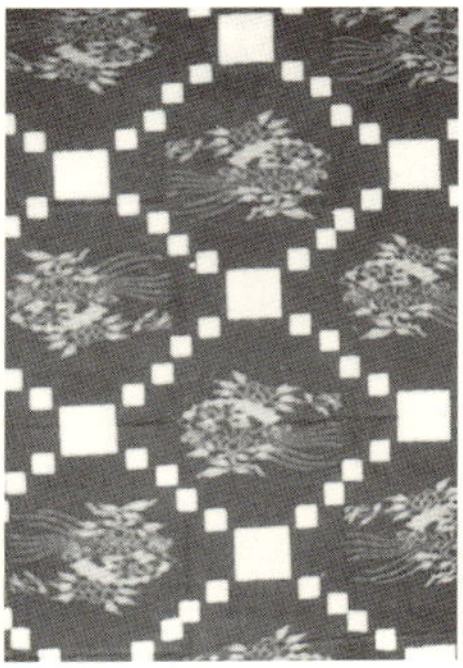

66　枡菱と扇に牡丹文（2 幅布団，久留米）

70　枡に手長海老文（1 幅布団，九州，明治期）

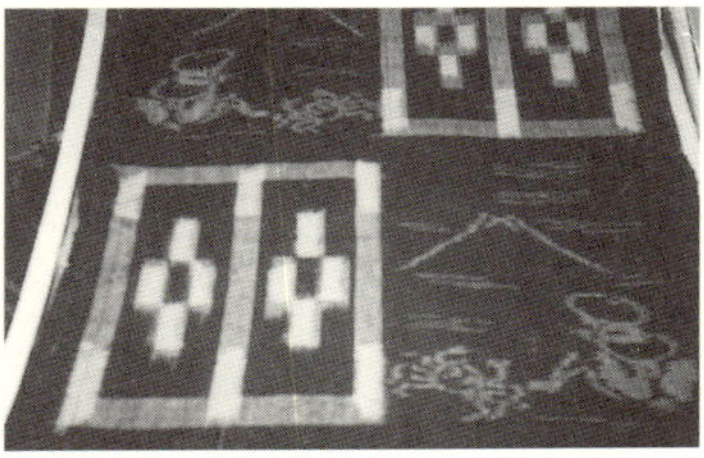

69　枡入り並び市松と山に蟹文（1 幅布団，九州，明治期）

73　軍配団扇と幾何文（1 幅布団，伊予，明治期）

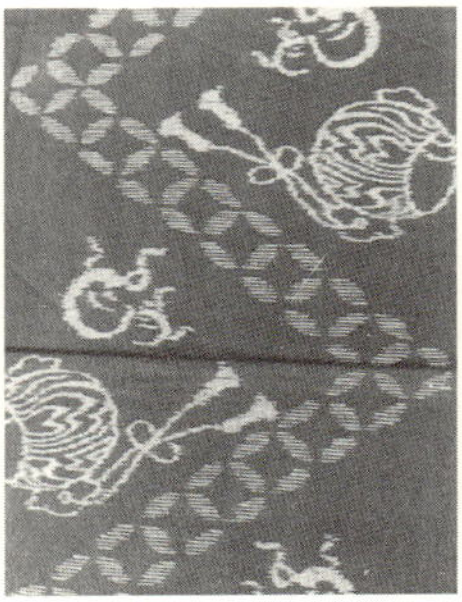

72　宝球に打出の小槌と連七宝文（1 幅布団，伊予）

71　扇と打出の小槌文（1 幅布団，伊予，昭和期）

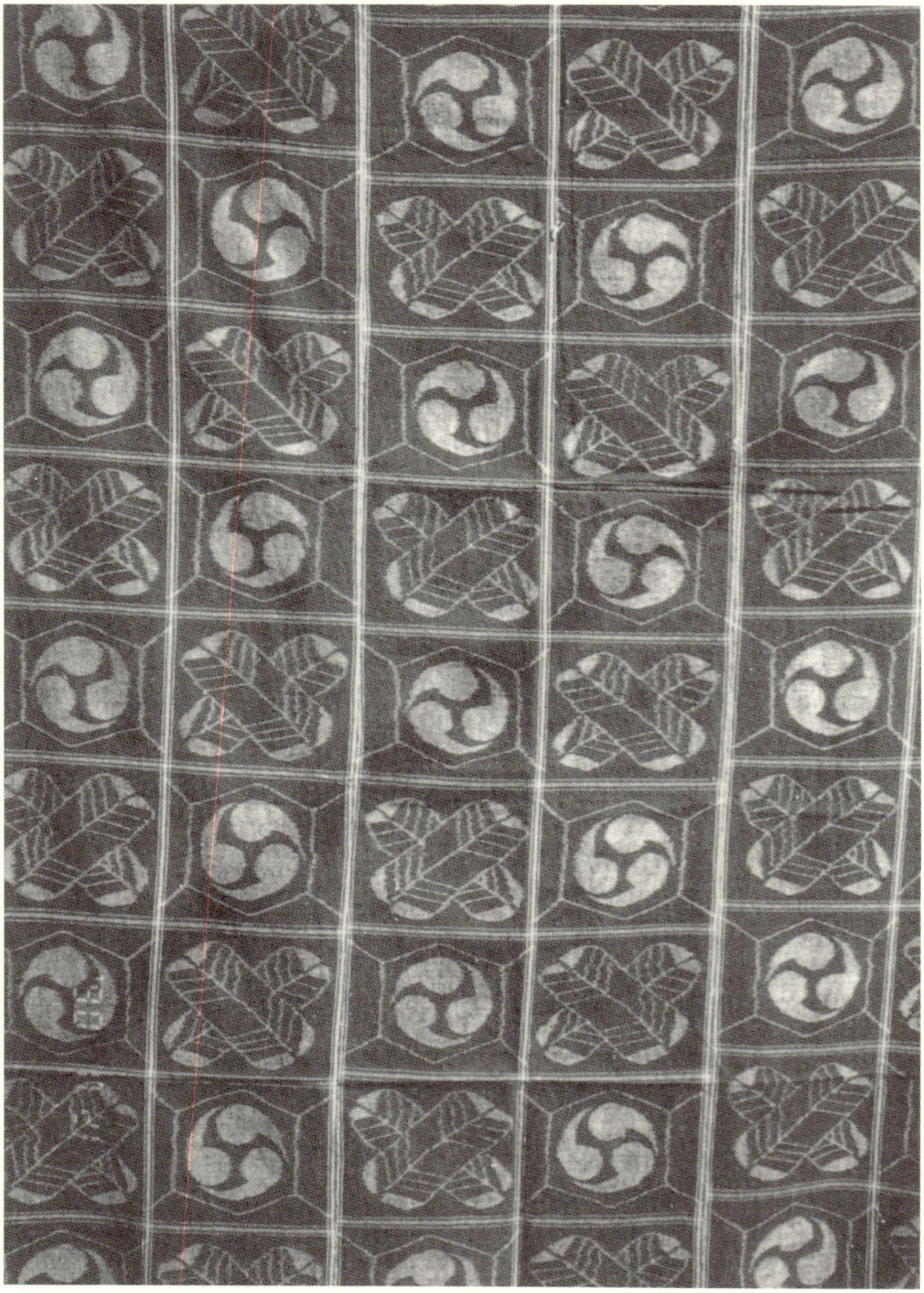

74　格子縞と家紋づくし（3 幅布団，倉吉）

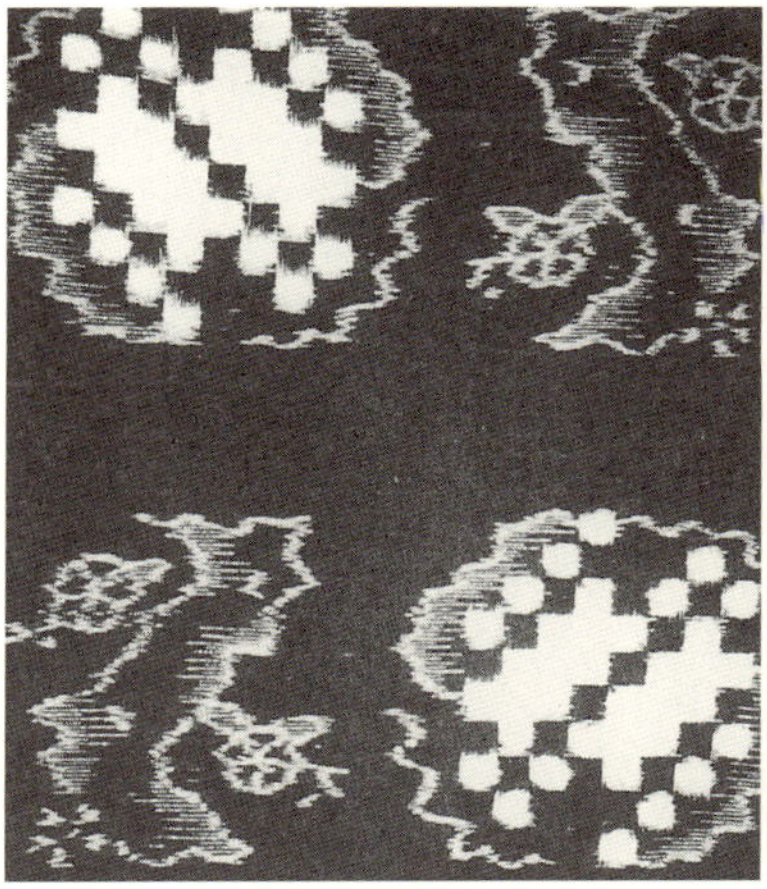

76　幾何文と老樹桜文（1幅布団，広瀬，明治・大正期）

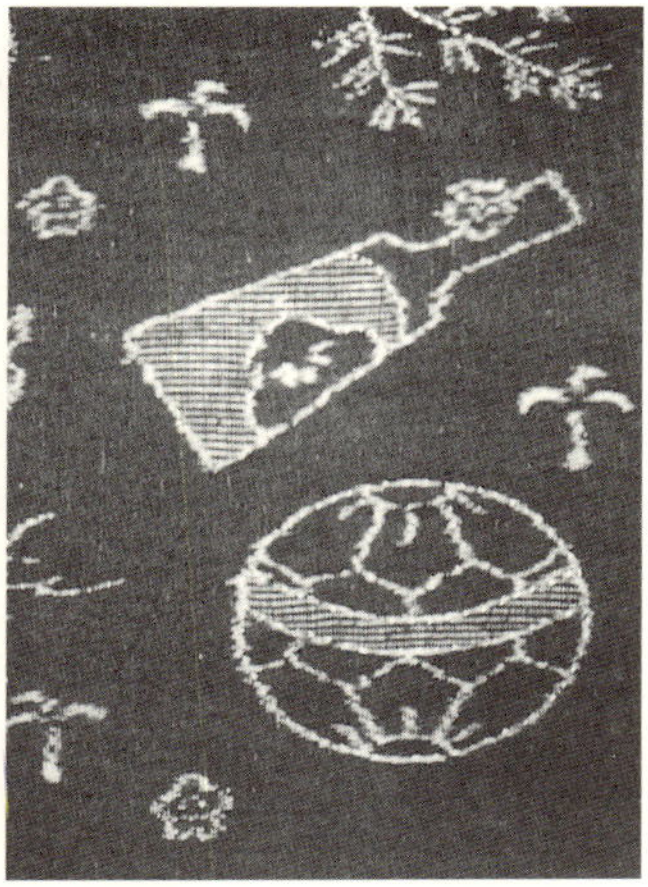

75　正月文　手毬と羽子板文（1幅布団，弓浜，明治中期）

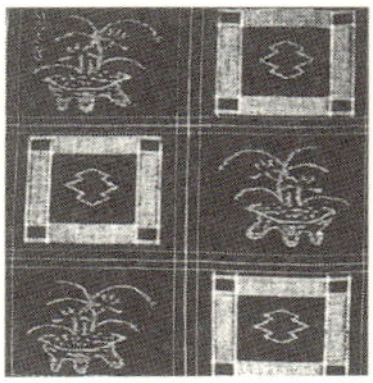

78　盆栽と枡入松皮菱文（1幅布団，広瀬，明治期）

77　蝶と水鳥文（1幅布団，広瀬，明治期）

79　丸竹に雀文（広瀬，明治期）

81　寿宝船文（1 幅布団，倉吉，明治期）

82　生活文（瓢簞に水と鎌と茶碗文，1 幅布団，倉吉，明治初期）

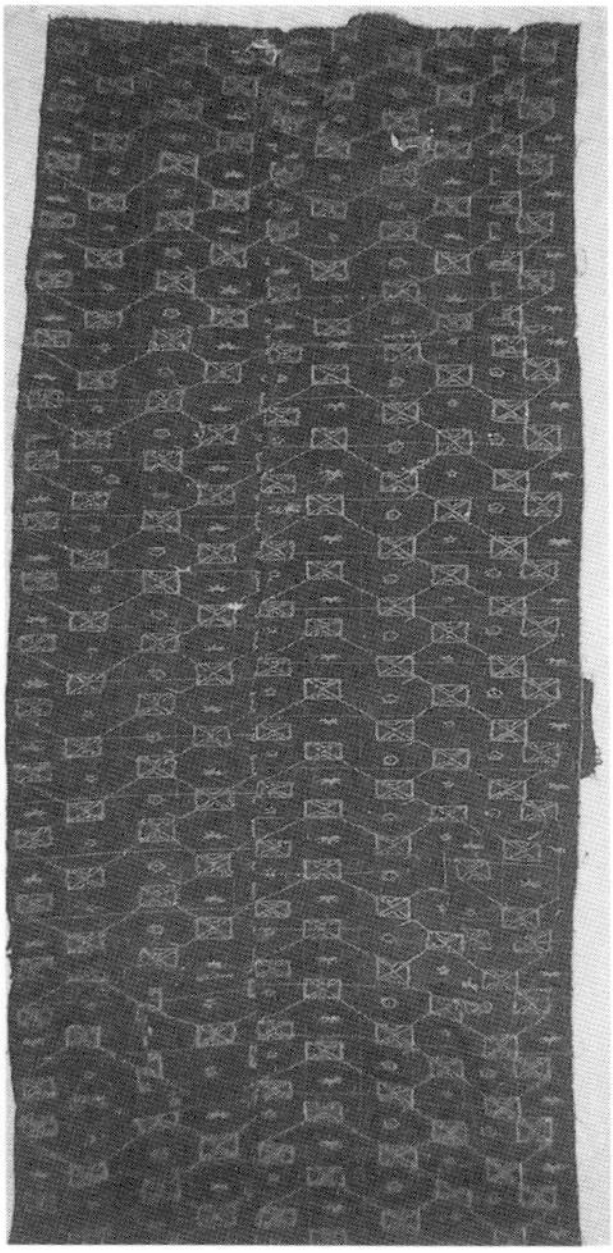

80　幾何文（2 幅布団，倉吉，明治期）

84　幾何文と海老文
（1 幅布団，広瀬，大正期）

83　幾何文と鯉の滝昇り文（1 幅布団，広瀬，明治・大正期）

87　縞絣（1 幅布団，倉吉，明治中期）

88　幾何文と桜花文（1 幅布団，倉吉，明治中期）

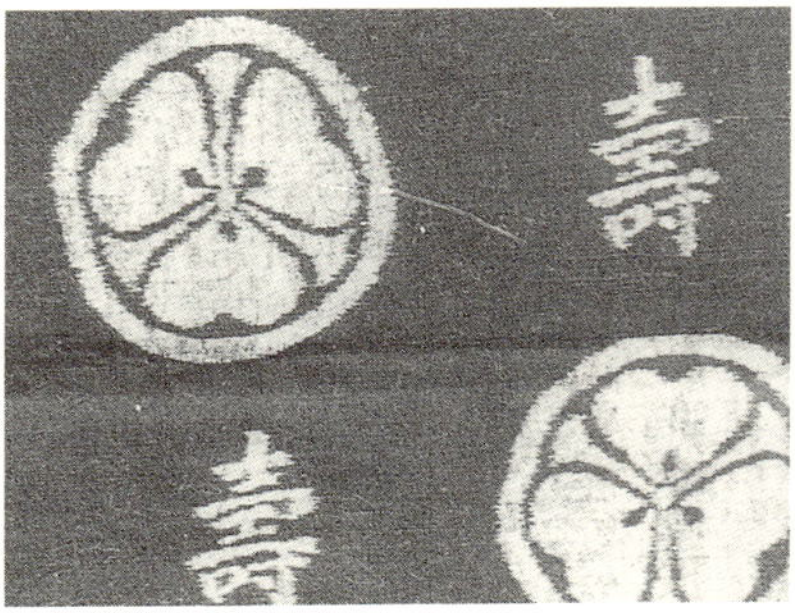

89　剣酢漿に寿文（1 幅布団，倉吉，明治中期）

85　向日葵と岸本文字（1 幅布団，倉吉，明治後期）

86　飾り幾何文（1 幅布団，倉吉，明治後期）

90　田の字幾何文（半幅着物，倉吉，明治後期）

92　鯉の滝昇り文（1幅布団，弓浜，明治期）

91　松に流水に亀文（1幅布団，弓浜，明治期）

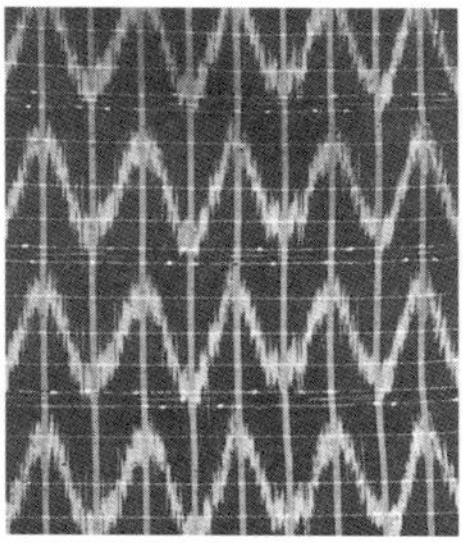

95　矢絣（1幅六立布団，鳥取県北栄町野田きくえ氏，大正期）

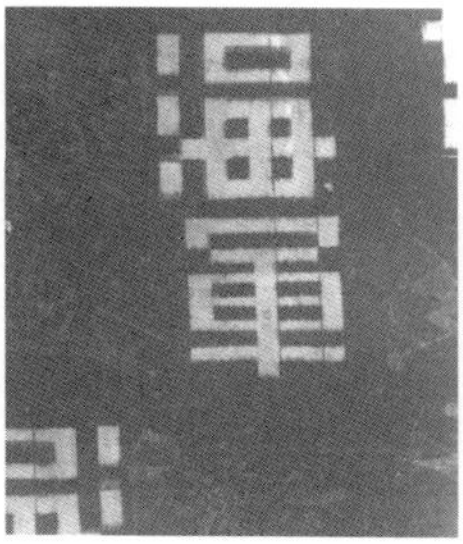

94　旭日軍旗と五三桐に海軍文字絣（布団，弓浜）

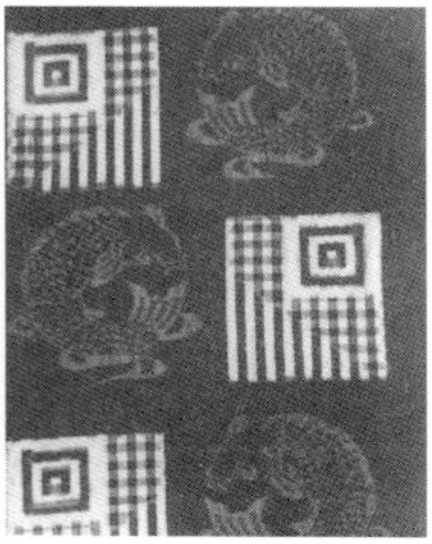

93　三重枡幾何文と丸鯉文（1幅布団，広瀬，明治期）

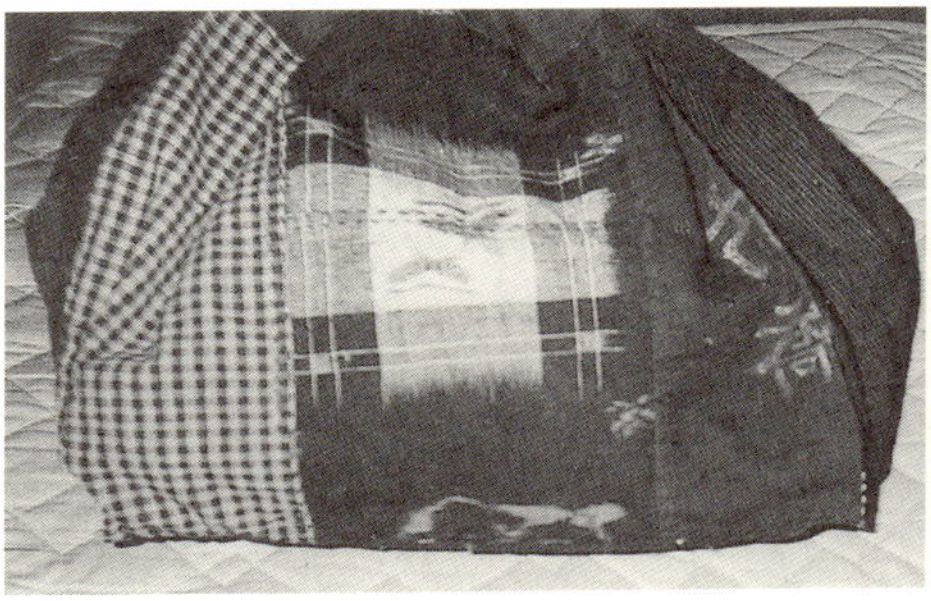
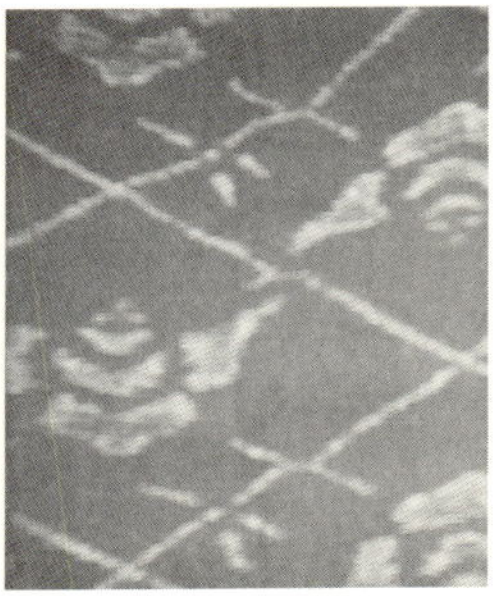

96　ふくら雀と蜻蛉文（米袋，右は部分拡，大倉吉市博物館蔵）

98　幾何文（1幅布団，伊予）

97　蝶入り十字井桁と毬と猫文（米袋，図96の拡大，倉吉，明治期）

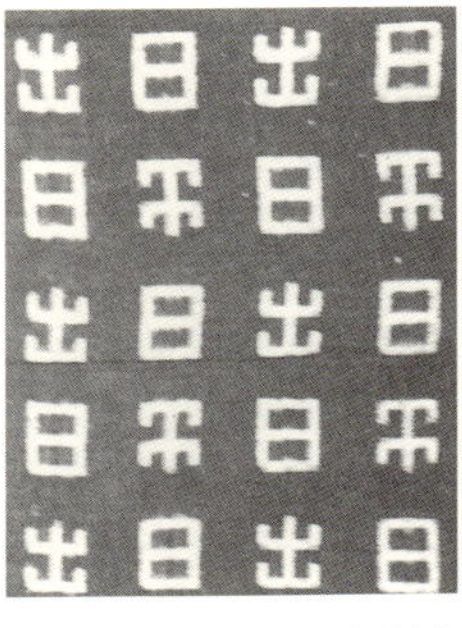

101　日出文字文（2幅布団，伊予）

100　亀文字文（1幅布団，伊予）

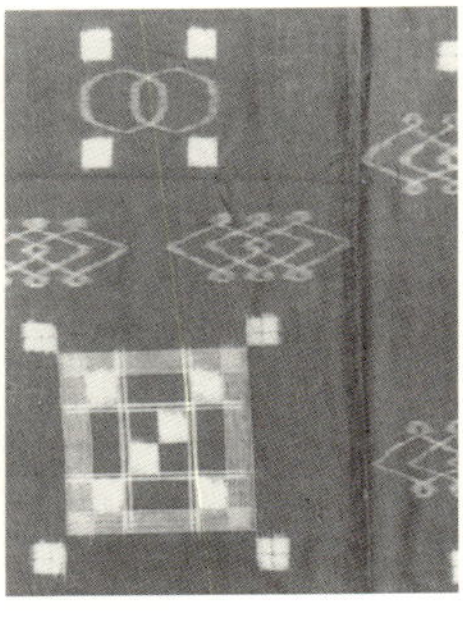

99　幾何文（1幅布団，伊予）

103　三重丸幾何文（着物，久留米，昭和期）

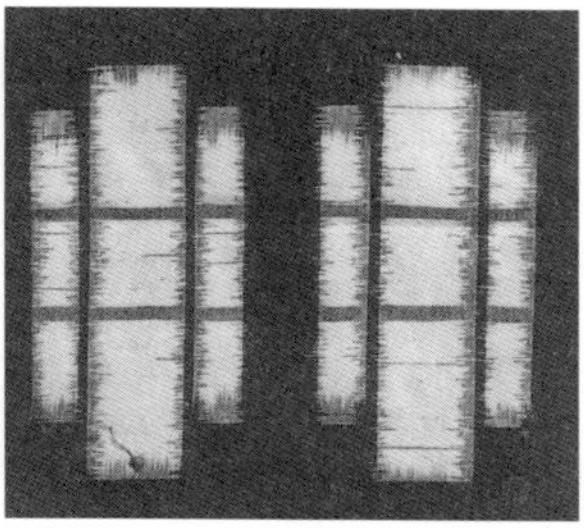

102　幾何文（久留米，昭和期）

106　幾何文と竜文（1 幅，伊予）

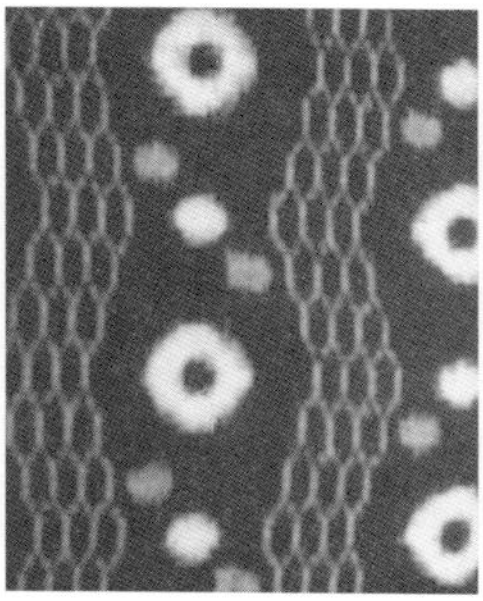

105　立涌にドーナツ文（着物，久留米，昭和期）

104　縞絣（1 幅，久留米，昭和期）

108　戦勝文（釘抜き十字と旭日章旗，1 幅布団，伊予）

107　竜囲み四菱と鶴亀文（2 幅布団，伊予，明治期）

109　人力車と福助文（1幅布団，伊予）

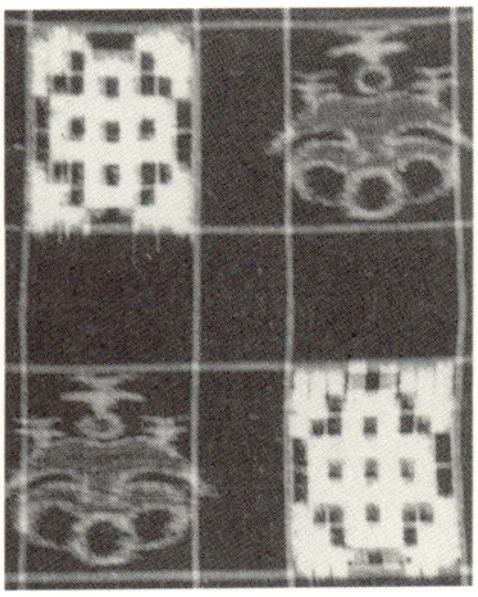

110　幾何文と錨文（1幅布団，伊予）

111　菱市松と布袋文（1幅布団，伊予）

112　幾何文に梅に鶯文（伊予）

113　旭日旗に鶴，陰の柏文（伊予）

114　幾何文（広瀬）

115　幾何矢文（広瀬，明治〜大正期）

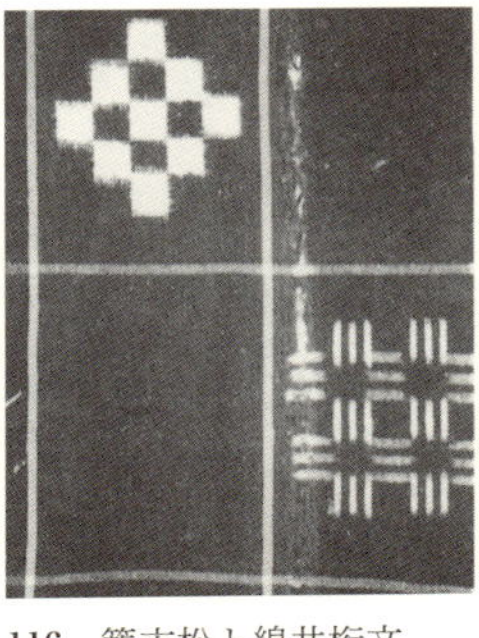

116　籠市松と線井桁文（着物，鳥取県淀江，大正期）

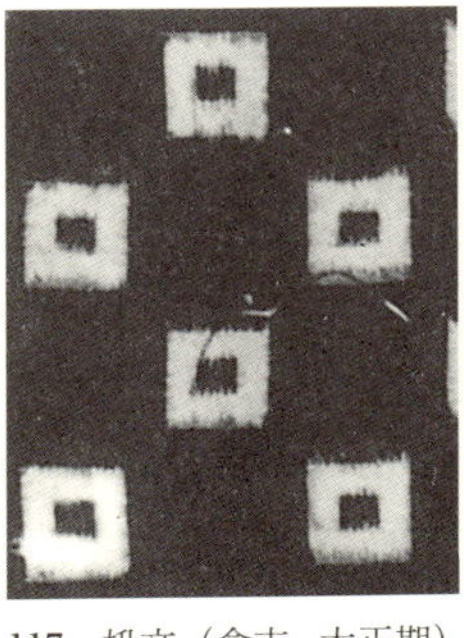

117　枡文（倉吉，大正期）

119　幾何文と手毬文（3 幅布団，備後）

118　三重枡のなぎ文（3 幅布団，備後）

122　旭日旗と竹に桜文（1 幅夜着，倉吉市博物館蔵，明治中期）

121　幾何建造文（1 幅，久留米）

120　三種類の絣（3 幅敷布団，倉吉，山方マツノ作）

123　城と建造物文（5幅絣布団裏付，久留米，著者蔵）
163×200　1450 g

124　文明開化（富士山，汽車，船舶）幾何文（5幅絣布団，久留米，著者蔵）　170×202　表布750 g

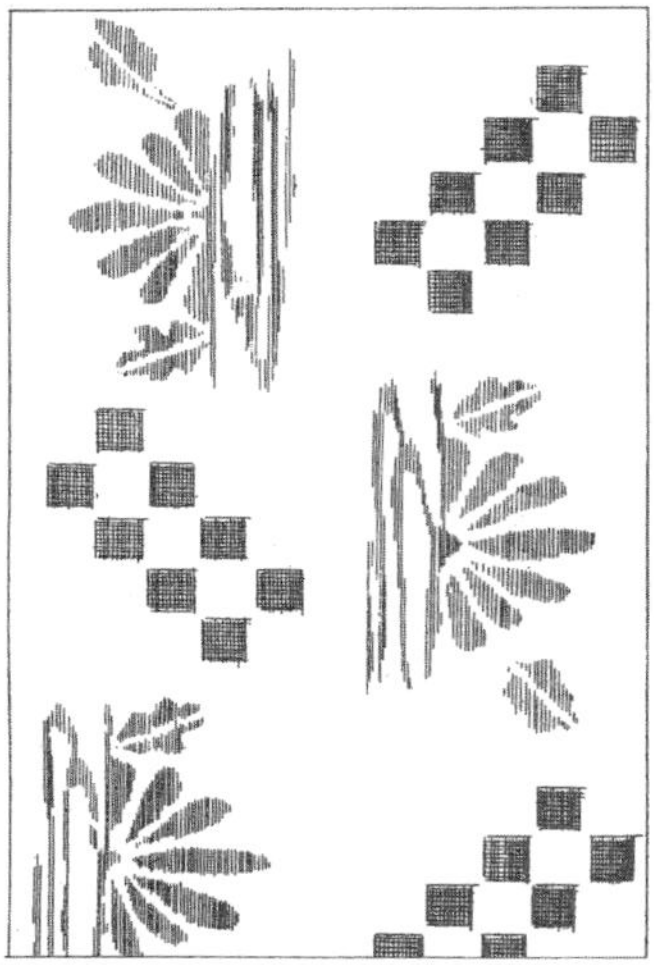

第五回内国勧業博覧会船木秀蔵出品（参等賞）の中より

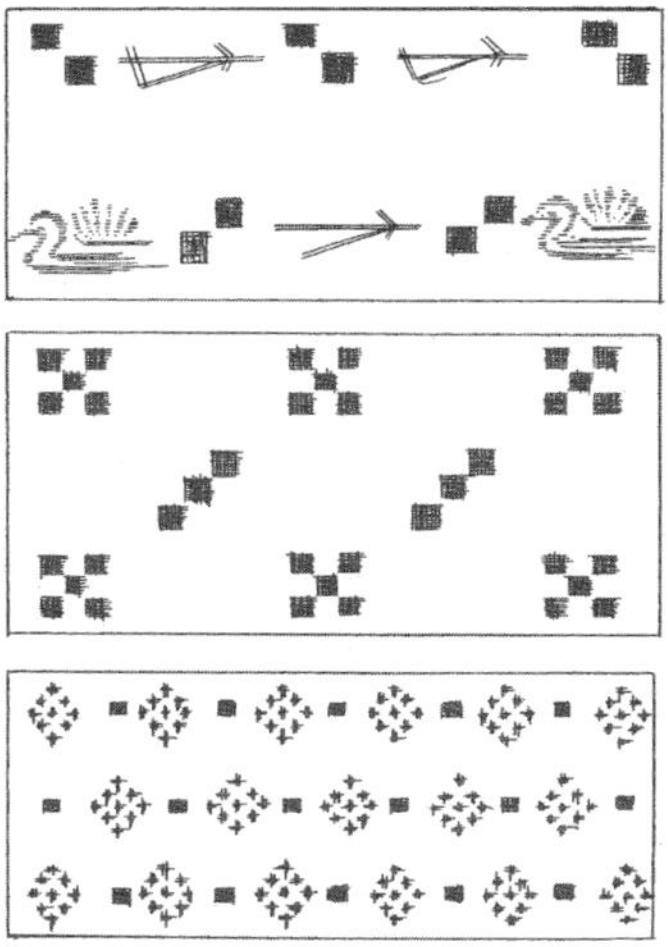

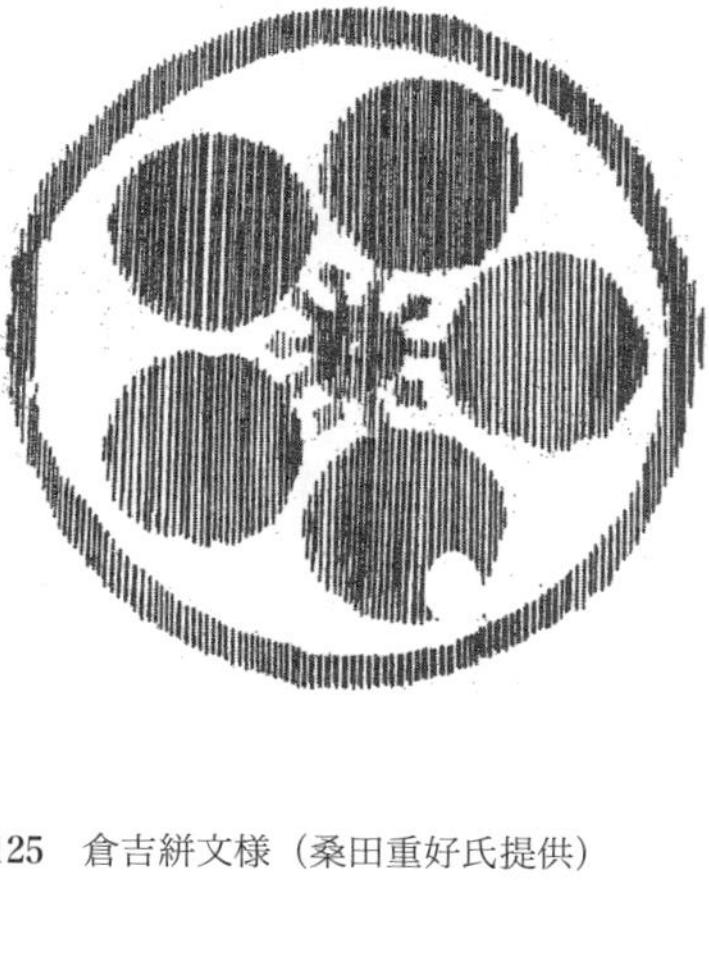

125　倉吉絣文様（桑田重好氏提供）

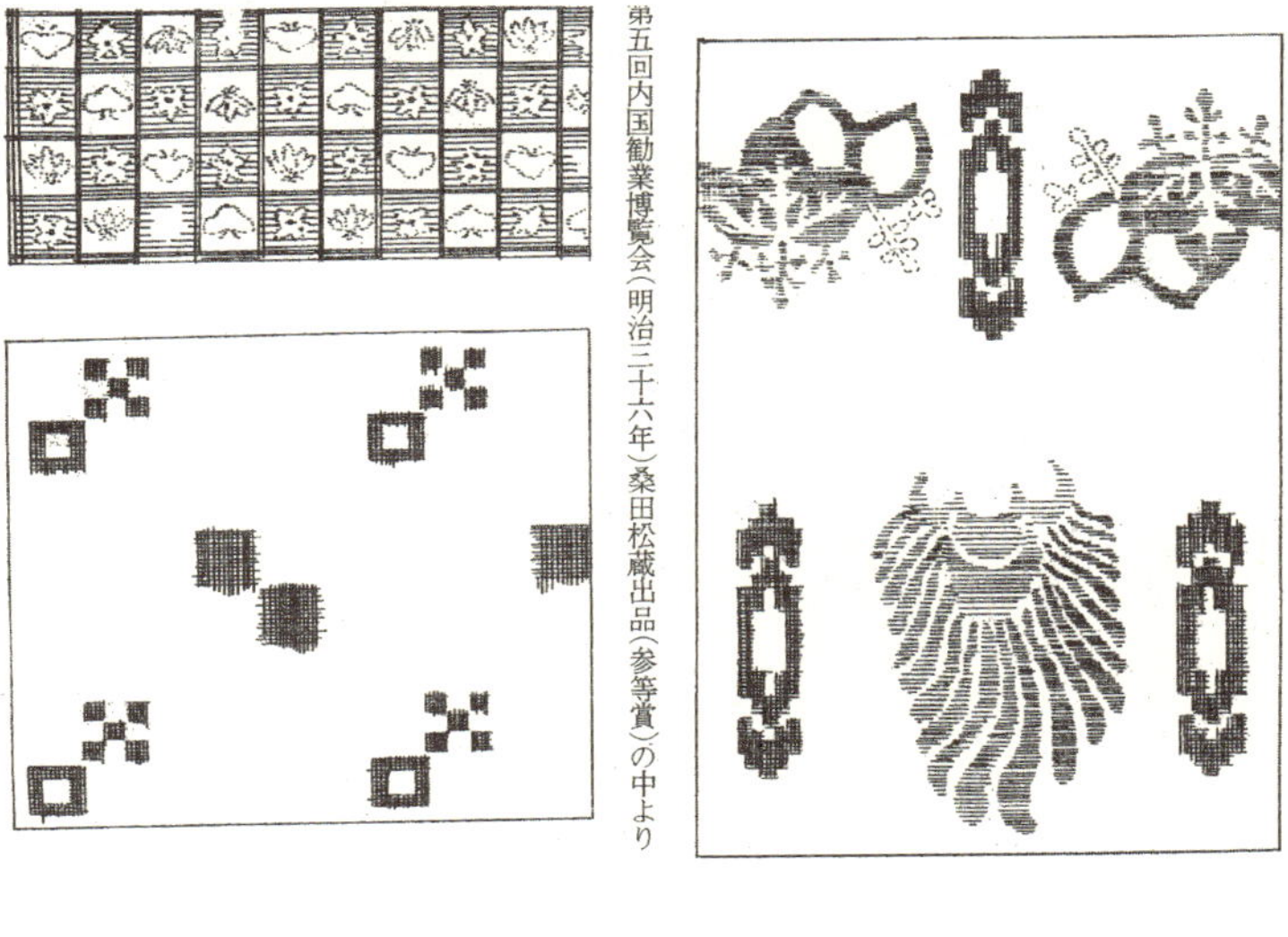

第五回内国勧業博覧会（明治三十六年）桑田松蔵出品（参等賞）の中より

126　倉吉絣文様（桑田重好氏提供）

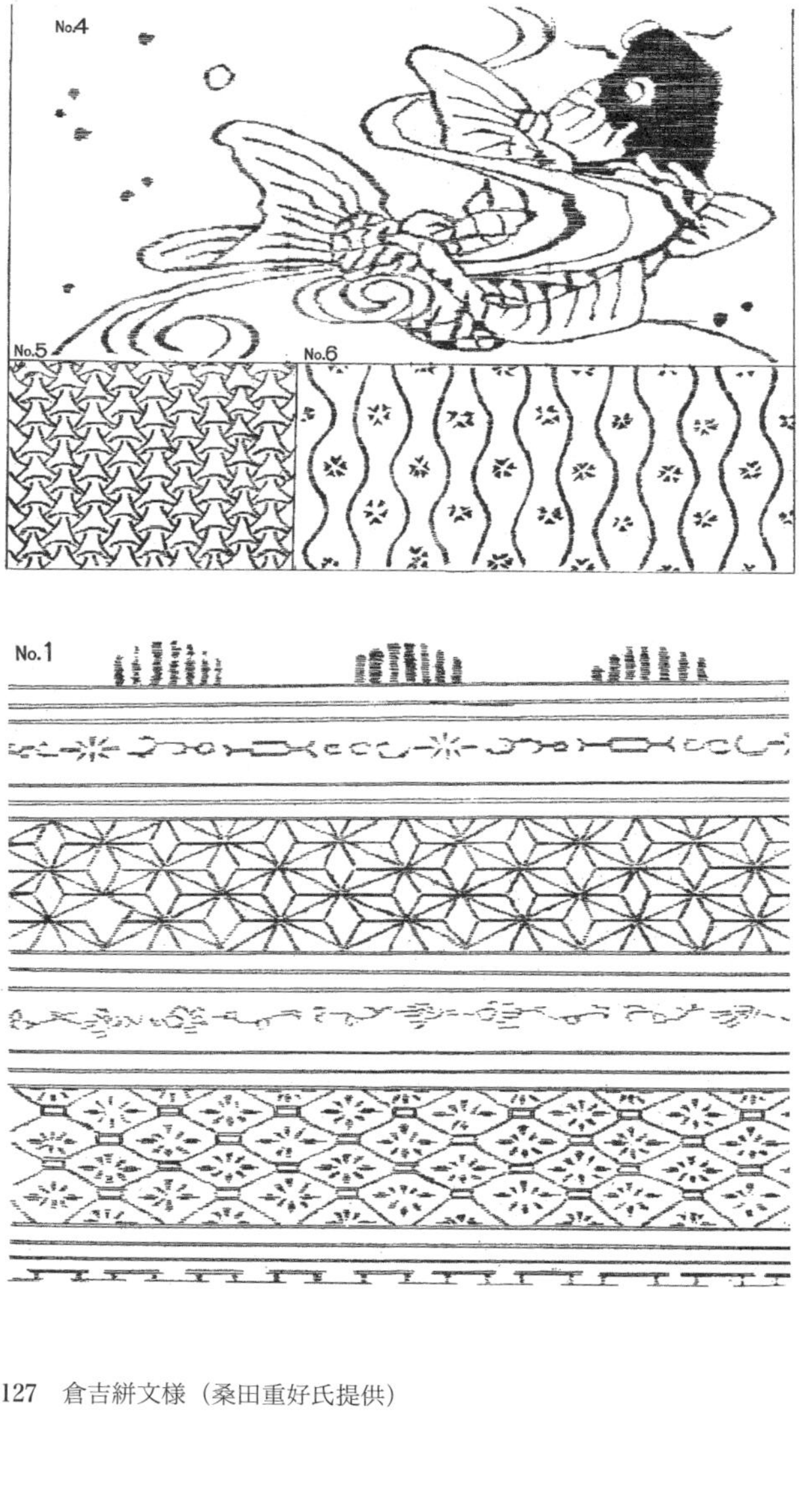

127　倉吉絣文様（桑田重好氏提供）

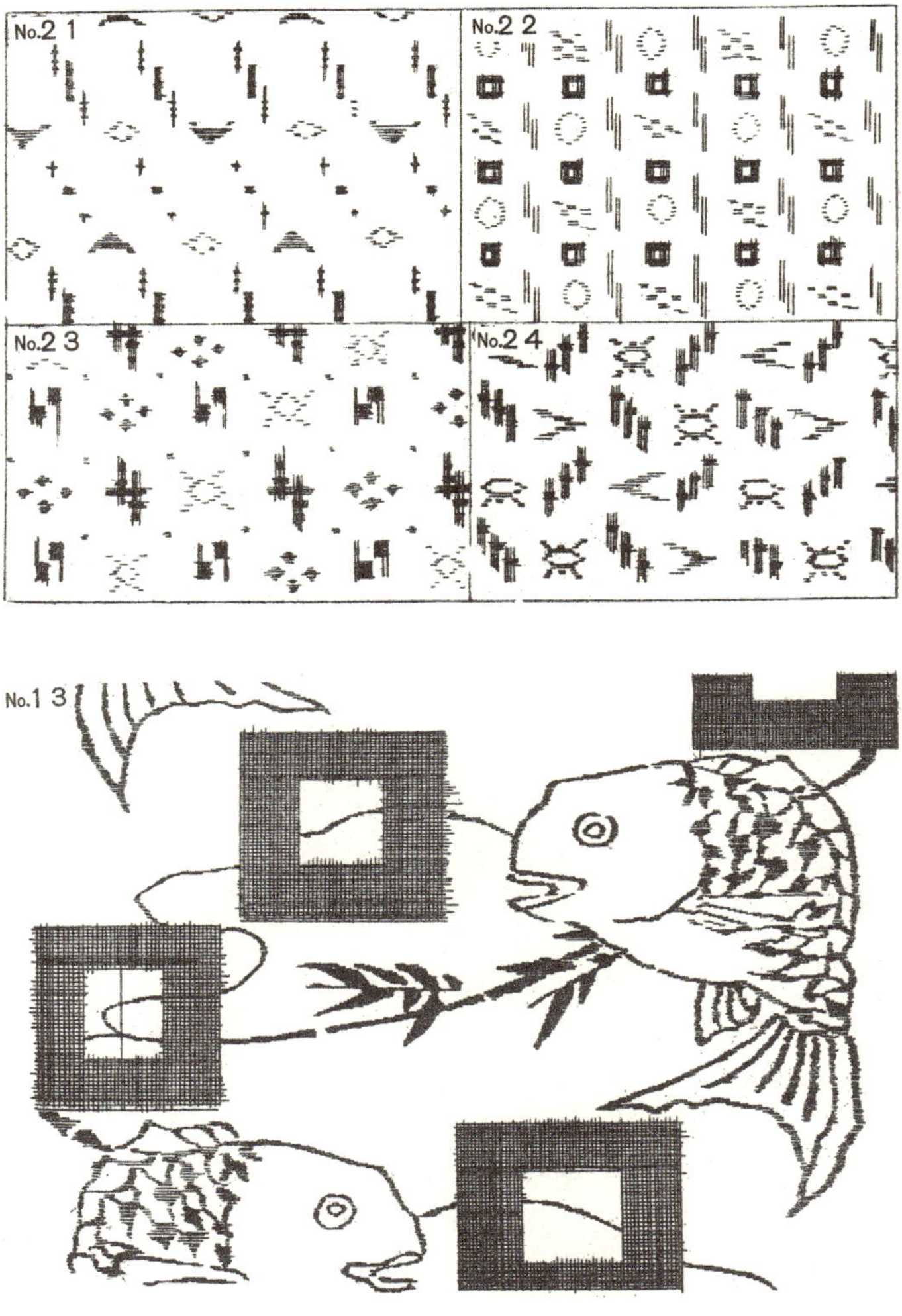

128　倉吉絣文様（桑田重好氏提供）

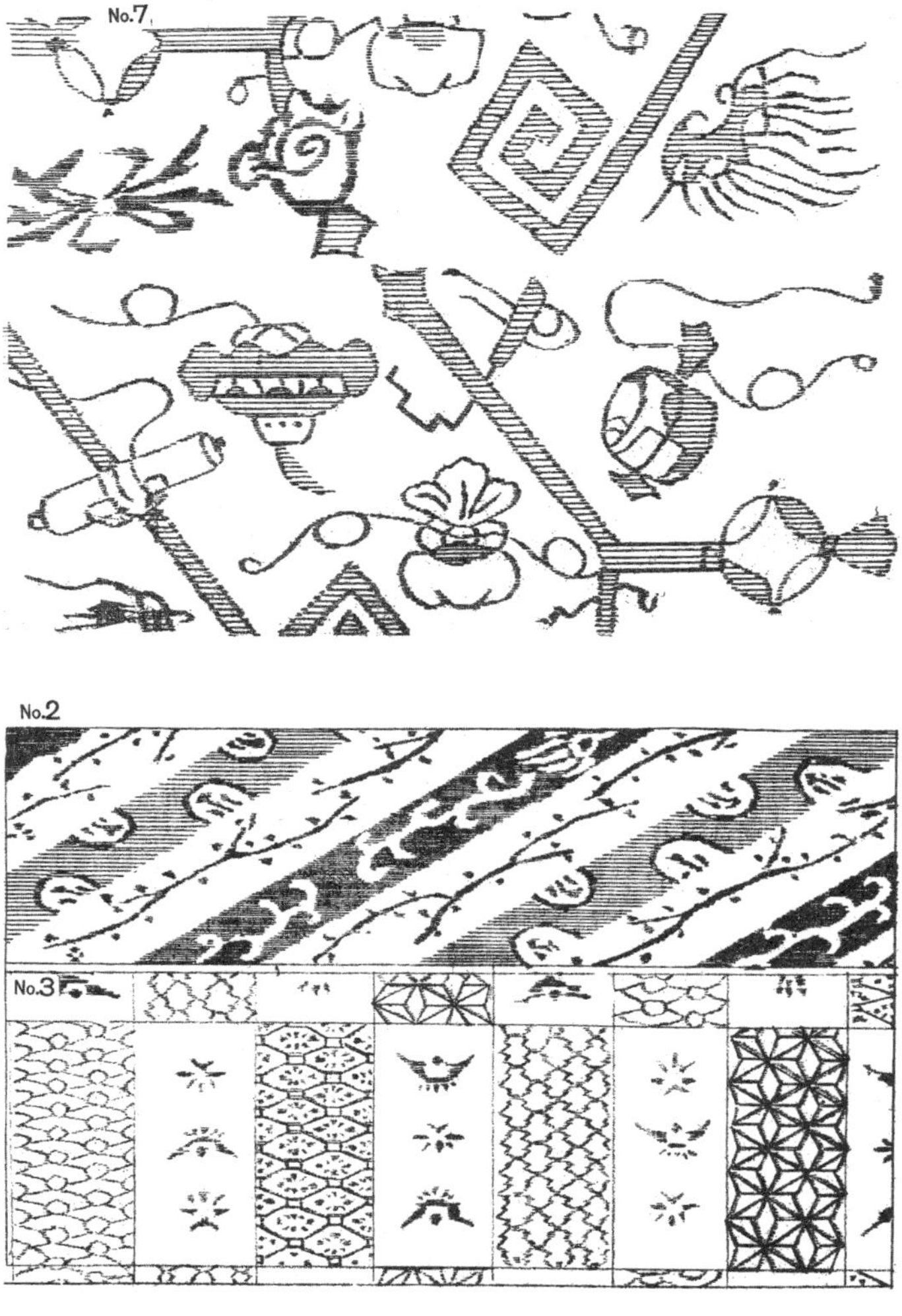

129　倉吉絣文様（桑田重好氏提供）

130　倉吉絣文様（桑田重好氏提供）

No.9

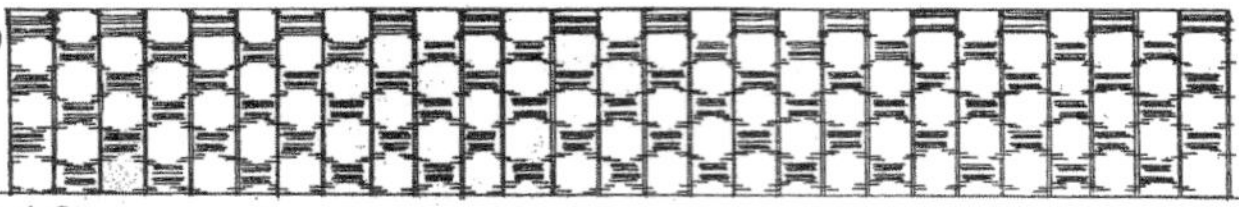

No.1 0

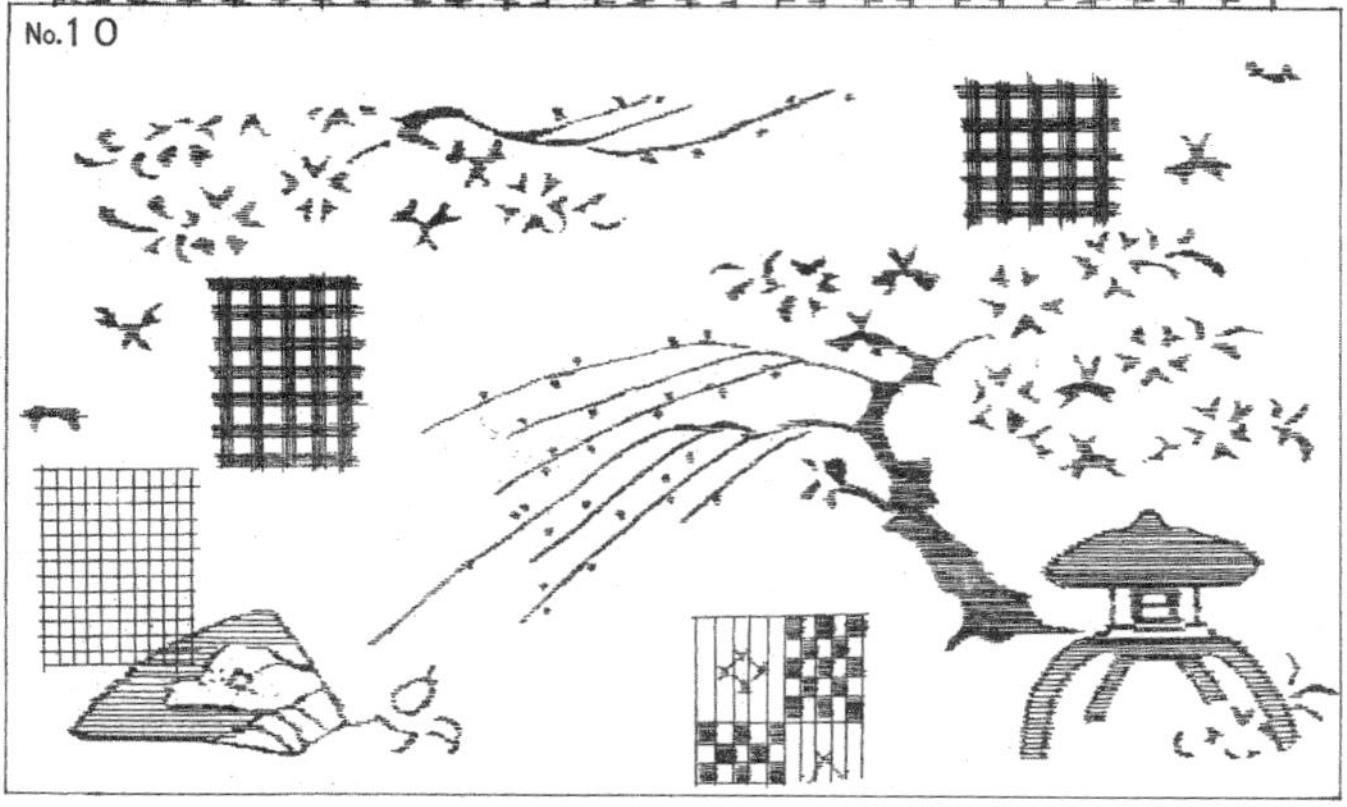

No.1 2

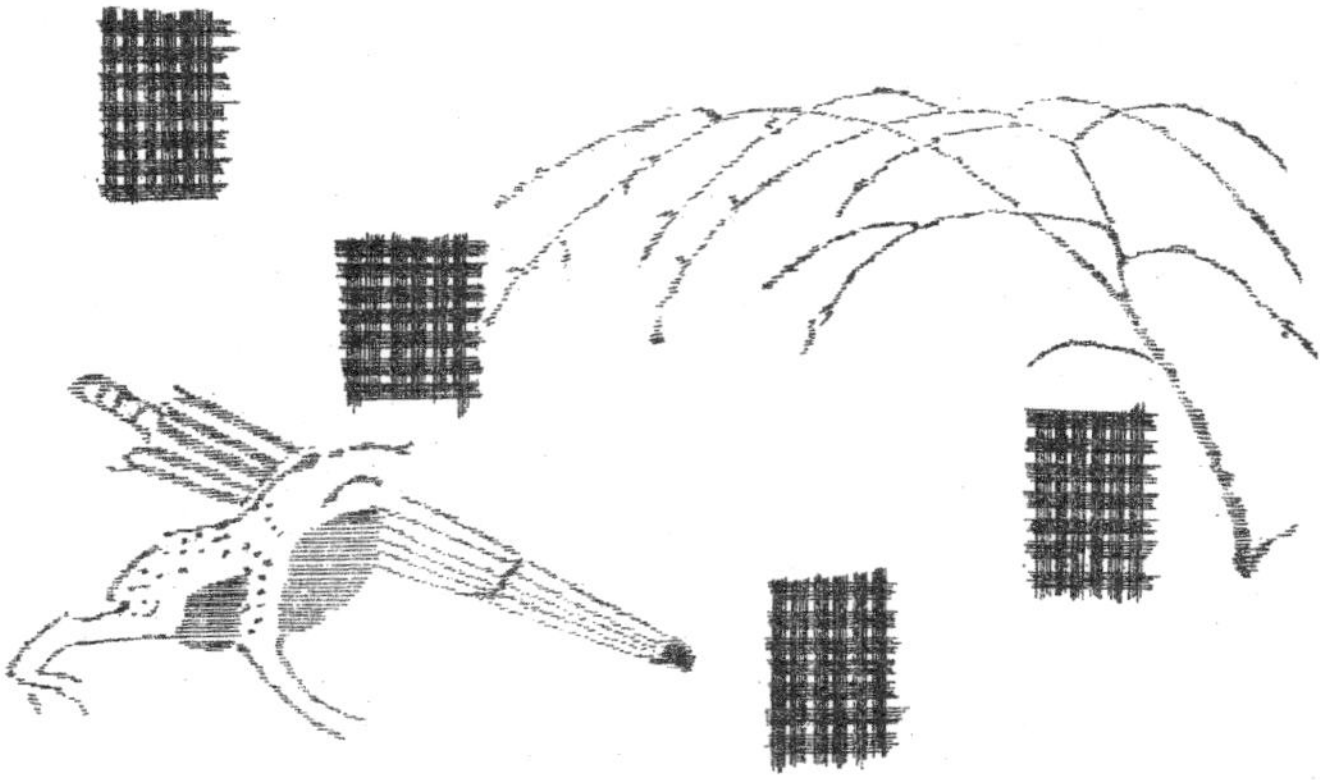

131　倉吉絣文様（桑田重好氏提供）

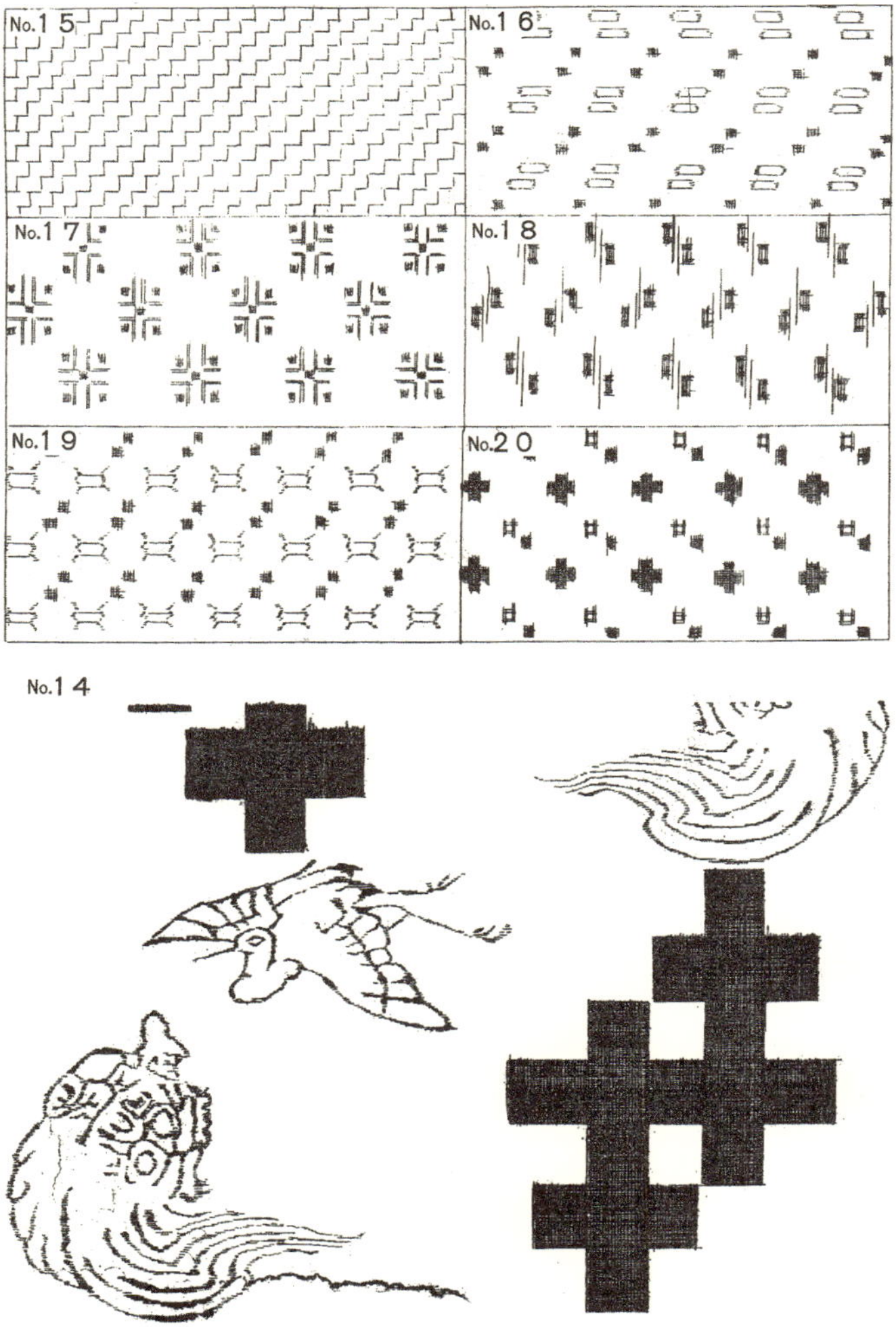

132　倉吉絣文様（桑田重好氏提供）

た。この方式で、工場が生産を縮小したいときは彼女たちの仕事をストップさせて経営者の損害を少なく調節することが出来た。

五二頁の絣柄（甲、乙、丙）三冊の絣見本帳は、倉吉船木機工場で用いられた明治四十四年（一九一一）の図柄集である。幾何学文様の製作工程が詳しく記録され、経糸の数と緯糸の数を計算した「絣虎の巻」ともいうべき貴重なものである。機業が廃止された後にも、貴重な記録として絣研究者や実作者たちに喜ばれた。これからめぐり会う図柄の工程を考えて読み解きつつ、幾何学の問題を解くように興奮して絣に接していた。「今日は新しい柄を発見した」「今日は珍しい文様だ」と、私は日ごとにときめく心を持続させ、いつか縞と絣と対話できるまでに成長することが出来た。そして、実際に織ってみて、織りやすいデザインの工夫は先人たちの絣で学んだ。また、上下・左右対称のシンメトリーや空間の取り方など、縞や絣を分解する楽しさを学んだ。

染物の小紋染めのデザインは絣のデザインに応用されている。絣は自然界のあらゆるものを文様にし、ストーリーと願望をこめて進展させてきた。婚礼布団用の鶴と亀は祝儀と長寿の意味がある。多種類の花鳥山水文、松竹梅文（図60）は多く用いられてきた。なかでも菊花文は中国文化の影響を受けて多用され、布団、襦袢、着物用に用いられた。初期の傾向としては絣は菊花文を絵絣にしているが、最盛期には幾何学文様と組み合わせるようになった（図61）。菊には不老長寿の力があると伝えられていた。

絣の文様も時代や社会情勢を反映している。明治期に目立つ絣の文様に、日清・日露戦争の戦勝を願った軍艦や兜、日の丸、錨文のモチーフが見られる。男子の誕生を願い、軍人を夢見ていた人たちは、布団や夜着、子守着の中に物語を織り込んだ。このように、戦争に彩られた時代に、日常着から布団にいたるまで身につける衣料に戦勝文（図108）を取り入れて戦争を讃美した。絣のデザインが戦争協力に果たした役割を考えると実に恐ろしい。

また、封建的な身分制度や男女差別も絣の文様に反映している。家の世継ぎ跡取りは男子と決められていて、女性は惨めな立場に置かれていた。鯉の滝昇り文（図92）は男子の立身出世を願う文様であり、神社や寺院、城の文様（図123）は男児の成長を祈願して織り出された。

大量に生産される機械絣は、製織し易いデザインのものが多く、売り易い価格設定を前提に成り立っている。藍染めもバラつきがあり、地質も糊付け製品が多い。木綿糸を機械で処理するには糊付けが必要である。糊が完全に落ちる頃には地質は薄くなり、耐用年数は短くなっている。大量生産と安価な絣に消費者は流れ、ますます機械絣の黄金時代を迎えたが、半世紀前の合成繊維の出現により、木綿衣料は処分されて家庭から廃棄された。しかし、「木綿往生」を願う私は、一点でも多くの絣に出会ってわくわくして暮らしたい。そして布の中に眠る織り手たちのデザイン力と精神性を学び、素手で触れて木綿の触感を蓄えることが私の財産であり、冥土の土産であると思っている。

六五頁の図124は久留米絣五幅布団の総絵文様で、明治期の作品である。鳥取市の写真家・池本喜巳氏の奥様から、鳥取の骨董店に飾られていたというこの絣の写真をいただき、早速その店に足を運んだ。絣は文明開化を謳い上げた、堂々として雄大に夜明けを告げるすばらしいものだった。私は作品をじっと眺めて「これは立派な絵画作品だ」と感じた。絣はシンメトリーで構成されることが多いが、この絣は並幅の全体にわたって柄が違っている。それを五幅縫合して構成し、すべて市松文を基本に積み上げた経緯絣の幾何学的な文様だった。富士山の麓に川が流れ、日の丸の旗を掲げた船が浮かぶ。川の両岸には電柱が立ち並び、蒸気機関車が五両編成で煙を上げて走っている。これは、明治期の文明開化を謳い上げ、人々に大きな夢と希望を与えたに違いない。汽車の旅で富士山を眺め、河川で船に乗る、それは日本の夜明けを象徴し、日本人に勇気を与えるものであったに違いない。このように破損がなく、全景が鑑賞できる完璧な遺品は現在ではほとんど見られないものだ。百年の年月が経って、美術品として売られているのだ。私は思案の末、とうとう手を出してしまい、目から火の出るような高価な買い物をすることになった。この絵絣の持つパワーに生きる力をもらって暮らしたい。残り少ない人生に、きっとときめく心を与えてくれると信じて。

　この絣の魅力のひとつは、布の端（耳ともいう）に不揃いの緯糸が目立つことである。これは、経糸の絣に緯糸を組む（経緯を真っ白に抜く）ために布端で糸を調節する、手織りに特有の現象である。

　布の耳が不揃いで、絣の足（織りかすれ）を出していて、手紡糸の独特の風合いと感触がある。絣を織る者のみが知っている心の苦しみと緊張感が張りつめている。そして、杼《ひ》を打つ音によって織り密度が違ってくる。無心で織り上げたときの達成感。このような大作は試行錯誤の繰り返しによって生まれたに違いない。人の心の一念を織り出したこの絵絣は私の宝物になった。

さて、幾何学的文様は、時代の風潮を反映するとともに、産地ごとにその地方の人々の趣向によっても独特の表現を生んできた。

中でも久留米絣製品は幾何学文を経緯絣で織り上げるという、技術的に困難な工程を経てかずかずの大作を生み出してきた。土地の人々の努力の積み重ねと創造力によって日本の絣文化を世界に誇示できるまでに発展させた功績は大きい。

在野の女性たちが幾何学文様を自由に選んで、試行錯誤を積み重ねながら創作した作品がしだいに流布していく。高度な対称性のものから回転対称や上下・左右対称など、ありとあらゆるパターンが生み出された。これらは布団と着物幅（並幅三八センチ）の中で繰り返す文様で、その中心線で折り合わせると重なる。このようにして、織りやすく、美しい文様が生まれ、伝承されてきた。

六六〜七三頁（図125〜132）の図は、前出の桑田重好氏（桑田機工場主、一八八六〜一九七八）が自営の機工場で使った絵絣を手描き模写して私に復元を勧められたものである。手元に蒐集したかずかずの絣柄（計三四種）と照合して織元を確認した。倉吉絣工場の文様の模倣から始まった私の織物人生は、こうした工場主や在野の老女たちに導かれてようやくここまでたどり着いた。

六　蘇る染物

蘇る藍筒描染

木々の葉が化粧する晩秋になると、毎年のように思い出す。半世紀前の農村は冬支度に忙しく、中でも燃料の補給に野山に出かけ、枯れ枝を拾い集めたり松葉を集めたりして背負って帰った。そして家の軒下に松葉や割り木を積み上げて、カマドや風呂焚きに使った。薪を準備することを「大黒さんの鼻ひげ」と言って、暮らしの中で火を燃やし、福の神に感謝した。

その時代には木綿藍筒描染めの大風呂敷に荷物を背負って行き交う人々がいた。今では遠い夢物語のように思われるかもしれない。ところが、最近、エコ時代を迎えて、木綿風呂敷が買い物に最適であるとして、木綿の良さが見直されつつある。

二〇〇八年十一月、島根県松江市在住の平本映子氏（一九三九年生）は、「私の集めた山陰の筒描染と表装展」を松江市内で公開した。会場に行ってみると、藍筒描き四幅布団や大風呂敷（一六八〇㎝×一六〇〇㎝）等が補修され、穴や擦り切れた箇所に当て布を刺し縫いして、昔ながらの方法で手を加えてキルティングし、布の寿命を延ばすばかりか、タピストリーに生まれ変わっていた。

山陰地方で江戸の中期頃から明治・大正期にかけて栄えた木綿藍染め筒描き文様は、家の数ほど多様な文様がある。清楚な感じを与える大胆なデザインで、使い込まれ、洗いざらしされて淡藍に色褪せてなお輝くそれらの布に対面して、私は一瞬息を呑んだ。「木綿布のすばらしさと、今も郷土に息づいている優れものを見直す機会となれば幸いです」という彼女のメッセージのとおり、藍木綿筒描き染めの美に着眼されたことに共感した。今年の年賀状に「コレクションの筒描き染めの修理をはじめました」と書かれていたが、公職（島根県立博物館副館長）を退いて、三十五年前に収集した筒染めの繕いに取りかかっておられた。四人姉妹の長女である平本氏は、妹さんたちの協力を得て完成させ、発表されたのだった。

木綿古布の収集家はたくさんいる。収集すると洗って汚れを落とし、縫い糸（ぬきそ）や綿屑を取り除く。縫い糸は布に食い込んでなかなか抜けないし、綿も濡らしたタワシで布面を擦って取り除いていた。大方の収集家はこうした洗濯仕上げの手入れまでで終わってしまう。ところが彼女の場合は布団地そのままで損傷箇所に裏打ちし、針目で埋め尽くしたり全体に刺し縫いを施したりしていた。中芯に木綿を入れて文様の輪郭を白糸一〜二ミリの針目で刺していた。裏側は別布を当て、四隅を額縁仕立（三〜五センチ幅の裏布）にしていた。

会場に飾られた六十六点のタピストリーは堂々とした迫力で私に迫り、私は目頭が潤んできた。そばでキルトをした妹さんが「木綿のわかる人に見てもらって本当に嬉しい。柔らかな風合いが大好きです」と話していた。壁面に飾られた筒描きは、永い眠りから覚めて生き返り、白い針目がうごめいて飛び出してくるような迫力に感動して、私は作品の前で思わず目を閉じた。これらの作品を現代の生活空間に飾ると、どんなに心が和むことか、古布を慈しみ、愛情溢れる再生に取り組まれた平本姉妹に感謝した。

平本氏は「来場者から、うちにも型紙があるとか、筒描きがある、と声を掛けられました」と話していたが、木綿と藍の産地である出雲地方には今でも貴重な遺産が土蔵の中で眠っているようだ。

筒描き文様の大半は家紋を染めていた。明治期の最盛期から筒描きに家紋を取り入れて家の象徴とし、さらに自然界の花鳥山水や中国の牡丹文や唐草文様を配した多彩なデザインに発展した。とくに家紋は衣料と強く結びつき、生活の中の芸術として親しまれた。婚礼布団や風呂敷、出産時の産湯上げ、子負い帯にむつき（おむつ）などの藍染め文様に、吉祥・長寿・安泰の願いを込めて染め上げられた。

この催しで私が感じたことは、今流行の布を切り刻んだパッチワークではなく、古布そのままを醸成したかのように、布団の色褪せたボロ布を見事に蘇らせていることだった。筒描き染めの美しさは木綿の力によってこそ発揮された。木綿の藍着で暮らした昔の人々の生活の中に、どれほどの物語があるのだろうか……。このタピストリーの力強い美しさに誇りと勇気をもらって会場を出た。

二〇〇八年五月、「よみがえる幻の染色——出雲藍板締めの世界とその系譜」という一大企画展が島根県立古代出雲歴史博物館で開催された。数年前から学芸員諸氏の尽力で資料整理と板締め工程の再現、木版木の修復、図録の編集などの作業が進められ、日本では珍しい木版染めの世界が展示された。会場で図録写真と説明文によって実物で学ばせてもらい、藍と木綿文化の奥深さを実感することができた。

木版染めは、布を二枚の版木に挟んで染色する。多様な木版文様は幾何学文様を踏襲し、作風にはいろいろと変化をみせている。こうした両面染めになると、織りの絣文との区別が瞬時には判別できない。そして、木版染めの精緻な文様を省略化して絣に応用したのではないか、と感じられる。

絣糸を作る工程は、麻皮を用いて括り、白く残してつくる手括りと、糸束を二枚の凹凸板にはさんで染色する板締め法がある。かつて大和絣や近江上布はこの工程で絣糸を作って製織した。小絣によく用いた板締め絣は、手括りに比べて量産することができ、久留米絣の小絣の生産にも用いられた。

弥生の染色

鳥取県大山町《だいせん》、中国一の山・大山の麓の標高一〇〇メートル前後の丘の上に、およそ二〇〇〇年〜一七〇〇年前に営まれた国内最大級の集落址「妻木晩田《むきばんだ》遺跡」がある。平成七年（一九九五）から発掘調査が行なわれ、平成十一年（一九九九）に国の史跡に指定された。

県教育委員会は二〇〇九年の春に米子市内で「弥生時代の色彩世界——妻木晩田の人々が見た色」をテーマに「第九回弥生文化シンポジウム」を開催する。その準備に、弥生時代の色彩と衣装を復元する実験を行なった。

三世紀末の中国の史書『魏志』倭人伝中に、倭（日本）から中国王朝に献上したものの中に赤や青の布があったと記されている。赤は、アカネの赤色の根で染めた布を茜色《あかね》としたことから、茜染めであろうと推測した。染め容器の土器づくりや助剤の椿灰づくり、そして山で天然のアカネを採取する作業は「妻木晩田遺跡を歩く会・土器作りの会」が準備をされていた。「歩く会」の数十名の方々が大山周辺のアカネを半年かけて採取され、数キロの野生アカネを乾燥させていた。

私はインド茜で茜染めをしたことがあるが、インド産の茜は根が太く、助剤にミョウバンを使っていた。一方、大山山麓のアカネの乾燥材は爪楊枝のように細い根だった。弥生人は椿の生葉灰を助剤にして染めたと推測されるので、灰つくりの作業も進めた。

弥生人の色彩を復元する公開実験会場は、大山の県立青年の家で二〇〇八年十一月末の二日間行なわれた。講師に、天然素材の伝統色草木染めを再現する京都府の染色家・吉岡幸雄氏（一九四六年生）と、「染司よしおか」の染師・福田伝士氏を招いて実施された。「歩く会」と「土器作りの会」の皆さん、それに一般見学者の中に私も入れてもらって賑やかな実験が行なわれた。

まず復元した弥生土器に水（地下水）一三リットルほどを入れ、ブロックで三方を囲んだ竈の上に土器を乗せて、下から焚き火をした。割り木をくべて燃やしながら吉岡氏の説明を聞く。福田氏がアカネを水洗いして米酢入りの水に浸ける。そして、灰液に浸けたり、アカネの煮汁に浸けたりして染める。その名人の手わざには染め人としての威厳があり、アカネの生きた赤い色素が、白い絹糸に生きたまま密着するさまは神秘的だった。観衆一同は「アッ」と声を上げて拍手をおくった。弥生人も現代人も、美しい色を求めて、天然からの色素（命）を授かるのだ。私はアカネの染液に糸を一五分浸けて、温度を六〇℃〜七〇℃に保った中で糸を泳がせながら菜箸を持つ手を動かす。次に椿灰の湯液に浸して同じように糸を繰ると、茜色が濃くなって輝きを増す。

大山青年の家は雑木林の中に建っている。木立から初冬の陽が射し込む正午頃、染め重ねた茜糸を液から引き上げると、その瞬間、清く澄んだ太陽の光と茜色に染まった絹糸が鮮やかに輝き、震えるほどの感動に襲われた。「あかねさす……」万葉歌の枕詞を口籠りながら、私は恋する心持になっていた。不思議な色の世界、太古から愛されてきた澄んだ赤色・強烈に心に迫ってくる輝く赤を復元された吉岡・福田両氏に感謝した。

午後は刈安（カリヤス、黄色系統）染めの実習で、会員の人たちはハンカチを絞っていた。先人たちの衣装文化を伝えることは、日本の伝統色を再発見することでもあり、スピーディに変化する今日こそ、過去を知り、伝統に回帰しながら前進することが大切なことだと感じた。茜色に輝く衣装を身につけて豊かに暮らした弥生人たちを偲びつつ山を下りた。

編みを伝える

大昔の手わざを伝える人が山間の村にいた。

岡山県真庭郡川上村の長尾妙子氏（一九二四年生）は、蒜山《ひるぜん》大根の栽培農家である。岡山県と鳥取県の県境の山間地である真庭郡《まにわ》は、中国国立公園・大山に連なる蒜山地方の山陽側の集落である。蒜山地方で産出する大根は、大山の火山灰による黒土と、寒冷地で生育することから、甘味が強く柔らかで、漬物用に適している。十一月は大根収穫のピークで、洗って出荷したり、大きな木桶に漬け込んだりの作業で忙しい。

この地方は積雪が深く、湿地帯には良質の蒲《がま》が密生し、野山にはシナノ木（科木）がある。天然の草木を身につけて暮らすために、人々は蒲を刈り取って干し上げ、シナノ木の皮を剝いで準備し、冬季に編む。

編みは織りの前史であり、織りと編みは共に暮らしの中で脈々と伝承されてきた。寒さから身を護るため、蒲の穂綿にくるまり、その茎で被りもの、腰当て、脛巾《はばき》、肩当て、背当て、長靴、敷物などに編んで使用していた。この営みは、数百年前の木綿以前から木綿以後の今日まで伝承されている。今年（二〇〇八年）蒜山を訪ね、蒲編みを続ける長尾氏に面会し、シナ糸で編んだ蒲の長靴を購入した。この手わざを後世に伝えるために、行政（町・村）が援助の手をさしのべて伝承教室を設けていた。

手仕事の尊さは、編み続ける過程で心からの温もりが宿り、それが着る者に伝わるのではないかと思う。雪の降る音を聞きながら、身体を道具の一部にして手指を暖めながら編む。作品を完成させる喜びと、その過程で創造する前向きな生き方を伝えたいものだと思っている。

第二章　木綿私記

一　戦中・戦後の農村で

黄金の稲穂が頭を垂れはじめると、無数の赤トンボが飛び交う。田畦の草緑のなかでミゾソバの花が桜色に変るころに稲刈りがはじまる。戦争に男手を奪われた農家では、猫の手も借りたい思いで、女性や子ども、老人たちが稲刈りに励んでいた。秋日和には月明かりの残る早朝から稲田に集まり、鎌で稲を刈った。そしてその日のうちに稲掛けを終える。あちこちの稲田に群がって稲刈りをする風景は絵のように美しく感じられた。

戦中の食糧難の時代には主食の麦飯とサツマイモが食卓に出された。村人たちは「腹の力がなく、大きい声も出ない」といいながら、ひもじい思いで留守家庭を守っていた。

私は鳥取県東伯郡琴浦町の農家、高塚稽一郎と母こふの間で七人兄弟の次女として昭和七年（一九三二）七月に生まれた。四人の兄たちと長女、そして六番目の私と一人の妹だった。祖父母と伯父との拡大家族の中で、私の幼少期に長女は町へとついでいった。そして長兄は嫁を迎えたが、両者とも血族結婚だった。

祖父は村役場で働き（収入役を歴任）、読書家で、詩や歌を残している。いつも羽織姿で、村の区長の公務のかたわら副業に質屋を営んでいた。父は無口で勤勉に働き、祖父を継いで村の世話役として信頼されていた。長兄は農家の後継者としての自覚を持っていたが、ひたすら読書の少年期を過ごしていた。小学校卒業に際して、鳥取藩の池田侯爵の扇子を受領するほど学力優秀で、青年学校専修科を終えて農専正免許検定に合格して青年学校に勤務中に応召された（昭和十三年、中国）。戦争の恐怖のさなか、師範学校を終えて小学校の教師をしていた次男も応召され、三男も相次いで応召された。町へとついだ長女は、義兄の出征後、三人の子どもを連れて実家に疎開してきた。十数名の家族が最悪の経済状態の中でひとつ屋根の下で暮らすことになった。私は姪や甥たちに慕われて、賑やかで騒がしい日々だった。四男も学徒兵として呉の海軍兵学校に入校した。残った私と妹は、衣食の不足の上に家事の多忙な毎日を手伝い、空襲警報の鐘が鳴ると家に一個だけある電球にカバーを掛けた。

戦争末期の昭和二十年七月二十八日、予科練航空隊員の三男が戦地へ飛び立つ前に母親との面会があった。米子市美保基地に呼ばれた母が息子と面会するために乗車した朝方の鳥取発出雲今市行き列車が大山駅付近でアメリカの戦闘機Ｂ29三機に爆撃され、死者とたくさんの重傷者の犠牲を出した。その列車に乗り合わせていた母は、レールと車両の間に腹這いになって命拾いした。助けを求めて泣き叫ぶ声のなか、Ｂ29はさらに低空飛行で爆撃を繰り返した（四五人以上が命を落した）。地獄を体験した母が三〇キロの道を歩いて家に着いたのは夜中だった。山陰地方にも空襲が相次ぐなか、八月十五日の終戦を迎えることになった。私は十三歳の女学生だった。祖父は出征した四人の孫の名を呼び続けて他界した。

私の最初の写真は昭和十二年、五歳のころのものである。兄嫁と、背に負われた妹と、普段着姿の母が写っている。私は義姉に母のように懐いていて、学校行事にも参観してもらったことを記憶している。

幼少時の私は兄たちと野山を駆け回り、川で泳ぐ活発で好奇心旺盛な少女で、後には姪や甥たちと共に兄弟のようにして育てられた。

家の営農規模は、水田一町四反、畑六反、養蚕五〇貫ほどで、戦時中は和牛二頭を父一人の手で維持していた。兄嫁の乳呑み児と病弱な祖父母を助ける母は、「肩が痛い、足が痛い、歯が痛い」と呟きながら「田圃を他に売ってしまわいな、こんなせつないめをして」と、かまど口で父に言っていた。父は「げもないことばかりしゃべるな」(不必要なことは言うな)と母を叱り、村一番の大百姓でありながら、脱穀発動機が出回っても目もくれず、ただひたすら朝暗いうちから夕方暗くなるまで野良で働いた。

教師をしていた次男は、豊橋の陸軍士官学校、中野学校を経て大阪城勤務の陸軍少尉となり、終戦後すぐに帰郷した。三男は航空飛行兵で、母と最後の面会もせず、飛ばずに帰郷した。四男は海軍兵学校から帰ったが、長兄はビルマの戦地で行方不明のまま、不安な暮らしが二年間つづいた。そして

著者の生家（鳥取県琴浦町，1971年）

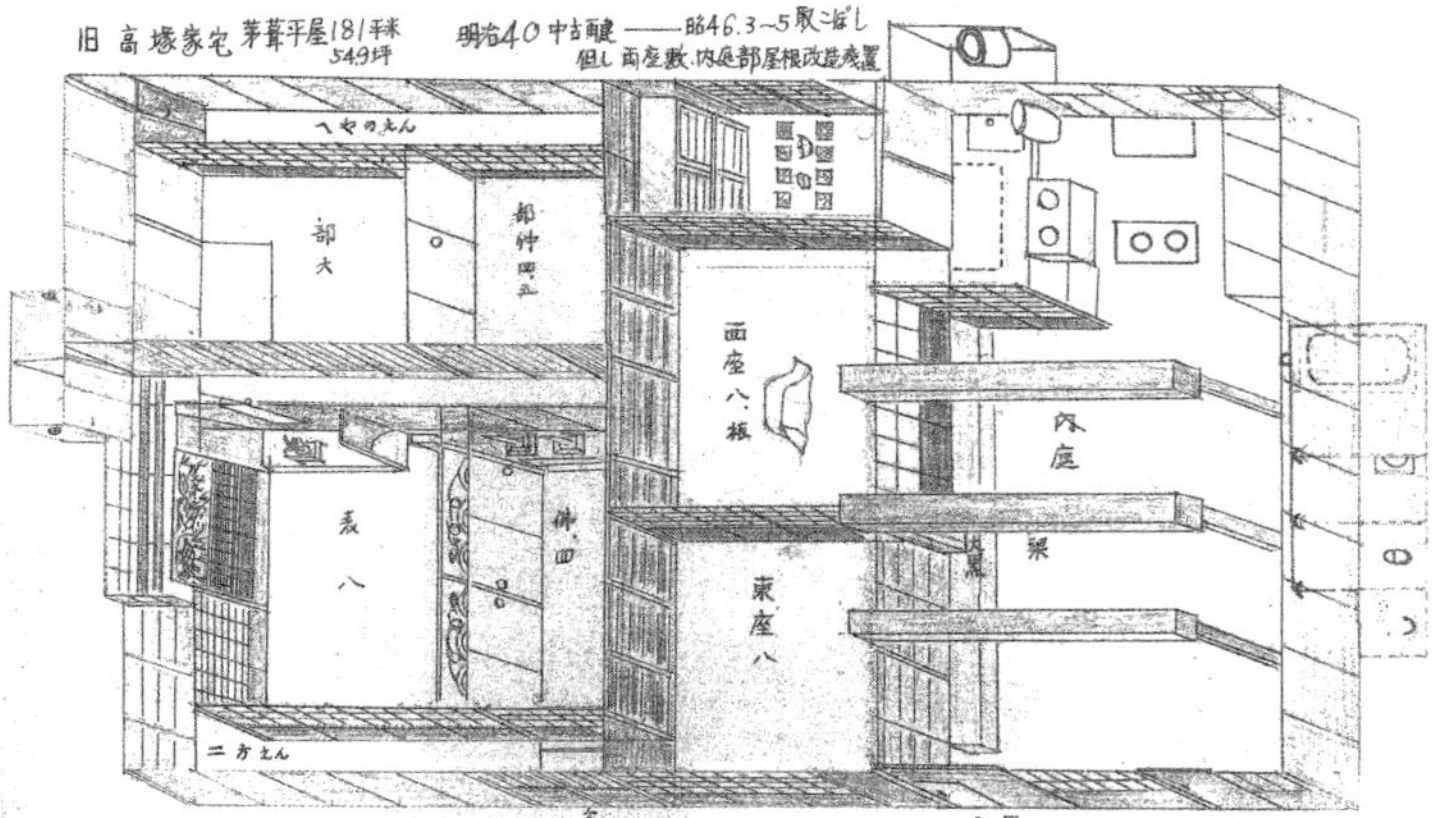

同上家屋の内部（長兄高塚精一素描）

三年目になってようやく無事帰還して地元の定時制高校の教員になった。次男も結婚して高校の教師になり、三男も独立して国鉄（米子本部）職員として働き、四男は旧制松江高校から東京大学へ進学した。戦後の不況期に一度に出費が重なり、親たちは学資の捻出に苦労し、頭を悩ましていた。

そんな折、兄たちが教師になっていく環境に育った私も大学に進学したいという希望を持っていたが、親たちに戒められた。振り返って思えば、戦時中、銃後の奉仕に駆り出されながら家族を守り続けた父は、「仕事を手伝え」と号令しつづけ、義姉も母も私もその声を体中に浴びながら農耕に励んできた。そうした農家の悲惨さを体験してきた私は、進学することは断念しなければならないと思った。私が子どものころには「おまえも先生になれよ」などと言っていた親も、いざとなると「女は学問すると生意気になって縁遠くなるから、はやく嫁に行ったほうがいい」と言い出した。

あの時代に高等女学校や高校に進学するのは村の富農の子女であった。親は私に「大学より和裁を習え」と言って反物を買い求めて教材とし、神官の妻のもとに通わせた。娘たちは結婚に持参する衣料全般（下着、長着物、帯、訪問着など）の裁断と縫製の技を身につけて嫁入りの準備をした。嫁入り衣装が親の財産分与とされ、その量の多寡が家の格を表すとされていた時代だった。

私の高等女学校時代は男女別学だった。ある時、男子校の生徒Tから初めて手紙を受け取った。不安と羞恥心から担任の先生に相談したところ、「調査するから返事は待て」と言われた。数日後、先生いわく「その人は、成績は良いが、本籍地は朝鮮だから交際はしないほうがいい」。Tとは面識のないまま、一言も交わさずに終わった。差別と偏見に満ちた助言に矛盾を感じて落ち込んでいたとき、呉の海軍兵学校から帰郷していた兄が愛読していた『基本的人権の尊重』という本を読んだ。私はよく理解できないままこの本を引用して、人は法の下に平等であり、人種、性、職業によって差別することは許されないと、校内発表会で発表して最優秀賞になり、県中部地区弁論大会に出場して一位になった。

この貴重な青春の体験が、その後の私の処世の指針となり、人との出会いに大きな影響を与えていると思う。私が在野の人、老若男女や貧富を問わず積極的に話しかけ、教えられ、育てられたのも、その根の部分に兄の影響や、差別を許さぬ「基本的人権の尊重」の精神を自分自身の事例として人前で語った少女時代があったからだと思う。

私の夫（千秋）は倉吉市福庭《ふくば》で昭和三年（一九二八）八月、福井富治・照子の二男として生まれた。三歳で病死した長男と二人の弟と妹の四人兄弟である。昭和十九年（一九四四）、大戦の末期に学徒出陣で駆り出されることになった。旧制中学三年生の担任教師は生徒を一人ずつ呼び出し「少年は国家のために命を捧げなければならない」と諭した。説得に応じた少年たちは十五歳で戦場に行くことを決意した。同年六月に四国の松山航空隊に配属され、翌年二月十一日の紀元節に海軍飛行兵の写真を残している。そして、やがて高知空航隊（特攻隊）に配属される。少年兵たちは一人ずつ呼び出されては特攻機に乗り、次から次へと敵に体当たりして海の藻屑となって帰らぬ人となった。

今日か明日かと呼び出しに怯える不安な日々を過ごしていたとき、高知の飛行場近くの海岸土手に、ヤマモモの木があった。七月の梅雨の末期で、ヤマモモは赤く熟していた。死と向き合って生きる少年の唯一の慰めは、友とたわわに実ったヤマモモの実を拾い、口に入れて気分をそらすことだった。そして、空き瓶の中にヤマモモを入れて樹下の土に穴を掘って埋めておくと、やがて紅いヤマモモ果汁ができた。こうした気分転換によって怯えをまぎらしているうちに、長男の飛乗は後回しにされていたことを知った。（少年兵の中で二男、三男が先発隊として飛乗して死んでいったのである）

ついに八月十五日、終戦の報をうけて、友とヤマモモの樹下に集い、「もう絶対に戦争をしない平和な国にしよう」と、ヤマモモ果汁で乾杯して誓い合った。

千秋が生還すると、祖父の死を知った。「戦争なんかに出るな」と出征に反対して部屋に閉じこもって見送らなかった祖父は、言論の自由のない時代にはっきりと「負ける戦争に加わるな」と言った。

海軍飛行兵長時代の夫・千秋
（松山で，昭和20年２月11日）

祖父のこの遺言が少年千秋のその後の人生の出発点となった。

担任の教師が家庭訪問に来て、「上井《あげい》（地名）に青年師範という二年間で先生になれる学校が出来たし、米子医専という医者になる学校も出来た。居残りの生徒も勤労奉仕ばっかりだったし、戦争に行っても同じだからみんな卒業になる。すぐに推薦するから希望を出せよ」といわれた。千秋は

「もう学校の先生の言うことなんか聞きません。自分の進路は自分で決めます」と言って断った。親は「先生になれ」とすすめたが、人が信じられなくなった千秋は、読書と絵を描く生活を続けつつ、戦後の平和運動と文化運動に没頭していく。

終戦時のヤマモモの思い出については、千秋が中年になってから書いた遺稿がある。

「……終日天空を覆うボーイングやグラマン機が飛来し、関西や瀬戸内の街を焼き尽くし、やがて高知も焦土と化した。私どもは海沿いの山間の小屋にいた。辺り一帯に自生するヤマモモはやがてその常緑を赤紫に変えてしまうほどに実が熟した。皆で八畳蚊帳を広げ、一人が樹上で枝をゆすると、山ほど獲れる。食い足りると、薬指で突きつぶし、一升瓶に果汁を詰め、陽射しのよい土中に埋めて、ヤマモモ酒を造った。樹上の実は熟しては落ち、一帯を赤い絨毯に変えると、やがて醗酵しはじめる。その小径を行く。強い香りの中にはいると、絨毯の部屋一帯にありとあらゆるチョウの乱舞だ。しばし、息を呑み、立ち尽くす……。轟くほどの爆音も、焼き付ける陽も、全てが意識から消え……どれほど経ったか（以下略）」

山桃樹の「チョウの乱舞は戦友の魂だった」と私に何度も話していた。

戦後の農村では、青年団活動が活発に行なわれていた。私も誘われるままに地域の青年団に所属した。青年団では、鳥取県青年団研修会や、東伯郡連合青年演劇競演会、県中部青年問題研修会などが催された。研修会に参加して、村や町の古い因習や、義理人情で縛られた封建制の打破と生活改善の必要性、そして女性の自立が大切なことを学んだ。そんなある日、地元の役場に勤めながら通信教育（東京中央美術学園）で絵画を学び、青年団活動をする青年（千秋）にめぐり会った。彼は各種の文化サークルにも所属していて、同人誌や青年団機関誌などのガリ版切りと編集、題字やカット、挿絵や表紙の絵などを描いていた。また、地方新聞の文化欄のカットを描いたり、随筆を投稿したりもしていた。

鳥取県美術展に出品した「茅葺屋根」の二点は家に残っている。その時代に私の生家の茅葺屋根（八八頁の写真）が気に入り、絵手紙で県展出品の絵を描いて私に鑑賞をすすめた。昭和二十六年（一九五一）十一月二十三日付けの便りを引用する。

「……明後日は皆が県展を見に行ってくれます。絵ばかり描いていて家の者の役には少しも立っていないのに、でも見に行ってくれると何ともいえない嬉しさです。雨が降らないので貴女に見てもらえないのが残念、でもこれで最後でもない訳だから、また来年の分で取り返しましょう。絵は十五号で、青色と土色の暗い絵です。（中略）二十二日午前中で稲こきを終わりました。反当り七俵ありますか、こんな程度です。山かげの田圃だから仕様ないのです。午後は勤務、父は早速展覧会へとんで行きました。今午後四時ごろですが、だんだん雲が多くなりましたね。明日雨かもしれない。もし雨で、貴女が県展へ出られれば、こんな嬉しいことはない。雲の具合だと明日は確実に雨です」。

私が半世紀も前の彼の手紙をここで取り上げたのは、彼が日本の萱葺き屋根の美しさを常日頃から語り、油絵で表現したり、文章にしていたからである。昭和二十五年（一九五〇）に書いた「村の屋根」という随筆がある。

「農村のわらぶきやかやぶきの家は、農村で一番美しいものの一つである。あの大きい広がりの三角形は絶対的である。柔らかな稜線はその灰色とともに一層美しいものにする。木立と織り交わった朝の緑の屋根はその典型的なものだろう。そしてこれらの家々は長い民族の歴史と農民の歴史を物っている。（中略）美しいかやぶきの家々はどこの村に行っても数えるほどしか残っていない。私はその度ごとになにか大事なものを見失った時のように、たとえようもなく落胆する。（後略）」

彼は戦後早くから日本の民家の屋根の美しさに注目し、また絣の着物をはじめ、日本の伝統文化が失われつつある現状に批判の眼を向けて、さまざまな活動を行なってきた。

私たちは郡の青年団員として、その活動の中で知り合った。彼は読書家で、いつも私に本を貸して、手紙で意見を求めた。手紙が唯一の交際手段で、文通で意思を伝えた。彼は私の向学心を高く評価し、女性が学ぶことの大切さを教えた。また、伝統文化を伝承する活動として、「法隆寺文化展」などの開催に献身的にかかわっていた。

青年団活動の中で交際が深まると、彼は「これからの女性にとって一番大切なことは、読書と勉強、そして自立すること。うち（わが家）ならそれが出来るじゃないか」と言うので、私は夢を見ている気持ちになった。そして彼は、兄の勤めている高校に出向いて、「妹さんと結婚したいので許可を」と申し出た。兄は「模範青年だ」と言って賛成し、父も「役場勤めで給料取りだが、本人しだいだよ」と言ってくれたが、母は「農家で姑の多い中で務めが出来ないし、泥にまみれる貧乏な百姓は、もう娘まではさせられない、早く断るように」と反対した。

そんな中で私は農業をする覚悟で、進学に理解のある彼との生活の夢を抱いて結婚することに決心した。彼と出会って一年、純真な恋心が芽生え、指一本触れない短い交際期間を経て結婚式を迎えた。

私はまだ成人式前の十九歳で夢と理想を持って農家の大家族の一員となった。そしてその後大きな壁につきあたり、夢と現実の違いを思い知らされ、村や家庭内の封建的思想、また家庭や社会で差別される女の立場の弱さに苦しみ、自分との闘いが始まった。

二　農婦と通信教育生

農婦として

私は結婚とともに、新しい農業経営を取り入れた生活改善を夢見ていた。ところが、夫の勤める町役場が市に合併されて市役所勤務となり、夫の仕事量が増えるとともに、青年団の指導者としての活動も忙しくなり、夫は日曜祭日も返上して働くようになった。あれほど熱中していた中央美術学園の絵画の通信教育も作品を完成させることが出来なくなり、県展出品も出来なくなった。家庭で暮らす時間が少なくなるにつれて夫の発言権もなくなっていった。父は五十歳、母は四十五歳で、まだ七歳の弟がいた。祖母は七十六歳になっていたが、六十歳の若さで家族の実権を握って差配していた。旧態どおりの家族の中で、義妹は働き者で信頼されていた。私は起床すると神仏にご飯を供えることを学び、牛の世話係もつとめた。耕作面積は水田六反に畑一反の中等農家だが、米と麦作の収益だけでは八人家族の生活は苦しかった。そのため父は農閑期に賃稼ぎに出た。村の農家の平均的な耕作面積は六反ほどで、百戸ほどの集落だった。男は賃仕事で女は農業に従事するという家庭が多く、なかでも嫁は一番の働き手となっていた。

嫁いで三日目から早朝四時に起床すると野良着に着替えて搾乳の準備をした。乳牛一頭の世話は私の役目で、私は教えられるままに黙々と働いた。家庭には家憲なるものがあり、この家庭の習慣を一から学ばなければならない。十九歳の私には未知のことばかりで、刺激と緊張の日々がつづいた。

竈に松葉を入れて火をつけて枝木や割り木をくべる。大釜で湯を沸かしておく。その間に牛舎に入り、牛を立たせて動かないように縄で括りつける。そして牛舎を清掃し、床一面に藁を広げる。裸電球の薄暗い中で搾乳の準備を終えた。バケツに温湯を満たして牛の下に置き、牛の下半身や尻尾の汚れをタオルで拭き取る。搾乳を開始すると、牛の尾で上半身を打ち払われて、着ている衣服や被り手拭まで牛糞にまみれる。次に釜の熱湯をバケツで運び、蒸しタオルを牛の乳房に当てると、しだいに乳房が張ってくる。母と私は牛の両側に高さ三〇センチほどの椅子を置いて腰掛け、乳用のバケツに搾り込む。

「私は農婦」（夫による著者の素描）

乳房を両手で交互に力を入れて搾り出すと、ザーザーと勢いよく音を立てて真っ白い湯気の立つ牛乳がバケツに満ちる。搾乳後、夫が乳管に入れ替えて自転車で運んだ。牛舎にはアブや蚊が多く、毎日の清掃が欠かせない。竹箒を使って天井から壁面までを一掃していた。そのころはまだ害虫防除の殺虫剤がなく、すべて人の手で害虫を追い払っていた。そうした毎日の衛生管理を心がけていても、搾乳時にアブが飛んでくる。牛は足を上げてアブを追い払おうとするが、そんな時にせっかく搾った生乳入りのバケツを牛が蹴飛ばしてしまうことがあった。「コラー」と母が大声で叫ぶ。そんな日は一日心が沈んだ。牛乳を搾り終わるとバケツ一杯の水を飲ませ、新鮮な刈り草を押し切りで切って糠をまぶして飼葉を作った。その草刈りは父の役目で、夜が明けきらぬ間に山に登り、山草をリヤカーに満載して帰ってきた。草は牛の飼料としてだけでなく、堆肥としても農家にとってなくてはならないものだった。一年のうち三月から十月ごろまでは草刈りで、山道は草刈り衆の行列ができた。

牛を牛舎から出して川へ連れ出すのも私の役割だった。牛に引かれるようにして近くの川へ行き、牛の脛まで水中に入れてやる。一頭の牛に振り回されている間に時の経つのも早く、搾乳期が終わると今度は朝の草刈りが待っていた。

鎌をよく研いで夜が明けきらぬ間に山に登った。朝露で下半身びしょ濡れになりながら良く切れる鎌で草を刈り集める。三束にまとめて二束は縄で背負い、その上に一束を頭上高く積み上げ、全身を前のめりにして山を降りた。草刈りに限らず、農産物や肥料の運搬はすべて人の背中に負ったり棒で担いだりの重労働だった。

一年の農事の始まりは麦踏みと肥やり、土入れである。二月の寒中作業で忘れられないことは、牛の糞を素手で砕いて麦田の畝に撒く際に目を瞑《つむ》って作業をしたことである。田圃の片隅の肥溜から糞尿を運んで散布する。麦刈りと脱穀、サツマイモの畝つくり、春草の除草、野菜の種まきと苗の移植等々、休息のない日々がつづき、農家の現実の厳しさを身をもって体験した。

炊事は祖母が担当したが、水汲みは私の仕事だった。水汲みは家事労働の中で一番辛い仕事だった。風呂と台所の水瓶に水を満たすには、毎日天秤棒で水桶を担いで二十四回運ばなければならなかった。幸い井戸は自宅の前庭にあり、他家からも七軒ほど水汲みに集まるほど深くてきれいな水が湧いていた。しかし、台所や風呂は母屋の裏側にあり、距離が長かった。雨の日も風の日も素足で水汲みを繰り返した。その水を大切に使うために、鍋や釜、泥つき野菜は川に持って行って洗った。洗濯物や農具を洗うのも川端で行なった。川上に住む人たちも同じように洗濯物や鍋釜を川で洗っているし、中には家庭排水の下水を川に流し込むような者もいたので、私はこのような習慣に不満で、母に苦言を呈した。しかし、母は「昔からのままでええ」というばかりだった。

このような生活環境の中で私は懐妊した。「働けば働くほど安産になる」と祖母に言われ、家でごろごろしているわけにいかず、私は山畑や田圃で息を切らして働き続けた。出産の前日まで働いて、五月五日、自宅で無事男児を出産した。祖母一人がつきそってくれて、男児とわかるとほんとうに喜んでくれた。

祖母かね（明治十一年生）はひ孫の世話係となり、毎日張り切っていた。しかし、明治の女性である祖母は、男尊女卑の思想が身に染み付いていて、礼儀作法に厳しく、歩く足音まで注意された。風呂の順番も祖母の指示で、私は最後の八番目となり、湯水は減っていて汚水になっていた。夜なべの針仕事は祖母と母が並んで衣類の当て布や繕いをしていた。

私は、主体性のない振り子のような生活に疲れ、村の中で仲間づくりを始めた。それは、毎年行なわれる青年団の夏季研修講習会の助言者として招かれて、若い青年たちのなまの声を聞いていたからである。「農家の嫁さんは女中か奴隷のようだ。近所の嫁さんを見ればいつも叱られている。百姓なんかには絶対嫁に行きたくない」と、女子団員が発言したかと思うと、男子青年は「嫁さんを捜しても農家には来てくれない」と、吐き出すように言った。私は、既婚の農業従事者として、この青年たちに何を助言できるかと思い悩んだ。そして、これは自分自身の問題でもあることを痛切に感じ、ひとりひとりが個別に悩みを抱えるのではなく、まず仲間づくりをして、みんなで解決すべき問題であると思った。

しかし、村の現実に目を向けると、村全体がカアチャン農業で、担ぎ荷、リヤカー引きや鍬仕事の畑打ちなど、非能率的な労働を朝から晩までつづけている。そして自分自身も拡大家族の中で周囲の顔色を伺いながら封建的な家風に縛られている。この現実から抜け出すにはまず自分から動かないと何も変らないとの一念から仲間を集めた。

まず、朝夕川辺に乳児のオムツ洗いに来る嫁さんたちに声をかけて集まることにした。口コミで輪を広げて十名くらいの賛同者を得たので、地区担当の生活改善普及員のTさんを招いて指導を受けることにした。最初は意見交換とそれぞれの悩み事を話し合った。公民館を集合場所にし、私が世話係となった。家庭料理の工夫などについて学んだ後、農作業着のことで話し合った。

従来の農村では野良着に縞や絣のはっぴ（上着）ともんぺ姿で、腰に色物の帯（半幅）を締めていた。帯は作業上、胸を圧迫して苦しいことを話し合い、帯をしない和洋折衷の上着に改良して試着した。また、昭和三十年（一九五五）ごろに出現したナイロンの雨合羽とビニール製の合羽は作業に不適で、よく破損した。そこで、破損した雨合羽を十数枚集めて、合羽の破れ状態と部位を確かめた。脇の下と肩がよく破損していた。八名のグループ員でよく話し合い、工夫したビニール合羽を新調することにした。まず原型を考え、藤色のビニールを三メートル購入した。両手作業を容易にするために、袖幅を広くして脇下に大きい襠《まち》をつけ、さらに取り外しの出来る帽子も考案した。これで雨の日も楽しく作業が出来る。肩の破損には、当て布（肩当）を裏側につけて垂れさせた。同色の雨合羽を縫製して村の仲間たちが着用した。

グループ活動を通して次々と起こってくる問題を話し合い、勇気づけられた。また、野良着の美しく働きやすい改良着を工夫して、友人との合作研究作品を全国の仕事着コンクールに出品して佳作に入選した。こうした日常の中で、私の向学心はますます高まっていった。

農婦の悲哀

今から半世紀前の農婦たち、とくに嫁の立場の女性たちは悲惨な環境の中に置かれていた。今思えば夢のようであるが、記憶に基づいて述べてみたい。

嫁とは「家の女」という文字のとおり、嫁ぎ先の労働力に組み込まれて、農作業に従事するとともに、家の跡継ぎを生み育てることが重要視された。そして夫の両親の死亡か隠居後に、初めて嫁に実権と自由が与えられる。その間ひたすら忍従を強いられてきたようである。敗戦後は拡大家族（三世代）が一つ屋根の下で暮らすことが美徳とされ、家族の内面の葛藤は厳しいものがあった。

女性は人に従うことのみを美徳とされ、知性を鍛えること、読書をすること、自分の意見を述べることは余計なことと考えられていた。「黙ってうなずき、笑顔を見せる」まるで人形のような女性が求められた。

農村に封建的な家父長制が残っているのは、かつて親方と子方という搾取と被搾取の関係におかれていた小作人たちの惨めさを体験した老人との同居にも関係している。農家では家父長の下で老若男女、すべて働ける者は働ける限り働いた。しかし、村では貧富の差があり、土地を持たない者もいた。

田植えをはじめとして、女性の労働には野良着が欠かせないものだが、戦後の衣料不足の時代には老女たちが古い高機を取り出して、少女時代に培った織物技術を駆使して見事な布に織り上げて調達した。彼女たちは明治・大正期の紡績産業の生産革命の担い手として、機工場の労働者として働いた経歴がある。こうした日本最初の工場労働者が女性・少女であったこと、そして早朝四時から深夜まで働いていたことは、拙著『木綿口伝』で紹介したとおりである。こうした働き者の女性たちが、男性中心の社会の中で、今度は男尊女卑の思想に染まっていくのである。

女性たちは、木綿という産物によって、どれほど生活の中で自分の才能を伸ばし、自信を持つことが出来たか。木綿は女性の忍耐力と独創力によって生まれた織物であり、女性史の中でも木綿とのかかわりは画期的なものであった。自家栽培した木綿を布に織り、問屋を通じて市場に出す、また、工場に就労して生産した布が市場に流れる。このように、女性が社会的生産者として重要な役割を果たしていた時代があったのである。

家族の食事にも男女の格差があった。円形の折りたたみ式の食卓にも上座と下座があり、女性は入り口に近い下座にいて、鍋すけ（藁で円形に編んだ鍋敷き）とお櫃《ひつ》のそばで家族の給仕をした。四方から手が伸びてお代わりをする。自分の食べる時間がなくなってしまい、早食いしてすぐに腰を上げる。鍋もお櫃も空になり、満足に食事をすることはできなかった。こんな日々の辛い食事について、若嫁時代に川辺の洗濯中にMさんが語った言葉を思い出す。「魚の配膳には苦労している。自分は尾の部分になり、尾を口に入れては出して食事をすすめる。一度でも中身や尾頭付きを食べたい」。現金を持たない若嫁たちは、食卓に並べる日々の献立に苦労し、家族の者たちに気兼ねした。自給自足の野菜や漬物が中心の料理で、ときどき大八車で鮮魚売りが来た。

住居の暖房は掘炬燵《ほりこたつ》が一つあるのみで、竈の燠《おき》と消し炭で暖房した。この炬燵に座る場所も各家庭内で序列が定められていて、横座（正面座席）は家父長か長老の場所であり、嫁は下座の末席に正座した。足を投げ出すことも禁じられ、家族の召使い役としていつでも立ち上がる準備をしていなければならなかった。

昭和三十年（一九五五）前後の農村女性には悲しい出来事が相次いで起こった。妊婦も除草のときは終日水中で腰をかがめて作業する。そのために流産したり、分娩時に難産となったり、逆子で生まれたり、といったことが起きた。また、生まれた男児が脱臼で治療用の合成樹脂で下半身を固定され、掘炬燵に寝かせたまま畑仕事に行き昼食に帰宅すると、合成樹脂が炬燵の熱で男児の下半身を蒸し焼きにして死亡させるという痛ましい事故もあった。育児にかかりきりになれぬ嫁の悲しさ。母親は「畑や畦に籠に入れて置いておけばよかったのに」と泣いていた。

農家の女性の置かれた立場の弱さを私は次第に自覚し、何かここから抜け出す方法はないものかと考え始めていた。家は男性相続により、支配権は父親の財産権となる。男女の不平等について争うより、私が自立力をもつことのほうが必要である。家を守ることが農業を継ぐことに支配されない、他の世界はないものか、とあれこれ考えた。

目標の異なる家人の同居から起こる諸問題、生活時間の違いや食事や仕事内容の問題、かあちゃん農業とサラリーマン生活、等々のさまざまな矛盾の中で、暮らしのリズムが失調状態になっていることに気付いた。私は嫁して数年でこの重圧に耐え切れなくなり、ここから抜け出すためには、まず初心に帰り、「学ぶ」ことだと心に決めた。

明治期に国が求めた女性の理想像は「家」の論理に基づく「良妻賢母」であり、家庭のために犠牲的に尽くす没個性的な女性だった。私は、この思想が根底にあることを理解すると、長いものに巻かれて泣き寝入りすることはできない、この谷間から自力で這い上がらなければならないと思った。

こうして、農婦数年の煩悶の末、置かれた場所から曲折しながらも、学ぶことと木綿の修行を重ね合わせて歩み出すことになった。

三　日本女子大学通信教育で学ぶ

私は古い家族制度と零細農家のみじめさを身に染みて体験し、この穴の中から抜け出して何かにすがりつきたいと思いつめていた矢先、独学で通信教育で学ぶという方法を思いつき、かすかな希望が湧いてきた。昭和三十年（一九五五）十月、心を決して入学の手続きをした。自分の成長は努力してやり遂げたいと、夫に相談すると、夫は「途中で投げ出すくらいだろう」と言って逃げた。私がこの家に入るまでは「尊い向学心を失わないで」と言っていた人が……。しかし、考えてみれば、農婦であり子連れである私。私は自分で決心し、自分だけが頼りになった。しかし、経済力のない私は、学資の捻出方策もないまま希望に向けて突き進んでいった。

大学の事務局から大きな郵便物（テキストや書類）がどしどし送付されて、郵便受けがいっぱいになった。私は、家族に見られぬように、配達時刻に外庭で洗濯物を干したり、掃除をしたりして郵便物を待ち受けた。こうして通信教育の郵便物を隠し続け、勉強する時間も机もないので、カード式学習で昼間に勉強する学習計画を立てた矢先、妊娠していることがわかり、休学しなければならなくなった。

三年後の復学を決意し、精神的にも経済的にも自立する方法として、この通信教育で学ぶことによって先が見えてくると思った。家族に秘した学習は里帰りした実家が最適の場所だった。昼間本が読めなかった私が堂々と本を開き、しかも据え膳の休暇である。「今に家から追い出されるぞ、やめてくれ」とか「子どもがいて勉強なんて、気でも狂ったか」と叱る両親に悪いと思いながら、私は学習をつづけた。

帰る日、母はみやげのあんこ餅を背負い籠に入れて駅まで見送ってくれて「お祖母さん、お母さんを大切にして、何でも習っておけ、永く生きた人は生きる知恵や技を持っている、おれ（実母）だと思って仕えるように」と忠告した。

親の反対を押し切って農家へ飛び込んだものの、現実は日々戦いのように多忙であり、大学の勉強をしたいなどとは話せない。しかし四月になると夏季スクーリングの申し込み準備があり、隠し続けることができなくなった。ある日の夕食後、思い切って相談することにした。

家族は下を向いたまま返事をしなかった。私は声を震わせて「スクーリングに（四十二日間）上京させてください」と、何度も頭を下げたが、祖母と父母は無言だった。私は許可を得ることが出来ず、毎日の生活が緊張の連続だった。仕事中にぼんやりしていると勉強のことで仕事に力が入らないと思われ、息の詰まりそうな日々を過ごしていたが、そんなとき、挫けそうになる私に、夫は「自立する努力を忘れるな」と助言してくれた。私に学ぶ勇気があれば家族の理解も得られるだろうと、田植えを終えたとき、再度上京の許可願いをした。父は「田の除草を終えて仕事が終われば暇をやる」と言ってくれた。麦刈り・麦の脱穀・田植えと心にこびりついていた固まりが取り除かれたように心が晴れた。いよいよ自分を試すときが来たと思うと涙が出た。農家の嫁に大学教育を許可してくれた心情を思うと、中途退学はできない。まな板の上に乗せられた私の日常は、早朝から野良に出て仕事をし、夜中には天下晴れて本を開き、配本のテキストや女子大通信も気兼ねなく受け取ることが出来た。

農家は田植えどきがいちばん忙しい。二、三日の間に植え終えるためにたくさんの早乙女さんを頼まなければならない。村の中を見知らぬ人が着飾って畦道を小走りに往来する。歌声や大きな笑い声が飛び交う田圃はまるで祭り騒ぎだ。

私の家には七人の早乙女さんが来た。半数が初対面の方で、あとは親戚の義妹などである。起床は午前四時半、早朝に苗取り、七時に朝食を終えて田植えをはじめる。私と義妹が綱の両端を持ち、早乙女さんが綱の中で田植えをする。綱持ちのことを定規持ちといい、間隔や角度にたえず気配りが必要で、腰を伸ばす暇もない。よく慣れたベテランの仕事で、私のような初心者には苦しかった。祖母は子守り、母は炊事係、父は苗配りと次の田植えの準備、そして夫は朝間仕事を手伝った後に勤務と、それぞれの分担で忙しかった。

この年は田植え後の休暇もないまま、山畑のサツマイモや陸稲、それに水田の除草作業にかからなければならなかった。旧盆までの農作業を七月中旬に終わらすために、その忙しさは格別だった。水田が熱湯のようになる一年中でいちばん暑い土用の日に水田に入り、稲一株一株を素手で土をかき回しながら除草する。汗が流れて目に入ると、塩からい汗のために眼が痛み、涙まで出てくる。腰や肩がメリメリと音を出し、両手両足、そして顔は俯いた水中作業のために腫れ上がり、夕方には人相まで変ってしまう。しかし、除草後の水田は早苗の緑が冴えて、草が水面に白い根を見せて浮かんでいた。

七月十八日、上京の前日の夕方までに野良仕事を片付けた。帰りの山道で友人のKさんに出会い、留守中の子どものことをお願いした。Kさんは非常に驚いて「どうしてそんなことをするの」と言った。私はそれに答えることが出来ないままに口止めの約束をして別れた。

祖母は「出発のときに子どもを泣かせぬように、保育園を延長保育にするように」と忠告した。夫・父母に見送られて駅に出ると、実母と実姉が一時間前から駅で待っていた。実母は「このたびはわがままなことで申し訳ありませんが、どうか子どもを頼みます」と言って私の家族に頭を下げた。そして、私には「からだを大切にしてがんばれ、子どものことは立派なお父さんお母さんに頼んでおいたから」と言って目を潤ませ、風呂敷包みを差し出して「ここに生卵が入っているし、菓子も入れている」と言って渡してくれた。

急行・出雲は昼に乗車して翌朝東京駅に着く。寝台車ではなく普通夜行列車だ。プラットホームに五人の家族が立って「がんばって」と手を振る姿に「はい、はい」とうなずいて涙を流した。中でも夫の心配そうな表情が全身から読み取れた。

一緒に上京することになった松江のAさんが座席を空けて私を迎えてくれた。早速実母の菓子包みを開いてお礼に渡した。驚いたことに、和紙が一枚入っていた。折り目を開くと「祝大学入学」と、毛筆の立派な父の字である。私は手早くそれを隠しながら涙を拭いた。父は上京前に突然わが家に来て、家族に休暇願いをし、私にスクーリングの学資を握らせた。その熊のように荒れた両手の力強さと温もりは今でも忘れない。また、里の兄嫁の餞別が入っていた。自分の小遣いを節約してまでことづけてくれたその心持は、嫁という共通の立場にいる私をどんなに励ましてくれたことか。また、実姉は発車間際に私のポケットに祝い封筒を入れてくれた。実姉も姑の叔母の下に町の長男の嫁として大家族の中で暮らしている。十八歳も年の離れた妹の私をわが子同然に心にかけて助けてくれている。

汽車の窓外を眺めると、水田に四つんばいになって除草している人が昨日の私の姿に見え、山草が茂っていれば、早朝の草刈りを思い浮かべた。宵闇が濃くなると、子どものことを案じて眠れなかった。

東京駅では妹夫妻（谷口時雄・敦子）が出迎えてくれた。そして、早速私に夏布団を貸与して目白の下宿まで運んでくれて、励ましてくれた。下宿は学校の斡旋で、普段は学習院大学の学生の下宿に使っている宿舎を私たち日本女子大生七名の寮舎として利用させてもらうことになった。

日本女子大学の正門前に立って、学生として四十二日間学べる自分の幸せを考えた。田舎者の貧しい農家の嫁にまで大学の門は開かれたのだと、感謝の気持ちがこみ上げて来て、おのずと両手を合わせて頭を垂れて涙した。

思えば十年前（昭和二十四年）、兄の入学の折に、両親と私は東京大学の赤門の前で立ちつくしていた。女心に大学に憧れていたあのときと今、私はこんな素晴らしい夢が現実となったのだ。全身に漲る不安に震えを覚えながら喜びをかみしめた。

昭和三十四年度、日本女子大学通信教育学部始業式が、創立者成瀬仁蔵先生の記念館で七月十九日に行なわれた。一堂に集まった学生一四〇〇名、北は北海道、南は九州・沖縄など、全国から向学心を燃やしてさまざまな困難を克服して集まった人々の意気込みが満ちていた。

まず、創立者成瀬仁蔵先生の三つの教え「自発創生」「共同奉仕」「信念徹底」に本学の精神を学んだ。そして、スクーリングを通じての教授たちとの知的交流と、友人たちとのディスカッションによって学ぶという新たな体験をした。いよいよ授業が始まると、私は最前列に席を取り、教授の言葉の一言も聞き漏らすまいと努めた。こんな知的で楽しい学生生活は夢の世界のようだった。夫からは分厚い便りが届き、絵手紙で子どもと家族の近況を知らせてくれた。学舎に感謝して、目白駅まで大風呂敷で荷物を背負って運び出した。行き交う人は私を振り返っていた。

こうして無事スクーリングを終えて帰宅した私は、働きながら学ぶ方法を考えた。レポート作成の訓練によって、記録することの大切さを学んだが、日々の生活の中でそれをどのように生かすか、そして時間をどのように有効に使うか、いろいろと工夫してみた。まず、家庭着と野良着に大きなポケットを縫い付けて、記憶する公式や記号、年号、要旨、英単語などのカードを作成してポケットに入れて学習した。家事労働中や山畑仕事の道中が学習時間として効果的だった。洗濯も手洗いだったので、桶のそばでカードを見ながら手を動かすと、記憶するのに効果があるように感じた。しかし、座るとつい居眠りしてしまう私は、テキストを枕に伏せたりしてしまうこともあった。仕事は落ち着いてゆっくり進めることが出来ず、秋の澄みきった青空を眺める余裕も、野の草花に見とれることも忘れていた。そして毎月やってくるレポート提出期日と試験日に備えていた。

そんな矢先の寒い日に、実父を山の事故で失った（昭和三十五年二月）。雪の中で木綿衣に包まれた父の遺体の縞着物を切開しながら、私は父の供養のためにも、農民と木綿とのかかわりを調査・研究して次の世代に繋ぐ仕事に私の人生を捧げようと決意した。（父の死については『木綿口伝』で詳しく記した）

二年目のスクーリングは、実父の形見として兄弟分配金を頂いたことで、学資の心配はなかった。毎年の田植え後に「温泉に入って泥を落とす」という習慣があるが、私は上京までにすべての野良仕事を終えないと許可が出ない。その上にこの年は水田の病害虫予防の農薬撒布まで私に命じられた。薬剤撒布機を背負ってボロの仕事着を着て、口と鼻にタオルを二つ折りにしたマスクをかけ、皮膚の露出を塞いで帽子を深く被った。撒布機に液を満たして背負うと、足元がふらついて歩けない。腰と足に力を入れて水田の中を一歩づつ前進した。母は畦道で農薬液を撒布機に満たす役目だったが、夕方、気分が悪くなり、早速医者の診断を受けたところ、農薬中毒症とのこと。仕事の能率どころではなくなり、中止することになった。

上京は取りやめざるを得ないのかと案じながら数日を過ごしていると、夫は「人を頼め、人夫賃は払うよ」と言った。私は日暮れの水田から上がったまま、下半身を濡らした姿で友人たち、Aさん、Yさん、Sさん、Dさんを尋ねて実情を話し、手伝いを頼んだ。四人とも快く引き受けてくれて、私たち五人の若嫁が並んで田の草取りをすることになった。友人たちの協力によって無事に仕事を済ませて二年目の上京にこぎつけた。

日本女子大学寮（泉山寮）は六〇名収容できる大きな寮舎だった。生まれてはじめての洋風生活（?）には不安があった。寮の設備も電気冷蔵庫にテレビ、洗濯機、ミシン、グランドピアノが自由に使用でき、トイレも水洗式だった。食事はご飯に味噌汁、パン食には牛乳がつき、卵は毎日の食卓に乗り、野菜サラダも豊富に盛られて、夕食には肉か魚が必ず食膳に出た。私はそれまで肉切れなど口に入れたこともなかったので、もったいない食事内容だと思った。私は二階の十四号室に鹿児島県の高校の先生Hさんと入室した。彼女は独身で私より一歳若い方で、行動派でいろいろとお世話になった。ある朝方に私は校門にいる子どもの夢を見て大失敗をした。大声で寝言を言ってベットから転がり落ちた。Hさんも驚いて飛び起き、私が臑から血を流しているのを見て手当てをしてくれた。ベットの生活は私には冒険だった。

寮舎は丘の上に建ち、木立に囲まれて涼しく、朝の空気はとても新鮮だった。起床は六時、鐘の合図によって行動し、部屋と共用の場所の掃除を終えて朝食をとる。寮監先生の訓話と創立者・成瀬先生の教えを説明され、寮生活の意義と人間教育について毎朝拝聴し、女子大特有の教育理念を学んだ。

七月三十日、生物の校外学習として東大のF先生の引率で東大医学部を見学した。参加者は百名くらいだった。まず人間の脳のアルコール漬けを見学し、日本社会に貢献した有名な方の脳を拝見した。脳は溝が多いほど頭が良いと教わった。また、全国から集められた奇形児、各種の病気の器官、人体の断面など、とても正視できないものまで説明された。

八月一日には衛生学のS先生の案内で国立公衆衛生研究所に行った。帝国ホテル式の古い建物で、最上階の八階まで上り、東京の空気汚染について説明を受け、観察した。田舎者の私には、観るもの聞くもののすべてが驚嘆するばかりの有意義な学習だった。

私は思い切って奨学金を申し込んだ。将来教職につきたいという希望を持っていたし、実父の形見にもらったお金も最終スクーリングまでには底をついてしまう。そして夫や家族の経済的負担をなくすために、奨学金を借りることにした。貸与額は夏季四十二日間で六千五百円であるが、借りることが出来れば非常に有難い。その上、教職につけば返還が免除される。私もこのような特典を受けるべく手続きをした。

寮舎では創立者・成瀬先生の墓参りがあった。八月二十日、朝食前に寮監先生と私たち六十名の寮生は雑司ヶ谷墓地へ参拝した。墓地には夏目漱石や北村透谷の墓もある。成瀬先生の墓は線香の煙が絶えないと聞いた。墓前で校歌を合唱し、先生の高い教育理念のもとに学ぶことに感謝した。

二年目の上京を助けてくれた村の友人たちに東京土産を持って帰省し、挨拶回りをした。「暑い最中にせつないめをしなはった」と言ってねぎらってくれた。そして「みんなで集まるけ、東京の話を聞かせてよ」と言ってくれた。

三年目の宿舎も同じ泉山寮だった。授業内容も専門教科の住居、食物、被服、保育などで、学習に余裕が出来た。夏季スクーリングに全国から集まる女性の大半は、職業と学業を両立させている人たちである。挫折を乗り越えて、五年から八年の歳月を要して学習に励んでいるのだ。四年目（最終年次）は自敬寮に入室した。収容人員は四十五名で、和洋折衷の間取りだった。寮監の安東幸子先生は女子大卒業後に寮監になられて四十年以上学生を指導してこられた方だ。いつも優しい笑顔で、女子教育と高度の女性の教養の必要性を説かれた。十畳の部屋に五人が同居したが、同居人は教師ばかりだった。

八月二十四日から軽井沢総合面接のため、学長、学監、学生指導部長の先生方と一緒に軽井沢に向かった。ここに一週間滞在して面接を受け、通信教育の終着駅に立つためである。

トンネルを抜けて外気が涼しくなってくると軽井沢駅に到着した。駅には外国人や学生、それにお金持ちそうな人が多かった。私たちは貸切バスで日本女子大学三泉寮に到着した。駅から二キロ半ほど離れた山の中の広場に三泉寮があった。この寮は三井三郎助氏が同氏の別邸内に寮舎を建てて提供されたものらしい。明治三十九年（一九〇六）七月に第四回の有志が軽井沢で初めて夏季寮生活を送って以来、今日まで続いているという。

三泉寮の一日はオリエンテーションから始まり、六時に起床し、洗顔の後に清掃、サイレントアワーを終えて朝食、そして面接が始まる。先生のお話しやグループ討議で日程が詰まり、夜も七時から十時まではグループ討議が組まれている。一週間の計画の中には、碓氷峠や鬼押し出し行きもあった。

毎朝小鳥の鳴き声で目を覚まし、自然の風光の中で沈思瞑想する。白樺と樅の木の林の中で初秋の雨がつづき、私は日ごとに身も心も洗い清められる思いだった。面接では全国から集まった一人ひと

自敬寮にて　2 列目中央に安東幸子先生，前列右から 5 人目に著者，1962年

日本女子大学通信教育部第11回卒業式　前から2列目中央柱の右に著者

りに心からの助言をいただいた。上代学長は私に「あなたは遠い山陰からよく本学で学ばれた。今後は家政学会に入会して研究なさい」と励ましてくださった。また、安東幸子寮監長からは「子どもを育てながら大学の勉強を続けたことは大きな財産です。卒業まで登った人はわずか一割です。よい先生になってください」というありがたいお言葉をいただき、胸が熱くなった。

上代学長の六項目にわたるお話しに感銘を受け、私はそれをノートに記録して座右の銘としている。「一、絶対に満足するな。小さく自分の頭を固定せずそれを打ち破り、絶えず前進しなければならない。二、日本人は非常に利己的であるから考えなければならない。三、絶えず問題意識を持って将来を見通せるように。四、理論づけができるように。五、美に対して追求するように。六、平和についてよく考えること」。

上代タノ先生（一八八六―一九八二年）は島根県大原郡大東町に七人兄弟の二女として生まれた。上京されたときは松江から船で米子に出、そこから中国山脈四十四峠を人力車で津山に出て一泊し、さらに岡山まで人力車で、東京に到着するまでに三日かかったという。日本女子大学英文科を卒業後本学で教鞭をとられ、学長に就任された。九十六歳までの長命で、日本婦人平和協会会長、世界平和アピール七人委員の一人として、また東京都名誉都民、日本女子大学名誉学長でもある。

軽井沢総合面接の最後のキャンプファイヤーの火は私の心の中でいつまでも燃え続けるだろうと思った。私は三十歳になって大学で学んだことが一区切りとなったが、今からは生まれ変わったつもりでこれまでとは違った生き方をしたいと思った。振り返ってみると、私は初恋と結婚、出産と育児、農業、とさまざまな体験をしてきたが、今後は学ぶ喜びをもとに知的な生き方をして行動する人になりたい。幸福とは、財産や美貌や学歴では決してない。自分を信じ、すべての人に感謝する生き方を実践したい、と心に決めた。自分に与えられたものを生かすことの出来る能力をもつことと、つねに謙遜の心で人に接することを学ばせてもらった。

数年前から郷土の伝統織物を大姑に学んでいたので、今後はこれを生かしながら女子教育に励みたいと決意した。

卒業式には子連れで出席した。「坊やおめでとう、お母さんおめでとう」の祝福に六歳児はとまどっていた。謝恩会の挨拶に私も指名された。「山陰の田舎で農婦として働きながら山のかなたの本学の通信教育を受講いたしました。諸先生方のお導きによって今日のこの日を迎えることが出来ましたことを深く感謝いたします。日本女子大教育の三本柱を女子教育のために生涯捧げてまいります。全国の学友に助けられましたことも感謝し、ますます本学が発展しますようにお祈りし、ご挨拶に代えます」。

卒業式を終えて帰宅すると、いつの間にか農家の嫁としての私の仕事を父母にさせてしまっていることに気付いた。私は地元の高等学校に家庭科教員として奉職し、日曜日に家の仕事を手伝う程度になった。私は自分の月給を袋のまま母へ渡し、母も安月給を喜んで受け取ってくれた。

十年間の私の農作業体験は、その後『野良着』（ものと人間の文化史、法政大学出版局、二〇〇〇年刊）を執筆する際に非常に役立った。そして、通信教育でレポートの訓練をしたことが、村の古老たちからの聞き書きをまとめる仕事に結実したと思う。

通信教育で学ぶに際して、陰で私を見守り、励ましてくださった長瀬タキヱ先生（農漁村文化協会、一九一〇―二〇〇三年）のことは忘れられない。昭和二十八年（一九五三）、東京目黒のお宅から突然お便りをいただいた。そのころ私の立ち上げた若嫁グループの活動内容について知らせてほしいとのことだった。その後、倉吉の婦人講座にもおいでいただき、わが家にも来て下さった。また、スクーリングで上京の際には先生のお宅で一夜を過ごし交遊を深めた。先生は「農家の嫁の立場で大学の学習を続けるその努力の過程が大事だから」と言って、学習の体験を書き綴るように助言された。卒業のときに、柱を立てて全体の概要を記録し、発表しないことを条件に先生に目を通していただいた。この「農婦と学生」の記録が、今回の執筆に大いに役立った。先生とはその後も交遊をつづけたが、先生は生涯独身を通され、最後はホームでワーカーさんの介護の末に九十三歳の生涯を閉じられた。私の恩人として、ここでお礼を申し上げたい。

四　絣に導かれて

昭和二十六年（一九五一）の晩秋、結婚相手（千秋）からの便りの最後に「なんにも荷物は要らんが、絣着物だけほしい」と記してあった。驚いた母は「絹物がたくさんほしいと言うのが普通で、木綿絣がいいと言う人は変わり者だよ」と兄嫁と話しながら、片付けていた高機を取り出し、糸を準備して絣と縞を織り、私の嫁入り荷物に加えてくれた。

私は十九歳の若嫁として紺絣を着て野良で働いた。汗ばむと肌に藍色が付着して藍特有の匂いがした。不思議な匂いに鼻を肌につけて嗅いだ記憶は忘れられない。絣を着て帯を締め、もんぺをはいた姿は美しいな、と思い始めた。

里帰りのたびに母は「八十年も生きてきた人はすごい知恵と経験を持っている。大ばあさんに何でも教えてくださいと言ってひざまづいて学ぶがいい。そうするとかわいくなるものだ」と言った。ある日、その祖母・かねに向かって「絣を習わせてください」というと、祖母は「絣なんか、今流行らんことをやる必要はない。あんたには他に教えることがいっぱいある」と言った。再度話しかけたが「その話は……」とはねのけられてしまった。二、三日たって夫が「絣を習わせといてくれ」と祖母に頼むと、「おまえまでその気なら本気だよ」と、祖母は着物に襷《たすき》がけで、納屋に置いてあった高機を廊下に持ち出してきて清掃した。そして残糸を風呂敷包みから取り出して、私に正座させ、お祈りをさせた。そのときは何の意味だろうかと不思議に思ったが、あとでわかったことは、経糸の「経」はお経の「経」の字であることから、心を清め、まっすぐに生きることを糸に対してお祈りするということだったのである。私は祖母が言うとおりに両手を合わせた。祖母は、糸がもつれるとそれをぷいと私に渡して「糸のもつれが解けて一人前」とか「糸取り三年」とか話しだした。糸のもつれが解けるようになって初めて家の中を管理し、治めることが出来るというのだが、なかなかその先の工程を教えてくれない。まあ、切ってしまえばよいことを、と思いながら、毛抜きや針を使って糸のもつれを解き「おばあさん、やっと解けました」と言うと、「やればできる、次にすすもうか」という具合で、永い月日をかけて機に糸を掛けては織りを学んだ。そのころの私は通信教育生として乳児を抱えた中で、晴天の日は野良に立つ毎日だった。

嫁いだころは祖母に注意されるたびに反抗心が湧いて心を痛めていたが、祖母に師事して習っているうちに「教えてもらってありがたい」と感じ始め、ひざまづいて何でも耳を傾けて話しを聞くようになった。この祖母に教えを乞うことによって、広く昔からの農民の生活と慣習、考え方を学び、綿を栽培し、糸につむぎ、それを織って着物に縫って家族に着せ、そして衣料を管理してきた一世紀前からの女たちの仕事と生活の知恵を学ぶことが出来た。祖母はとても喜んで孫の嫁である私にいろいろと話して聞かせてくれた。私はちょうど通信教育のレポート作成の時期だったので、それらの事例を一地方の伝承としてまとめて提出した。

あるとき、祖母は「船木機工場の先生だった花房よねさんが倉吉駅の近くの海田というところに生きておられる。よねさんを訪ねて絣の着物を見せてもらって残り切れ端でも貰って来てくれないか」と言った。よねさんを訪ねると、「まあ、かねさんの孫の嫁さんが二十代の若さで絣をするなんて、いやもったいない、もったいない。わしは名人と言われたが、今はもうだめの世で、はやらん、要らんと言われ通している。一枚くらい着物をあげるから持って帰っなはれ」と言われた。私が「着物を貰いに来たのではなく借りにきたのです。小さな小裂《こぎれ》を下さい」と言うと、「絣の小裂はないし、鋏で切るものではない。片袖の縫い目を解いてあげる」と言うので、片袖を借りて帰ることにした。祖母は「見なければいけん、いいものを見なきゃーなあ。これが名人の織物だ。風合いといい、織った柄の生き生きしていること、なんと美しい絵絣」と言い、よねさんの絵絣をセロハン紙に写し出して絣文様の型紙を作ってくれた。こうして私は模倣することと、外に目を向けて、見て学ぶことを教わった。

機工場の舎監兼指導者だったよねさんから絣の工程や秘伝を聞き書きしているうちに次から次へと工場で働いていた女性の名前が判明した。そして、どこそこのだれそれさんに、「元気でいるかいな」と伝言まで頼まれた。ノートとペンとカメラを携えて、毎日のように新しい出会いを体験した。そうした絣の研究・調査ができるようになったのは、昭和三十六年（一九六一）から外で働くようになり、調査の時間を捻出したことによる。そして、絣の調査事項を祖母が待ち受けて聞いてくれたことも大きな励みになった。

勤務先の倉吉北高校の家庭クラブの活動に一台の高機を被服室の隅に置いて、部員にテーブルセンターなどの実習をさせていた。あるとき、男子生徒が「うちのおばあさんが先生を連れて来いというからきてくれ」と言うので、私は放課後男子生徒の自転車の後ろにつかまって家まで行くと、おばあさんが縁側で風呂敷包みを開いて、「あんたに逢いたかった。嫁のおらんときにあんたにこれを預けて死にたい」と言ったので、どうしてですかと尋ねると、「嫁が、これは邪魔になる、要らん、要らんと言う」。私は戸惑い、大風呂敷の中を見て「立派な織物を見せていただいて感謝します。だけどこの包みは貰って帰れないですよ」と言った。老女は「あげたいので来てもらった。先生、絣を残してつかんせえっ」と言って泣き出してしまった。「先生に持ってもらって死にたいのに、絣がかわいいー」という老女の悲鳴のような泣き声に後ろ髪を引かれる思いで私はその場を立ち去った。そして三年後に再訪してみると、「おばあさんも絣もみんな灰にしました」というお嫁さんの言葉が返ってきた。私は、絣収集を急がねば、すべて灰になり、先人の創作した美しい文様も消失してしまう、今からでも収集に取り掛からなければと決意した。老女の嘆きは私を絣発掘に向かってすすむことを教えてくれた。

社会は高度経済成長の波に乗って、在来の木綿衣料と化学繊維製品との交換が始まっていた。押入れの布団や土蔵の新品の木綿類が放り出された。この急速な衣料の転換期に私が絣織りを学び、絣の研究を志したことは、天から降ってきた恵みではないかと思い、私は夢中になって老女たちから文様の解説を聞き、絣の逸品を素手で触ってその感触を確かめた。そして絣文様の標本を集めると同時に製作者たちの証言を聞き書きによって記録する作業を進めた。

昭和三十九年(一九六四)の夏休みのある日、布団の側を洗っているとき、突然生田清先生(県立米子高校教諭、鳥取県史編纂委員、一九一四―一九九〇)がお見えになり、県史執筆の調査で機織りの取材をされた。そして「明治から昭和初期までの機織りの聞き取り調査に協力してほしい」と依頼された。私が倉吉絣の聞き書きをしていることを話すと、私家版でぜひ本にしてほしい、と言われた。私は「活字にするにはもう一度老女たちの証言を確認し、出版することの許可を得てからにしたい」と言って、一年間の延期をお願いした。先生は「絣の書物は一冊もない。なんとか本にして世に出したい」と重ねて懇願された。

こうして『倉吉かすり』（一九六六年、米子プリント社）が世に出ることになった。生田先生が出版企画書と宣伝パンフレットに紹介文を書いてくださり、夫が題字を書いてくれた。「貴重な女性労働史」と『中国新聞』などの書評で取り上げられた。生田先生はボーナスの六万円で百冊買い取ってくださり、報道関係、学者、学校、図書館などに謹呈された。本は大きな反響を呼び、話題になった。生田先生は歴史を底辺から捉え、人々を平等に評価してこられた方であるとともに、かつての機織り女性たちを世に出した救世主だったと思う。

前年の昭和四十年（一九六五）には、日本女子大の恩師の勧めで、日本家政学会で「倉吉絣の模様の変遷と特長」と題して研究発表をした。絵絣文様の多様な美しさと移り変わり、そしてその特長をスライドを用いて発表した。その要旨が『朝日新聞』に掲載されると、県内外からの来訪者があった。

発表後、ある教授が「木綿絣は十字文や井桁文で、絵文様なんか見たことも聞いたこともない。スライドの絵文様は染物ではないのか」と質問された。私は幸いに実物の絵絣（布団絣）を三点ほど持参していたので、会場内で回覧してもらい、本物の絵絣を鑑賞・精査してもらうことが出来た。この研究発表が認められて『家政学雑誌』（一九六六年、第八十四号）に掲載され、以来毎年絣や被服関係の研究発表を行ない、同誌に研究論文が掲載されるようになった。また、日本家政学会民族服飾調査委員として中国・四国を委嘱されて活躍した（一九七二—七九年）。その当時は、大阪青山短期大学で織物講師として八年間、毎月一回大阪へ通っていた。

日本家政学会研究発表の記事
（『朝日新聞』鳥取版1965年11月）

『倉吉かすり』出版の記事
（『朝日新聞』鳥取版1966年11月）

拙著『倉吉かすり』出版後、絣について視野を広げるため、西日本の産地、久留米、伊予、備後、島根県の広瀬絣と四国の阿波藍を数回踏査し、絣収集家や工場経営者たちに指導を仰ぎつつ交遊し、現在も交遊を続けている。昭和四十二年（一九六七）ごろは絣の取材に訪れる者はなく、各地で秘蔵の資料を公開して歓迎された。四国では伊予絣の製織者のお宅で、原爆症を病む老人の傍らで機を織る老女と一夜を共にした。

こうして各産地の絣を調査し、比較して学会で発表を重ねるうちに、山陰地方の絣調査に訪れた家政学会の民族服調査員一行を地元にお迎えすることになった。私は倉吉北高校の百畳敷きの木造武道館の壁面に隙間なく絣を展示して歓迎した。「山陰には日本の宝物がある」と口々に絶賛され、激励された。調査会会長の小川安朗氏（文化女子大学教授）や桜楓会員（山形短大教授）の方から「収集された絣を分類・整理して、絣を体系的にまとめては」と助言されたことがきっかけとなり、私は千種の絣を文様別に分類・整理して『日本の絣文化史』（京都書院、一九七三年）をまとめて刊行することになった。

絣をめぐる交遊の輪は広がるばかりだった。元鳥取県商工労働部長の高田幹男氏、元県工業試験場長の湊光朝氏のご指導で第二回鳥取県絣見本市（一九六九年、東京駅大丸百貨店）に出品し、米子ごう絣店の菊枝さんにお世話になった。備後屋民芸店、きものデザインセンターの石崎忠司所長に励まされ、お買い上げいただいた。また、女子美大学長の柳悦孝先生のご紹介で郡上紬の宗広力三工房（人間国宝）に足を伸ばした。

昭和四十八年（一九七三）には家政学会の民族服飾夏季研修会に参加し、鎌倉芳太郎氏（人間国宝）の講演を聴き、その後の懇親会で「地方の手紡白木綿を織ってくれ」というご注文を賜った。帯用に染められる布地で厚地に織り上げてお送りしたところ、ご丁寧なお手紙をいただき、帯一本、一丈二尺七寸として五本分の追加注文をいただいた。

またこの頃、法政大学出版局の稲義人氏が倉吉までおいでくださり、「木綿」について書くように勧められた。

『倉吉かすり』の反響もしだいに大きくなり、ＮＨＫテレビでも放映され、そのビデオ上映会が市の福祉会館で催された。家庭クラブの生徒が機を織り、元機工場の女工だった竹原すがさんが登場して私が紹介するという番組構成だった。会場で大きな拍手が起こり、激励された。そのころ、武蔵野美術大学で宮本常一先生の助手をしていた町井夕美子さんがわが家に三ヶ月滞在して、倉吉絣の技術を学びながら地方の民具を収集して宮本先生の研究室に送り続けた。また、鳥取市から前田寛子さん（京都女子大卒）がわが家に通って織物をしていた。これらのことが私に強い印象を与え、私のその後の生き方を方向付けたように思う。

私の周りに集まった絣を学びたいという仲間たちに無報酬でお世話をし、市の催し場で倉吉絣のグループ展（一九六八年）を開いて展示即売も行なった。七人のグループの中心的存在だった横山美津江さんは織りの途中で癌で亡くなった。

その当時宮本先生からいただいたお便りの一部を紹介する。

「……町井さんがまいりましていろいろお世話になりまことにありがとうございました。大変熱心な人で学校を卒業していきなり就職するよりも、一、二年勉強してみてはと、そのまま研究室にのこしたのですが、せめて全国の染織地の主なところだけは歩いて見させたいと思っているところです。（中略）生田さんとはもう一〇年近くまえにいちどお目にかかっただけですが、ずっと文通している良友の一人です。私なら教えられることの多い人です。これからも生田氏や町井さんを通じていろいろ親しく願えることと思います。（後略）」（一九六八年六月二日）。

「お手紙の消印を見ると一〇月二一日になっています。その折蒲団地をいただきながらお礼も申し上げず失礼いたしました。仕事に追われておちつかない日々をおくりこういうことになってしまいました。

染織の勉強を町井さんにやってもらおうと思いつつ私の仕事の手伝いにかまけて、彼女もいそがしくしています。しかしできるだけ時間をつくって勉強してもらおうと思っています。古い時代のものもできるだけ集めておきたいと思っていますが、どうやら少し時期おくれのようです。世の流動がはげしくて、古いものもどんどんほろびてゆきます。何とかもっと具体的に全国に組織をつくって調査研究をすすめていくとよいのですが、まだ具体的なかんがえをもつにいたっていません。いちど文化庁の記念物課の係員に相談してみようかと思っています。少し調査費でも出れば、調査の具体化もはかられるのではないかと思ってみたりしています。地方にいると孤立感をふかくすることが多いと思いますが、ご精進のほど祈りあげます」(一九六九年二月三日)。

文中、「生田さんと文通している」とある生田さんとは、前出の米子市の生田清氏のことで、生田氏は拙著『倉吉かすり』を世に出した私の恩人である。

そのころ、倉吉北高校家庭クラブ員の共同製織したタピストリーが倉吉市美術展工芸の部で奨励賞を受賞した。

学校やわが家にも絣を学びたい、研究したいという人が訪ねて来るようになり、当時の小林俊治校長は、昭和四十六年(一九七一)四月、学校に絣研究室を創設し、希望者には学校に自由に出入りすることを許可した。研究室は、農家の納屋で煤だらけになった高機と不要になった付属品を集めて準備室に備え、大学新卒者三名が入室した。授業料は無料。三名は研究意欲に燃えて熱心に機織りに取り組んだ。

倉吉絣研究室

倉吉絣研究室は多くの人々の援助を受けて開設した。県内外の文化人や研究者、芸術家、そして多くの古老たちと大学で卒業論文を書く学生等々。また、劇作家の田中澄江氏やキモノ学院長の大塚末子氏、関西大学の角山幸洋教授（染織学）らの来訪を受けた。このような背景があり、絣愛好家がしだいに増えてきたころに絣研究室が生まれた。倉吉北高校の理事長夫妻も絣への理解があり、職員たちも協力的だった。

「機を生かしてほしい、機を焼いてしまうと気が狂う」と言って大八車で機を運んでくれる老夫婦がいたり、町の老人クラブでも機の工具を集めてくれた。また、三森政治氏（元県会議員）は日野郡から高機と野生のゼンマイ綿の収集に尽力された。そしてご母堂の絣着物を寄贈して励ましてくださった。

長谷川富三郎先生（版画家、民芸協会員、二〇〇四年死去）は、絣の美しさを讃えて「生徒たちに絣を学ばせるように」とアドバイスされて協力を約束してくださった。

こうした倉吉絣復興の機運の中で、倉吉市、教育委員会、観光協会、商工会議所、倉吉北高等学校長小林俊治氏、長谷川富三郎氏、福井貞子が前年に設立準備会を発足させ、昭和四十七年（一九七二）一月一八日に倉吉市長・小谷善高氏によって「倉吉絣保存会設立趣意書」が発表された。こうして絣保存会が生まれ、会長に大橋二郎氏（市議会議長）が選ばれ、倉吉市商工課に事務局を設置してスタートした。

私は「古老に学ぶ」という目標を立て、いつもカメラとノートを通勤のバックに入れていた。道すがら出会う老女の絣着を撮り、家庭を訪問して織りの秘法を学んだ。私には毎日が学習で、木綿発掘ノートもたまり、織りの秘法は無形の財産となった。

毎年、春風に乗ってワカメ売りの老女（島根県八東郡島根町）が来る。ワカメを包む大風呂敷は縞や絣の当て布が刺し子で補強されている。新緑の香ばしいワカメを短冊にし、試食させながらの行商である。お互いに元気で働いていることを確かめ合いながら友情を深めていった。老女は機も織る。売上金を縞木綿の財布に入れるしぐさは、祖母・母と三代の行商で培った品格を備えている。私は夏季休暇を利用して島根県島根町を訪問し、海女や行商の人たちの生活と衣料を見聞した。海女の灘着や行商の背中当てや前掛けの工夫を見て、木綿が必需品として女たちの仕事を助けていることを知った。

絣研究室に見学に来る人は多く、古い道具を寄贈してくれたり、古布や縞帳を見せに来る老女たちもいた。

昭和四十七年（一九七二）十月五日、市内で倉吉絣保存会と絣研究生との合同展示会を催した。古い絣が多数出品され、中には第三回内国博覧会（明治二三年・一八九〇）出品で銅賞の木綿経緯女着物があり、「出品主・桑田勝平」と銘記された木箱とともに展示されていた。この作品は機織り女性の中でも抜群の腕前を持つ人の作品だと感じた。

その後に出会った鳥取県三朝《みささ》町の老女（一九八〇年に九〇歳）の談話を紹介する。

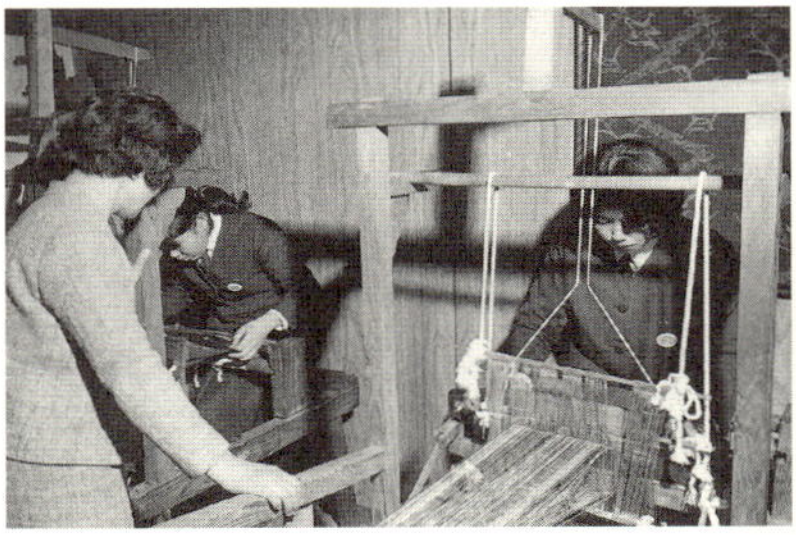

倉吉北高等学校　高校生の機織り実習（被服準備室，1972年）

倉吉北高等学校絣研究室（1971年）

倉吉北高等学校普通科家庭コース３年生48名（前列中央に著者，1972年）

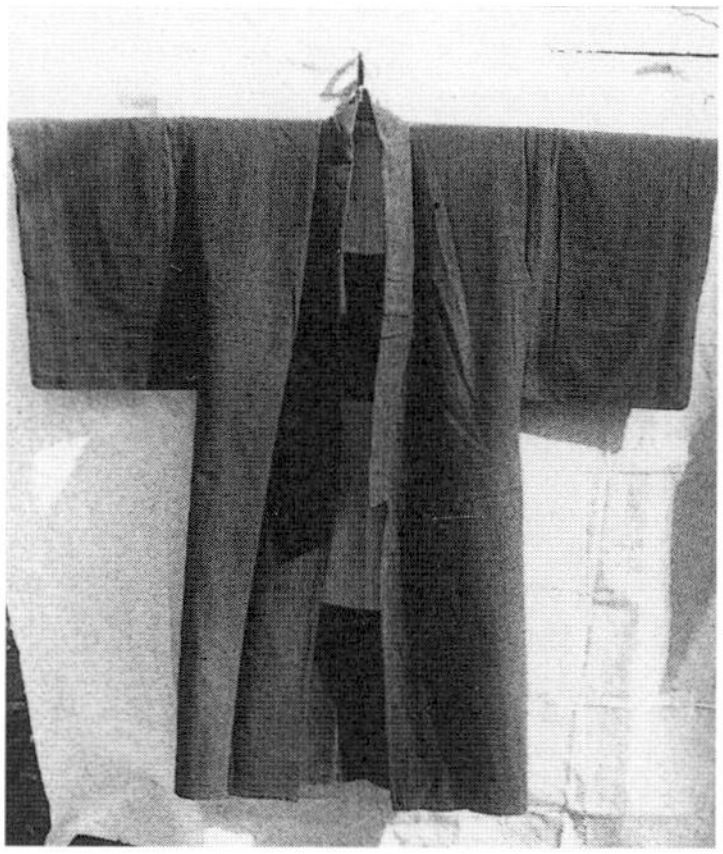

木綿絣男着物（三朝・山本よりさんの作品，明治30年代）

弓浜絣を一代織り続けた野田せつのさん（明治18年生，1970年，82歳の時撮影）

弓浜で手紡白木綿を織る大谷ふゆのさん（明治29年生，米子市にて，1970年撮影）

「叔母の山本よりの形見として、男絣着物をもらっている。叔母は機工場の中で上手に絣を織り、明治三十年代の内国博覧会に出品した十字絣（幅六十五立）が一等賞に入選した。しかし、結婚して妊娠中に結核になり、実家に帰って治療中に離婚された。子どもはなく、母屋の離れで機を織り、一人暮らしをして生涯を終えた」。老女はこう話してその着物を私に形見にくれた。私は暗い悲しい話を聞いて、この着物には無念きわまりない女性の心が織り込まれていると思った。機工場の工場主などの名は残されているが、多くの製織者たちは無名のままである。そんな女性たちの中から、これまで私が紹介できなかった何人かを紹介しておきたい。

山陰の弓浜絣を織り続ける米子市の野田せつのさん（明治十八年生）には昭和四十五年（一九七〇）に当時八十二歳のときにお目にかかった。これは機屋の紹介で実現し、本人の写真撮影も許可された。老女は「一人暮らしで機織りに夢中になっていると年など忘れて、一生織り続けられたのは絣商店のおかげです」と話した。三畳の部屋に布団を積み上げ、土間に機を置いていた。砂丘地のため傾斜した不安定な住居に一人で暮らしていた。こうした老人たちの働きで弓浜絣が久しく織り継がれて、都会で高い評価を得ているのだと思った。この陰の立役者は、全身全霊の力と愛情で布を織っていて、「人に喜ばれることが元気のみなもとです」と話していた。

その帰り道で米子市和田の大谷ふゆのさん（明治二十九年生）に逢った。萱葺き屋根の母屋の廊下で機を織っていた。「七十四歳になっても白木綿を一日に一反織っている」と言った。手紡糸の白木綿は帯用として注文があるらしい。織りで鍛えた太い腕が印象的だった。この弓浜地方で産する綿花

（伯州綿）の白木綿を染めて帯にすると、よく締まる最良品が出来るのだと思った。

倉吉市新田の北窓そよさん（明治二十七年生）は昭和四十四年（一九六九）の取材時は七十五歳だった。前歯が抜けてお年よりも老人に見えた。「機工場に数え年十五歳で入った。当初はつらくて泣いてばかりいた。六人兄弟の中の一人娘に生まれたので可愛がられて育った。嫁入りには機が出来ないといけないと親が言い、習い事のために機場に入った。博覧会前は夜なべの機織がつづき、とてもつらかった。シラミのような小さな絣を織り続け、四年間勤めて機道具一式をもらって嫁に出た」と話してくれた。

農村の女性たちは、嫁入りの条件として機織りを学び、その腕と働きによって家庭経済を支えてきたのである。

倉吉絣研究室に毎年入室してくる人は高卒の十代から六十代までの幅があり、中には男性もいた。生い立ちや環境の違う人が織物という共通の目標で結ばれ、情熱を燃やして活動に取り組んでいた。仕事を持ちながら絣を学ぶ二本立ての生活をする人も増えてきた。若い人に刺激されて学ぶこともあり、人間関係の和と相互扶助の実践の場となっていた。絣研究室を修了した人は県・市の美術展などで活躍し、また土地の絣保存会の育成を担うなど、さまざまの場で活躍していた。

開室後十二年が経った昭和五十八年（一九八三）一月、思いもかけぬ出来事が研究室を襲った。織機も設備も充実し藍染め糸の備えも終え生徒各自の高機に修了作品の着尺用絣糸を掛け、すでに織りを終えた者もいた。その矢先、一瞬にして研究室が灰燼に帰したのである。火災の原因は風呂の煙突の加熱で、その類焼をうけたのだった。古い高機は薪となり、二階廊下の火の帯はまたたくまに燃え広がり、研究室は完全に消失してしまった。私は目の前で全焼する光景を眺め、声を失った。一睡して翌朝早朝に登校すると、昨夜のテレビニュースで知ったと、京都府中郡峰山町の番場工作所所長が朝四時に出発して駆けつけてくださり、私を励ましてくださった。また、学校に多大の見舞金を下さった。ようやく声が出せるようになった私は番場功氏の優しいお心に涙を流してお礼を申し上げた。一歩焼け跡に足を踏み入れると、目を覆うばかりの残骸の山で、私は気が遠くなり、倒れそうになった。精神的ショックから火事の夢ばかり見て不眠症に悩まされ、通院しながら後始末をした。多くの方々から研究室の再興に向けて激励を受けたが、私は絣から身を引くことで頭がいっぱいだった。

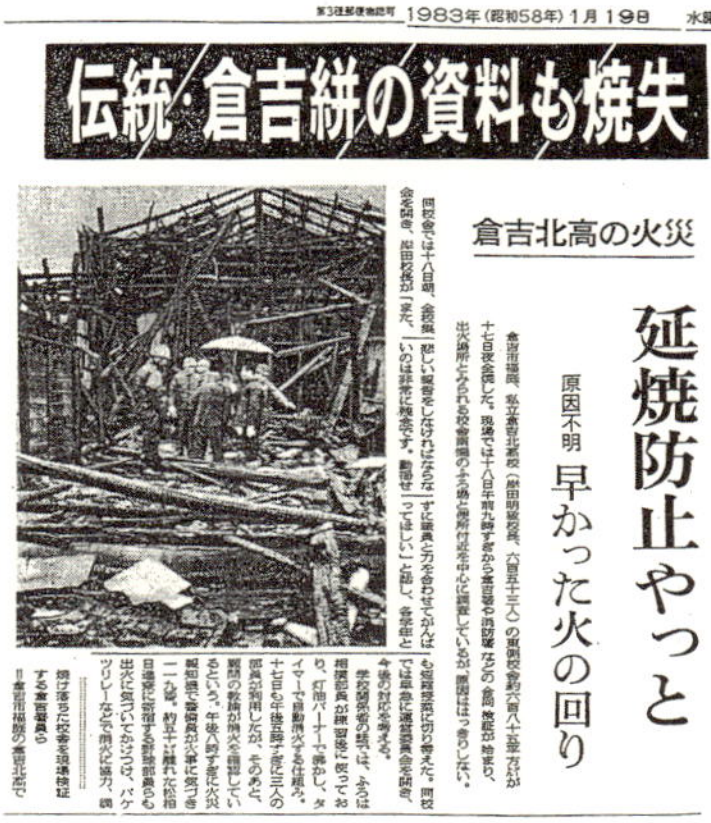
1983年（昭和58年）1月19日 水曜日

伝統・倉吉絣の資料も焼失

倉吉北高の火災

延焼防止やっと

原因不明 早かった火の回り

倉吉絣研究室焼失を伝える新聞記事
（『朝日新聞』1983年１月）

しかし、絣研究室の存続を求める陳情書が提出され、報道関係者や県内外の多くの方々から再興を望む声が寄せられ、また高機の寄贈の申し出が相次いで、三〇台の高機や工具が集まった。人々の暖かい心に感謝しつつ、四月には新入生一三人を迎えて再出発することが出来た。

この体験から私は多くのことを学び、苦難に遭っても乗り越える力を与えてくれたように思う。しかし、貴重な資料である絣布や縞帳、それに遺品の絣ノート（絣名人たちの手書きの絣図と絣計算帖）を消失してしまったことは取り返しがつかないという悔いを残し、私の脳裏を悩まし続けた。

研究室再興に向けての苦難の道を歩み始めたが、また、嬉しいこともあった。昭和六十一年（一九八六）十月二十九日、日本女子大学桜楓会員（関東地区）の一行三十五名様を乗せた大型バスを倉吉北高校の校庭でお迎えした。再興した絣研究室をご覧いただき、わが家の私設絣舎にもおいで下さった。地方でボロ布を展示している私を励まし、「農民の衣装史をまとめては」と助言された。通信教育でやっと卒業した私を相手にして下さり、心から感謝してお礼を申し上げた。

また、平成十九年（二〇〇七）八月八日、日本服飾学会（会長、伊藤紀之共立女子大学教授）の夏季セミナー四十二名の研究者の方々を絣舎にお迎えした。日本女子大学小笠原小枝教授の斡旋によるものとのこと。暑いさなか、先生方のご要望にこたえるため、絣標本六〇枚を畳に並べ、四幅布団は広げてご説明した。立派な研究者の方々にお目にかかれるのも絣舎があってのことと、感謝の日々である。

生徒に学ぶ

高等学校の家庭科教師として赴任した私は、日々、教材の勉強をして教室に入った。生き生きとした生徒たちの顔を見る喜びは大きく、生徒たちとともに学びながら授業をした。

昭和四十四年（一九六九）に小林俊治校長が赴任されるや、教育体制を大幅に改革した。普通科進学コース、就職コース、商業コース、家庭コースの四コースが設けられた。授業時間も普通科は六時限授業でクラブ活動を実施、進学コースは七、八時限の延長授業で、家庭コースは女生徒クラスで、週一日七、八時限授業で、織物を必修にした。女子教育に力を入れる校長は、木造校舎を改造して「婦道館」の看板を掲げて家庭コースの教室とし、被服教室、実習室、準備室を併設した。また、階下には食物室、実習室と準備室をつくり、礼法室(畳敷き)も備えた。この新教育体制の下で、私は初めて家庭コース四十八名の担任を任命された。(改革前は普通科と商業科の男女共学で、家庭コースや進学コースの七・八限授業はなかった)

奉職した当初は男女共学のクラスで副担任として男性教諭と共に生徒指導を行なってきたが、女子ばかりのクラス担任となると責任は重大だった。私は個別面接をして生徒との信頼関係を築いた。そして、授業のカリキュラム作りから始めた。特に織物必修では糸を結ぶ「機結び」の実習や、和紙を一センチ幅に切ってコヨリをつくり、それを緯糸にして織る紙布織り、縞の作り方のカラーデザイン図を描かせて縞計算の予習をした。そして、絣のデザイン図を描かせて文様に興味を持たせた。絣の括り方と解き方、さらに各自が高機に乗って絣を織る実習を考えた。生徒四十八名に対して高機は三台なので、順番制にした。絣括りは廊下に糸を伸ばし、その糸に向かって一メートルくらい括ると次の人に交代した。生徒に興味を持たせるのに苦労したが、とくに糸と根気強くかかわる工夫をした。絵絣の鶴を織り上げた生徒は家族から「本当におまえが織ったのか」と何度も言われて、やれば出来ると思ったと話した。教えることは自分が学ぶことだと感じながら、全員に鶴を織らせて一堂に並べてみて驚いたことは、同じ絵糸の鶴が織る人によって違い、織る生徒一人ひとりの表情に似ていたことだった。初めての試みで彼女たちは各自の心を織り込み、大切な記念品にしようとしたのだと思った。

絣舎

祖母かねは、昭和四十六年（一九七一）に九十四歳の天寿を全うして亡くなった。祖母が亡くなった後、義父が言った。「おばあちゃん先生、おばあちゃん先生って、なんでもない年寄りを先生にしてもらったりしてありがたい。これからは絣、絣って来られる方に広いきれいな場所で案内するがい い。うちは小さいし狭いから絣を置くところを建てないか。養蚕場の敷地をやるから建てよ」。私にはそんな資金はなく、それは夢のような話だと思っていた。しかし、義父が再三勧めるので、地元の金融機関と私立学校の共済組合から借金して、思い切って建てることにした。昭和五十三年（一九七八）十一月に竣工し、翌年五月に一般公開した。五月十二日には東京女子美術大学学長の柳悦孝氏が地元の名越勉氏の案内でお見えになった。翌十三日には長門民芸協会員二十五名さまを、八月一日には東京の土肥手織り研究会の二十九名さまをお迎えするなど、忙しい毎日が続いた。テレビや各新聞で絣舎のことが報道されて、毎日のように県内外のたくさんの人が訪れて励まされた。義父母も私と一緒になって訪問者をもてなした。毎月観光バスでの見学予約が入り、土・日返上での無料サービスだった。私が祖母かねの絣糸巻きの写真を絣舎に飾ると、義父は「おばあさんがあの世で喜んでい

2月25日　月曜日　朝日新聞

かすりの伝統 残したい

倉吉北高教諭・福井貞子さんが実践教室

資料館建て歴史を本に

庶民女性の哀歓つづる

「かすりの伝統残したい」（『朝日新聞』1984年２月25日）

私設倉吉絣資料館と土蔵（1979年）

絣舎で見学者に説明する著者（1988年）

る」と言い、満面の笑顔で絣舎の留守番をした。父母が予約を受けて鍵を開け、絣の案内をするうちに、母の物忘れがひどくなり、電話予約を忘れて留守にするなど、来訪者に失礼をすることもあり、私は悩んだ。一年間は母の様子を見ながら勤めに出ていたが、あるとき高機に乗って機を織っているときにハッと気づいた。経糸千本の糸の中で一本が切れたまま織りすすむと、傷を残し、数十本の糸が切れて織れなくなる。気づいた時点ですぐに改めなければ。「母を介護しなければ、後で後悔する」そう思い立ったら居ても立ってもいられず、退職されている元校長の小林氏に電話で相談した。小林氏は絣研究室設置を立ち上げた方で、この年（昭和六三年・一九八八）は絣教室設置一七年目の修了時にあたる。家庭科教員の補充は確保されても、絣指導者のこともある。小林氏は「定年までまだまだある、なんでやめなんすか」と言われたので私は事情を話した。「姑の介護のためにすべてを投げ出す貴女のその心、あっぱれな心には自分は反対しないから、まあ介護してあげてくれ」と許可を下さった。

昭和六十三年（一九八八）三月、私は高等学校を退職し、義母の介護をしながら絣舎の番をすることになった。絣舎での人々との出会いは学ぶことばかりだった。なかでも昭和五十四年（一九七九）には京都から志村ふくみ先生（人間国宝）、出口直美先生、福知山から河口三千子先生がおいで下さった。そして、日本伝統工芸展への応募を勧められた。また、福岡の鳥巣水子先生（河口先生と鳥巣先生はともに工芸会正会員）もおいでくださり、同じように出品を勧められた。思い切って日本工芸会染織展に応募して入選し、翌年の第二十九回日本伝統工芸展（昭和五十六年・一九八一）にも応募して

初入選した。（第四章「浜辺に立って」の項で詳述）

かつて（一九八三年）絣教室が被災した夜は、神仏に燈明をして鎮火を祈ってくれた義母である。その義母の介護中、車に乗せて山や海に出かけて慰めた。義母は昔の記憶は確かで、会話も楽しかったが、車酔いを起こして嘔吐とともに入れ歯も抜けるという出来事があり、車での外出は避けて機部屋で過ごすことにした。私が油断していると、絣糸を菓子に巻きつけている。義母は幼児に返ったように笑っている。家で工夫した食事も、「たべたからもういい」と言って食べなくなる。義母の病状は悪化し、衰弱してきた。半年の家庭介護で入院することになった。食物が口から入らなくなり、病院生活半年後に眠るように旅立った。

昭和六十三年（一九八八）、義母の介護中に一通の手紙をいただいていた。元大阪市立大学の中嶋朝子先生からで、「ギリシア民族服の調査にぜひ同行してほしい。織物のできる人を捜しているところだ」という文面だった。義母の死後、義父は「家内を看取ってくれて、仕事をやめてまで介護をしてくれて感謝している。家内も喜んであの世に行ったと思う。便りのあった大阪の先生についてギリシアに行って勉強して来い、死んだ家内も喜ぶし、おれもそうしてもらったらありがたい」と言ってくれた。私は「まだ義母の四十九日も来ていないのに、八十八歳のおじいちゃんと夫を置いて出かけることはできません」と言ったが、「頼む、残った者はなんとかする、こんな機会はもうない」と強く言うので、一ヶ月間のギリシア民族服調査行を決めて、中嶋先生と成田空港で合流した。

平成元年（一九八九）五月から六月にかけてギリシアに滞在した。ギリシアのナフプリオン民族資料館には世界各国の衣装研究者が入室して調査・研究していた。研究者たちの真剣な研究姿勢と研究対象の多彩さ・豊富さに驚くと共に、紡織技術の発達過程における製品や工具、そして機の原型をつぶさに学ぶことが出来た。

帰国前にパリに二日間滞在して、ルーブル美術館やオルセー美術館、ノートルダム寺院などを見学し、フランスの文化芸術の精華に触れることが出来た。

旅の終わりに、私は今から日本の農民たちの労働着（野良着）の調査研究に取り組まなければならないと決意を新たにした。

絣舎についての追記。昭和五十六年（一九八一）初秋のある晴れた日、見知らぬ老人が突然私を訪ねてきた。着物に羽織姿でステッキを持っていた。鳥取市仲屋呉服店の店主中村七男氏（明治二六年・一八九三年生、当時八十二歳）だった。老人曰く「少年時代に鳥取の呉服屋のデッチ小僧で、大風呂敷に包んで倉吉絣を売り歩いた。そのころは倉吉絣は大評判で、とてもよく売れたことが忘れられなくて……あんたに会いたくなった」。そして自著『中村七男伝』と名刺を渡された。

中村翁は「倉吉の絣製品は優れていた」と力説されて、古い絣を収集して遺すように勧められた。私までが誉められたようで嬉しかった。多くの先人の女性たちが、名誉や利益を度外視してひたすら良い製品を織り出した、その愛情のこもった絣が精神文化を宿し、こうして永く語り伝えられることを思うと、ほんとうに嬉しかった。

第三章　機結びは解けなかった

一　夫の仕事

私が夫に勧められて絣をはじめたことは前述したとおりであるが、私と木綿とのかかわりを語る上で、夫の仕事と活動のことをどうしても書いておかなければならないと思った。しかし、半世紀にわたり生活を共にした夫の生き方について簡単に述べることはできないし、私が書くよりも本人が書き残した文章の一部をここに引き出して、その輪郭をお伝えしたい。おこがましいが、ご理解いただきたい。

福井千秋は倉吉市役所に勤務し、市の広報係で『市報くらよし』を月二回発刊していた。その仕事内容について『朝日新聞』（鳥取版、「私の交遊抄」一九八四年七月四日）に夫自身が次のように書いている。

「町村合併で生まれた倉吉市の初代市長は早川忠篤さん。就任早々、私に広報係をやれとのこと。

私は国民健康保険に情熱を燃やしていた最中だったのでことわったけど、どんな条件でもきくからと何度も催促。国保の二重加入を廃止することとその増員も、広報の編集発行を自由にすることも、青年団活動と労働運動を自由に続けることも、みんな応諾されてしまって、広報係に代わった。さっそくコニカ2をあがない、高木啓太郎さんに手を取って撮影から現像まで教えてもらい、消防署の階段下に手づくりの暗室をつくった。印刷工場の仕事終了後を借りて活字ひろいから版組みまで習い、顔も真っ黒にした。はじめ三ヶ月ほどは試行錯誤で十日刊や週刊を続け、ようやくタブロイド横判の月二回刊、全世帯配布の態勢をつくり、徐々に軌道に乗せていった。印刷所の熟練のおじさんや植字の少年たちとは、何度もコミやケイの使い方など技術上のケンカを重ねながら、しだいに仲良くなって、勘どころやコツを知った。

手当たり次第に雑誌や新聞を求め、手法を盗んだ。当時の朝日ジャーナル、日経、アカハタ日曜版、ミセスなどの婦人雑誌が役立った。全国のめぼしい広報誌とも交換し、大きい刺激を受け続けた。これはやがて有志の広報誌研究会にまで成長したが、今はない。青年団と労働運動とで一年のうち百日近くも休んだ年があったけれど、その中で月二回の広報誌をつくり、その広報誌が全国コンクールで毎年入賞したり特選になったりしだした。当時は、全般的に未熟な状況だったから目だったんだろうが、仕事への大きい励みとなった。

早川さん（市長）も喜んで札幌の受賞式に同行した。多くの協力者と多くの読者の温かい見守りのあることも、ズシリと知った。（中略）私は広報係を数年やったあと企画と広報を合わせて受け持つようになった」。

この「交遊抄」に書いた広報誌は、第六回全国広報誌コンクールで特選になり、以後三年連続して特選に選ばれている。その頃の多忙な日々を「消えた正月」と題して、正月のない徹夜の続くようすを書き残している。また、昭和三十八年（一九六三）には、「私の主張・広報は市民のもの」と題して、広報活動のあり方について述べている。

「……私の主張はおよそ次の四点に絞れそうです。①広報のすべてが、あくまでも市民のものでなければならない。②よい広報の生まれる基礎は、やはり立派な行政が行なわれることであるということ、客観的な現実は、中央と地方とのあらゆる格差が次第に大きくなっていて、地方での立派な行政を行うことが非常に難しい。しかし、新憲法による地方自治の確立を目指して、市民の要求と実践をどだいにしつつ、地方のすべての発展のために前進しなければならない。ここから、方法として長期の総合計画化と其の実践が要請されるし、この中での計画化された広報が必要となってくる。③さらに広報の半分を占める広報活動を市民学習や自主的な実践活動に結びつけること。④おわりに、広報の自主権を確立しなければならない。（中略）倉吉市が誕生した昭和二十八年（一九五三）から『市報くらよし』を発行してきた。このような素人で基礎知識も技術もないままに仕事を設定し、その中で見よう見真似の編集をつづけているうちに、とうとうここまできてしまったのです。しかし、独学の苦労と同じように、血の出るような研究をした実感をまだ残しています」。

前出の「交遊抄」にも述べているとおり、市の広報という重責を担って懸命に取り組んでいたようだ。

二　文化活動

倉吉勤労者映画演劇活動（労映演）

昭和三十年（一九五五）ごろは、郷土の歴史ある伝統文化を守る視点から、演劇を学び、地域の文化運動として展開した。敗戦の教訓をふまえて、歴史の歪曲を許さないという機運の中で、その時代の要請に応える文化活動であったと思う。それは、職場での労働組合活動と平和を創造する文化活動、そして人々の平和と非戦を願う心を結びつけた幅広い活動として展開された。そのため、人口の少ない地方の農村では、中央の演劇・映画・音楽を催す労映演と労音の活動は重要な意味を持ち、夫はそれらの活動に息つく暇もなく駆けずりまわっていた。今思えば、連れ合いと暮らした半世紀はめまぐるしく走りまわる日々であったが、木綿糸が二人を結んでくれたために解けなかったのではないかと感じている。

昭和三十七年（一九六二）八月、私が夏季スクーリングで上京中に彼から便りが届いた。そこにはその頃のめまぐるしい活動の様子が記されていた。

「……職員組合のしごとが、このあいだに入ってきます。できるだけ時間外にと思うのですが、相手（市長側）のあるしごとが多く人の身分保証の必要で教育長と交渉です。大会議案を中心にした学

倉吉労映演会員証と映画入場券

(上) 倉吉市職員時代の夫・千秋(1955年)
(右)「倉吉ろうえいえん」(映画演劇協議会機関紙, 1964年)

1964.11.4発行
鳥取県倉吉市新町1丁目
倉吉勤労者映画演劇協議会
(TEL.3393)
編集
教育宣伝部

倉吉
ろうえいえん
映画演劇協議会機関紙 №6
勤労者映画演劇協議会

ご殿の広場

ここから創造の芽を！
—第2回働く青年の文化祭を成功させよう—

私たちの労映演が生まれたとき，私たちは，私たち勤労者の手による映画演劇の普及と創造をいちばん大きい旗じるしにしました。いらい現在まで，おもに普及に重点をおき，月1回の例会を中心にして運動をすすめてきました。例会の前後には研究会や合評会をもち，自分自身を高めるとともに仲間をふやしよりすぐれた例会づくりに努めてきました。この普及活動は，もっともっと発展させるべきものでしょう。

同時に，私たちは，観ることを中心にした普及活動だけでなく，私たち自身の手による映画演劇の創造にも取組まなければなりません。私たちの時代を築いてきた長い血みどろのたたかいをつづけてきた無数の先輩たちは，貧困と重労働の鎖を断ちきることに役立つ，数かぎりない唄や踊や芝居をつくり，綿々と伝承してきました。ところが，この豊かな文化遺産が，明治維新いらいの100年のあいだに，政治や経済や教育や戦争などの諸体制によって，ひとつひとつもぎとられ，そのほとんどが「文化のラチ外」に追いやられてしまいました。戦後の巨大に発達するマスコミは，さらにその商品化に拍車をかけ，エロとグロの内容にねじまげつつあります。

創造運動が何にもまして大切だということは，実は以上のような歴史的な状況を知れば知るほど切実になってくるわけですが，さいわい私たちの地域では，昨年から「働く青年の文化祭」という創造活動の広場づくりが発足しました。単なる趣味や専門家はだしのせまい部屋にとじこもることなく，すべての働く青年の1年間の全創造活動を一堂にもちよって確めあい，さらに次の発展につなごう，という高い理想をかかげながら……，ほんとに愉快なことです。

ローソクの灯が，ふたたび点じられた思いがします。この総合文化祭が，こんど12月中旬に第2回のものとして開かれようとしています。幾つかの団体の協力によって，ちかくその内容もガッチリ組み立てられるはずです。私達の労映演は，予定どおり，この創造活動の広場を12月例会としましょう。そして，できるだけ多くの会員が，サークルが，まず「創造」の立場から参加しましょう。

(ふくい・ちあき)

第2回中部働くものの文化祭▫12月13日(日)福祉会館

習のための代議員会も開きます。母親大会の準備もあります。とくに私が組合に出たからには、まず学習活動を重点におこうと考え、全執行委員の支持を得て、予算十万円でもって一年間の組合員学習をすすめることにしていますから、その具体的なプランが私の仕事にくいこんでいます。（中略）『カチューシャ』はいま残券整理の最中ですが、入場者は夏だったためやはりすくなく約七百人で二〇、〇〇〇円〜三〇、〇〇〇円の赤字でしょう。内容は、沖縄や鹿児島のおどりを中心にして、『カチューシャ』が現代のものに創りかえられていたから、実にすぐれたものでした。赤字の処理には主体になって努力しますよ。いろいろ、今後いつものように迷惑をかけるだろうが、私が倉吉にいるからには、やらずにいられない仕事故、大きい視野と展望の上に立って理解してほしい（協力してほしい）。運動の中からは、赤字が出るたびにぐらつく者もいるが、それだけに重要なことは中心の活動家がしっかりしていることです。十月にはこの地方にはめずらしい人形劇『ドン・キホーテ』（等身大の人形を棒で操る本格的な人形劇です）を公演する計画です（後略）」。

この便りに書かれているとおり、文化活動は赤字になってもやらずにいられないという情熱をずっと後まで持ち続けていたようである。そして、市職員組合の活動「働く者の文化祭」の延長線上に、中央からの労映演組織の仲間作りの準備をすすめていたようだ。

昭和三十九年（一九六四）三月二日の関西芸術座『ひとりっ子』（家城巳代治作）の公演は倉吉自主公演委員会によって実現したもので、各種団体が財政難の中で演劇運動を理解し、協力する者を集める取り組みが三年前から行なわれ、いよいよ労映演の結成に踏み出した。「倉吉勤労者映画演劇協議会」結成に向けて、「あなたもひとつの河に！」と題したアピールが出されている（文責・福井千秋）ので、その一部を紹介する。

「私たちの心をゆさぶり、生きぬくよろこびに満ち満ちた「映画」や「演劇」や「踊」が、メッキリすくなくなりました。マスコミに乗ったうすっぺらなアチラ芸能があふれています。私たちの祖先が労働のなかで唄い踊ってきた「うた」や「踊」も、明治維新以後しだいにお座敷芸にねじまげられ、戦後はいっそうひどくなっています。こうした中で、私たちの倉吉にも全国的な労音運動につながる「労音」が生まれました。私たち勤労者が、私たちの手で、すぐれた音楽を直接きき、あわせて私たちの音楽を創っていくことをめざして。

いっぽう、映画や演劇や踊りも、戦後てんでんばらばらに取り組まれていた自主的な運動が、ここ三年ほど前から急速にひとつの河となり、映画『裸の島』、演劇『ひとりっ子』、踊り『わらび座』など数多くの自主映画と公演をつづけてきました。いまでは、この河の流れを止めることなんか、とうてい考えられないほどに多くの人たちの期待をひとつにしています。

そこで、この私たちの河がもっと豊かに流れるように、もっと多くの人たちの心をうるおすように、いかなる権力にもめげないように、どんなによごれた流れでも清流にかえしてしまうことができるように、私たち人類の発展を支えた大河のように、これまでの運動を大きく発展させるための取り組みをすることにしました。（中略）あなたも、あなたのなかまや家族と共に手を取り合って、ぜひこのひとつの河の流れに加わってください。多くのなかまが胸をひろげて待っています」。

こうして昭和三十九年（一九六四）六月に「倉吉ろうえいえん」が結成され、最初に取り組んだ演劇公演が『鼓の女』（くるみ座）だった。作者は戦後鳥取に帰って演劇運動を育てた田中澄江氏で、演出はその夫の田中千禾夫氏によるもので、封建時代の鳥取城下町の女の悲劇をするどく描いた作品だった。つづいて七月には映画『奇跡の人』、八月は『野いちご』、『噂の二人』、九月は『裸で狼の群れの中に』、十月『夜明け前』、『乳房を抱く娘たち』、十一月は演劇『森は生きている』、十二月は「働くものの文化祭」と、年間の例会内容が決定されていた。夫は「ろうえいえん」の機関紙ニュース発行や宣伝紙協議会規約の作成、それに会員の勧誘などに日夜飛びまわっていた。

映画・演劇協議会機関紙「倉吉ろうえいえん」（一九六四年十一月四日、第六号）に、夫は次のような文を寄せている。

「私たちの労映演が生まれたとき、私たちは、私たち勤労者の手による映画演劇の普及と創造をいちばん大きい旗じるしにしました。（中略）同時に、私たちは観ることを中心にした普及活動だけでなく、私たち自身の手による映画演劇の創造にも取り組まねばなりません。私たちの時代を築いてきた長い血みどろのたたかいをつづけてきた無数の先輩たちは、貧困と重労働の鎖を断ち切ることに役立つ、数かぎりない唄や踊りや芝居をつくり、綿々と伝承してきました。ところがこの豊かな文化遺産が明治維新以来百年の間に政治や経済や教育や戦争などの諸体制によって、ひとつひとつもぎとられ、そのほとんどが「文化のラチ外」に追いやられてしまいました。戦後の巨大に発達するマスコミは、さらに商品化に拍車をかけ、エロとグロの内容にねじまげつつあります。創造運動が何にもまして大切だということは、実は以上のような歴史的な状況を知れば知るほど切実になってくるわけですが、さいわい私たちの地域では昨年から「働く青年の文化祭」という創造活動の広場づくりが発足しました（以下略）」。

昭和四十年（一九六五）の文化座公演『土』（長塚節作）は、主人公のお品に扮する鈴木光枝氏が土臭い働き者の老女をよく演じて胸を打ち、いつまでも心に残った。貧しい農村の女性を演じた名優はその後『荷車の歌』（一九六七年例会、文化座公演）でも見事な演技で深い感銘を受けた。戦後の混乱期に男性支配の家族制度に苦しむおりき。社会的弱者を照射した舞台で、とくに農村女性の呪縛と忍苦を見事に演じていた。

文学座公演『夕鶴』（木下順二作・演出）は一九四九年（昭和二十四年）初演以来三七二回上演されていた。機織りと女性の物語なので、上演が待ち遠しかった。「つうは機場で誰にも見せないで鎖で繫がれたように機を織る」という本来の『夕鶴』のストーリーが、「機場をのぞかれたつうが、最後に二枚の布を織り上げて、一枚は大切に取っておいてと言って、つうの愛情を残した。負けて飛び去るのではない、自分の意志で去った」と改められて新しいつうが見事に演じられた。倉吉労映演は待望の例会で会場は立見席までできた。山本安英氏の名演に酔い、現代女性ははばたいて飛び出しても生きてゆける時代に変ってきたのだと、励まされる思いだった。

昭和四十二年（一九六七）の例会は演劇が中心だった。年間スケジュールの作品は、一月『菊とかいがら』（くるみ座）、三月『アンネの日記』（民芸）、五月『荷車の歌』（文化座）、七月『花咲くチェリー』（文学座）、九月『いのちある日を』（新人会）、十一月『どん底』（東演）である。中でも『花咲くチェリー』は北村和夫氏の主演代表作で、リンゴ農園を夢見る初老のセールスマンの悲哀を好演した。また、北村和夫と杉村春子が共演した『女の一生』の名せりふが私の頭から離れない。「だれかが選んでくれた道ではない、自分で選んだ道ですもの、まちがいとわかれば自分で歩き出さなければ……」。

六年目の例会だったと思う。ギリシア悲劇『オイディプス王』公演で主演の小山田宗徳氏の終演後の挨拶が忘れられない。「今コオロギがさかんに鳴いています。会場においで下さった方にお礼を申し上げます。自分の初演のときと同じ観客数のなかで公演し……」。労映演の公演に集まる人たちもしだいにバラつきが出来て、中でも公演内容が難解になればなおさら集客は減る。労演の輪は縮まり、下り坂の傾斜は止まらなくなってきた。執行委員会で対策を協議しても、公演のたびに負債を出し、委員各自の自己資金の援助などでは先行きが困難になってきた。せっかく演劇界の名優を地方公演の年間スケジュールに受け入れても、現場での公演が不可能になった。文化センター事務局の運営すら危ぶまれ、会員の会費納付額も減少した。機関紙「ろうえいえん」発行の経費、通信費、電話代、電気料金、水道料金、人件費の不払いが重なり、事務所の維持が困難となって、とうとう閉鎖することになった。

夫は、文化芸術運動を推進する役者や演出家と直接話し合って指導を受け、それを支える観衆と活動家を地方の足場で組織し、仲間作りの輪を広げていく活動に情熱を注いでいた。何かに追われるように取り組んでいる彼の姿を見て、私は、舞台役者の黒子の姿と二重写しにして、これは彼の貴重な財産だと思った。

映画も自主上映と称して仲間と話し合い、上京してアテネフランセでフイルムを借用して地元の映画館で上映していた。たまに上映会に出ると、木戸に座った夫の姿があった。彼は「私のベスト映画」として『裸の島』(新藤兼人監督)を挙げ、次のような文章を残している。

「瀬戸内の小島に、ネコの額ほどの段々畑を耕して生活する夫婦とふたりのコドモ。陸地から船で水を運び、急坂を天秤棒で担ぎ、乾ききったイモ畑にその水をそそぐ……夫婦の苛酷な労働が、来る日も来る日も繰り返される。麦の収穫にも五十年昔の「イナ扱き千刃」を使わなければならないほど貧しい。血と汗の結晶である収穫物の大部分を島の地主に年貢として納めなければならない。美しい海も空も、くらしの中のささやかなよろこびの数々も、典型的に設定された農業の貧困を、いっそう強調する。

この中で死ぬ少年、島の頂に葬る夫婦と陸の小学校の仲間たち、暮色にたなびく葬火のけむり……。苦しいが美しい映画である。いっさいのコトバ(セリフ)をとってしまい、労働の繰り返しを徹底的に積み上げた、思想的にも技術的にもすぐれた映画である(後略)」。

この映画で主演の乙羽信子が天秤棒で水を運ぶ姿は、いつまでも私の脳裏を離れない。

倉吉勤労者音楽協議会（労音）

倉吉労音は、労映演より早く、昭和三十四年（一九五九）に協議会が生まれ、中央のすぐれた音楽を聴くことが出来た。この労音協議会の役員も兼ねた夫は、加入者の呼びかけと入場券の販売に奔走していた。その頃の労音について、毎年の例会で負債が増える事情を書き残している。

「……この京響（京都市交響楽団）がこんど県内三労音（鳥取、倉吉、米子）の創立十周年記念例会として再び演奏するのですが、いま労音の担い手たちは嘆息まじりです。というのは、エレキ例会など飛び入りの新会員もあふれてテンヤワンヤなのに、オーケストラとなると、これまでの会員にもソッポを向く者まであって、赤字ヒヤヒヤだからです。似たような心配は、今冬の寄席例会でも経験したのですが……。こんな最中に、税務署の係長を同行して広島国税局の係員が「入場税の不払い百数十万円をどうしてくれるか」と、やって来ました。（中略）文化国家で入場税を課するところなどないにもかかわらず」。

戦後に始まった勤労者歌ごえ運動は、希望に向かって前進するメッセージを伝える運動として急速に広がった。中でも岸洋子さんの「夜明けのうた」はよく唄った。そして勤労者の音楽ステージで「原爆ゆるすまじ」を合唱した。その頃の映画や演劇とともに反戦に近い内容の歌が多く、歌ごえ運動は若者たちの心をつかんで瞬く間に組織作りがすすんで行った。そして昭和三十九年（一九六四）ごろに労音会員数はピークを迎えたが、小都市では財政難に苦しんだ。労音も中央からの年間スケジュールが組まれていたが、地元では会員離れがすすみ、運営資金の捻出が困難となり、負債を抱える

夫の書斎「文林舎」（2005年11月撮影）

ようになった。労映演は昭和四十四年（一九六九）に休止状態になったが、労音も同じような道を歩んだ。

鳥取県中部の定住人口数の減少と、映画・演劇・音楽を鑑賞するゆとりを持てない貧しさ、文化に対する意識の低さなど、運動の挫折にはさまざまな理由が考えられるが、保守性の根強い村社会で革新的な文化運動に取り組んだ青年たちの努力は、今もさまざまなかたちで受け継がれていると思う。

昭和四十七年（一九七二）二月、夫は「労音事務所（民家）の家賃が不払いのままになっているので二十万円を頼む」と私に言って、子どもの学資金を持ち出した。返済の見込みはなく、事務所費滞納に悩んでいたようだ。次から次と借金や滞納金の請求が来た。

三　信じることを織りで学ぶ

文化活動・労映演・労音の公演のたびに負債は増えていった。夫の顔色が悪く無口になると「さわらぬ神に祟りなし」とばかりに私もあまり夫と口を利かなくなった。夫が会話の中で「頼む」と言うと、現金を持ち出すか、預金通帳を担保にして借金を依頼することだった。度重なる借金は日々の暮らしを直撃して苦しかった。こうした持ち出しの文化活動も、莫大な公演赤字を補うには汗粒の寄せ集めやカンパでは追いつかない。しかし、活動に情熱を燃やす青年たちが必死になって次回公演のために活動している姿を見ると、私も少しでも力になりたいと思い、口コミで仲間をつくり、陰で支援していた。彼は日曜・祭日も返上し、深夜に帰って早朝に出勤する。こんな生活がつづくと、家族（義父母、義祖母）から「顔を見たこともない」「家の仕事の手伝いをせん」と、彼の生活態度を責める苦情が私にどしどし来る。私は最初は注意されても沈黙を通し、「忙しいようです」と答えていた。しかし数年後、ある旅館の主人がわが家に労映演の役者集団の宿泊費請求書を持参して、未納をばらしてしまった。夫と私の勤務中の昼間のことである。

義父は、息子が労映演活動で負債があること、○○座の俳優たち十数名の宿代を支払えないでいることを初めて知った。旅館側は「文化センター事務所も閉鎖され、代表者の勤務先に郵便で請求したが返事がないのでお願いに来た」と義父に言って催促した。

その夜、義父は私に「黙っていないで反対せよ、借金より怖いものはない」「親不孝をするなと言ってくれ」と、肩を震わせて言った。その後は私に苦言ばかりで家の中が暗くなった。私には拡大家族の中で夫の文化活動を理解させる苦労があった。そして家族は貧困生活を耐えなければならなかった。その当時の苦悩を、私は日記に綴っている。

「二月十四日ごろより夫に叱られ続けている。その原因は、私に組織に対する理解がないこと。夫は過去五年間私に秘密を持ち続け、労映演の運営組織と資金の欠乏と破産状況を話さず、公私混同の経済生活だ。一度として家族揃っての食事もなく、日曜休日も返上して、外泊も多い。たまに帰るのは十二時過ぎで、衣服の着替えに帰るのだ。私も我慢の限度を越えて、不平を口走る。私の僅かな給料で家族九人（義父の母、義母の父、義父母、義弟、子ども二人、夫と私）の副食費や諸経費を支払い、質素な生活だ。私の暮れのボーナス六万円も、一万円は家族の正月用の支出と電化製品の月払いにあて、残金五万円は労映演に貸与した。夫は「夫婦の金銭の貸借は公印がない以上無効だ」と言って印を押さなかった。そこで、この前に貸した自筆サインと印鑑のある二十一万円の借用書は返還してもらえるのかと尋ねると、「ないものを出すわけにはいかん」と逃げていった」（一九六六年三月三日）。

労映演協議会の役員は大なり小なり負債を抱えながら運動を続けていたと思う。そして明日に向かって運営方法を模索しながら資金作りに奔走していた。しかし、採算を抜きにしては先行きは暗く、いよいよ実行不可能となると、仲間の人間関係にもひび割れを生じた。不安の連鎖の中で夫は、義父名義の負債もつくっていることを知り、私は心から謝った。義父は「養うことは出来ん、何とかせよ」と言い、祖母と義母は「あんたが甘やかしている」と、口をそろえて言った。私は実家に相談に行ったが、そこでも夫は私に内緒で借金を申し込んでいた。

私は打ちのめされる思いで家に帰り、機に乗って織物をはじめた。心がはちきれそうな悔しい思いで機を織ると経糸を切ってしまう。そこで、心を落ち着けて経糸を機結び（切った糸を解けないようにする結び方）にすると、元通りに織りができる。そのとき、夫を理解し、家族と共に信じることが大切だ、と悟った。

つらいときは祈りの場は機の上だった。そしてどんなに苦しいときでも機の上で大きな力を与えられて救われてきた。

昭和四十四年（一九六九）十二月三十一日と翌元旦の日記。

「大晦日である。毎年のように夫は〈年が明けたら返すから助けてくれ〉と迫ってきた。そして正月用の家族の生活費四万八千円全部を持ち出してしまった。年が明けて正月早々に〈お金が集まらないから返せない〉と言って、夕食も食べずに寝込んでしまった。信頼関係を守るために年末に工面したのだと、私は気を取り直して明るくふるまうようにした」。

私は、家族と連れ合いの間での悩みを日記に吐き出すことで、崩壊寸前の家族関係を維持してきた。そして糸のみちを学ぶことで「機結び」がいかに大切な工程であるかを教えられた。苦難の中で夫と家族と私を機結びする必要がある。信じることは愛情と同じこと。夫の命がけの文化運動を捨て石にしたくない、「彼の苦しみに共感する」と、再度自分に言い聞かせ、心から夫の文化運動を受容した。

両親もしだいに夫の活動を理解して許すようになり、義父は水田二反歩を手放して老後の生活設計をはじめた。夫は労映演の世話役として、高額の負債を給料で返済したため、家には入れなかった。

第四章　浜辺に立って

夫が公職と市民文化運動の両輪を進めて多額の負債を負って挫折したことは前述のとおりである。しかし、その後も借金の返済をしながら別の形での運動を模索し、その企画や広報の活動をつづけていた。「ひとり芝居」や「親子劇場」にかかわって広報の編集を担当したのをはじめ、昭和五十二年（一九七七）には仲間と共に「倉吉本の会」を発足させ、「ひらかれた図書館づくり」のためのシンポジウムを企画して、図書館の必要性をアピールし、子どもたちのためのブックフェアーを開催した。

一　「漁火のような広がりを」

図書館づくりの必要を提唱した夫の文章「漁火のような広がりを」が『山陰中央新報』（一九八七年十月十四日）に掲載された。ここに再録することをお許しいただきたい。

「いま、鳥取県の稔りの世界に、日本で初めての未知の大イベント――ほんの国体――ブックイン鳥取87「日本の出版文化展」を、着実に生み出さんとしている。ほとんどの県民が未だ見たこともない規模の、それも日本初の地方での総合ブックフェアを、県内東中西の三会場で開催するのである。おおかたの準備もほぼ完了し、あとは如何に多くの県民の参加を得るかに、成否がかかっている。

私も、その準備の一人として参加をしてきたのだが、昨年以来企画が日ごとにふくらみ、かかわる県内外の人々の数も増え、よくもここまで大きくなったものだと想う。そして、ぜひ成功させたいと心に期する。

事の起こりは、昨年の秋から県下三地区をリレーではじめた「開かれた図書館づくりシンポジウム」で、〈未実現の地方での総合ブックフェアをぜひ鳥取県で開こう〉との提言がもと。その提言には、つぎの三つの経過とねらいが込められている。

①ここ十数年間、全県に次つぎ生まれた地域・家庭文庫が紆余曲折を経ながらも増え続け、今では県内に百以上の文庫が連携をもちつつ活動中。その中から県三地区の本の会も生まれ、図書館関係者などとも協同して「子ども図書館の三日間」ブックフェアや「開かれた図書館づくりシンポジウム」などを数次にわたって開催してきている。

②民間人の手によって創設された鳥取県出版文化賞も、十年を経た。第五回の昭和五十六年には全国の地方出版関係者も集まって、全国地方出版物の展示即売と「拓け！地方の文化」シンポを開催し、次の発展を誓った。

③鳥取県は、市町村の図書館が全国で最下位であり、生涯教育のさけばれる今こそ市町村図書館づくりが必要であるのに、それらをサービスすることを本務とすべき県立中央図書館の建設のみが先行

第4回ひらかれた図書館づくりのためのシンポジウム（1986年11月，倉吉・県立文化体育会館，題字福井千秋）

大山緑陰シンポジウム（本の学校，1996年，題字福井千秋）

しつつある。せめて市町村の図書館づくりだけでも、これと併行するようにしなければならない。

さて、この催しの内容は、人文・自然科学などの専門書や児童書、地方出版物など約三万点の展示、本やニューメディアに関する展示物、文化や図書館やむら・まちづくりをテーマにした講演やシンポジウム、その他各種の催しを加えての「総合出版文化展」で、地方での開催はこれが初めてのもの。しかも東中西三会場。他県でもぜひやりたいと注目を集めている。このようなことから——本の国体とも冠したわけである。

また、会場・展示・催しなどの構成や内容は、三地区の基本部分の統一と、地区それぞれの特長を生かす。東部は、江藤淳氏などによるシンポ「地方出版と流通」や「全国手弁当タウン誌の集い」などを。中部は、小林一博氏や地方出版者などによるシンポジウム「地方出版と地方文化」や「出版流通シンポ」などを。西部は、文芸作家のシンポや石井敦氏などによる「まち・むらの図書館づくり」シンポなどをと。

幸い、山陰観光キャンペーンにも加わり、山陰から全国に向けて発信するユニークな本づくりを、舞台美術の妹尾河童氏と山陰人とで勧めている（来春発行予定）。

ただし、如何に内容がよくても、参加する人が多くなければ成果は半減する。そこで、各会場ともいろいろ工夫をこらしている。（後略）

福井千秋（倉吉本の会）」。

ここで呼びかけている「ブックイン鳥取・本の国体」（一九八七年）の催しは成功した。

そもそも、彼の提唱する読書運動は、家庭文庫から出発している。「子どもに本を」と願って、昭和五十三年（一九七八）に自前の蔵書を「コロボックル文庫」と称して近所の松本しげ子氏宅に開いたのをはじめ、自称「森の王子文庫」も市内に開設していた。そして、自宅にある書籍は「文林舎」と名づけて友人たちに数冊ずつ貸し出しては読書を勧めていた。

平成元年（一九八九）、夫は倉吉市役所（企画部長）を退職し、続けて倉吉まちづくり協議会専務に着任した。また、その一方で『新編倉吉市誌』、『倉吉市商工会議所百年記念誌』の編集・執筆に加わった。

労映演が中止されて以後も、シネマ劇場を自主公演で継続させ、一人芝居の公演は次から次へと催された。昭和六十年（一九八五）の「土佐源氏」公演はとくに印象深いものだった。民俗学者・宮本常一先生の採録されたものを坂本長利氏が演じる一人芝居で、すでに七百数十回の公演が続けられていた。また、宮本先生の勧められた猿舞座公演はとても楽しいものだった。さらに「文林舎」主催と称して自前の公演を企画して、倉吉文化団体協議会などの後援を受けて村の公民館などで一般公開を続けた。木戸銭箱を回したが百円玉を入れる人ばかりで大赤字だったが、自宅に役者たちを泊めて礼金を包んだ。一人芝居のほかに、人形劇や大規模な劇団「はぐるま座」や「わらび座」公演なども自主公演で行なった。

こうした文化芸術の組織作りは、彼の在職中、昭和五十六年（一九八一）に第十二回市政研究集会で「倉吉文化を考える会」を開き、結成準備会を重ねて連合組織作りをし、基本構想と会則案を作成して創立総会を行なった。私も絣研究グループの一員として総会に参加し、倉吉文化団体協議会が発足した。この協議会の各組織の活躍はめざましく、市のスローガン「水と緑と文化のまち」にふさわしく進展した。絣グループは「機音の響くまち」を目標にした。また、絵画、工芸、書道、生花、お茶、写真の総合展示会を催し、「アザレアのまち音楽祭」などを毎年公演した。

平成四年（一九九二）には、新しく誕生した「本の学校」（米子市）と地域に開放された生涯学習の場づくりのために、永井伸和氏（今井書店会長）に協力を求められた。そのいきさつについては、「これからの自治体に求めたいもの」と題して『自治新報』（平成七年三月、第四十七巻四号）に掲載された夫の文章があるので、その一部を引用する。

「『本の学校』の壮大な実験にふみきった今井書店グループのひとり、米子今井書店社長永井伸和さんは私の古い友人であるが、私のこのたびの参加は単にその友情に応えたのみならず、この「無」から「有」を創造していく仕事に、私の後半生の生きがいであろうことを痛感し、つよく感動したからである。

これからの私に、どれほどのエネルギーが残っているのか、それはわからない。

しかし、敗戦後四〇数年、地域の自治体職員として情熱を燃やし、主に広報や企画のパイオニアをめざしてきたつもりである。そのかたわら、青年・労働・文化などの諸運動に心血を注いでもきた。その前半生をふりかえり、その両者を「両輪の生き方」と自己に言い続けてきたことも加え、私は、この「創造」に参加することに決めたのである。言いかえるなら、前半生に成し得なかったことを、後半生の「ここ」にこそ成し得るであろう……と直感したからである（後略）」。

この運動は「生涯読書を目指すこと」と「本で育むいのちの未来」をテーマにしていた。まず、この地域から出版文化について話し合う「大山緑陰シンポジウム」(本の学校主催)が毎年十月の三日間、鳥取県米子市と大山町で五年間にわたって(一九九五〜九九年)開催され、出版界・図書館関係者、教育関係者、著者・読者など延べ二〇〇〇人が参加した。また、「朝の読書運動」は全国の各学校に広がり、「本の学校」には生涯学習をすすめる会が発足した。

夫はシンポジウムの準備に追われつづけていたが、さらに二〇〇二年に鳥取県で開催される国民文化祭に初の出版文化展を仲間入りさせるために、県庁に足を運んでいた。その許可を得たときの喜び様には私も驚いた。家に帰るなり大きな足音で廊下を歩き、私の機織り場で「許可が出た、やらなければ!」と、少年のように飛び上がって喜びを表わした。人生の後半(七十歳)に、心血を注いできたことが認められた喜びだったと思う。

その頃、各町村の読書ネットワークづくりのために日夜歩き回り。食事もろくにとっていなかった。私は何度も不規則な生活と食事のことを注意したが、一心不乱に活動する彼には上の空だった。それには、二〇〇〇年に正式開校を予定していた「本の学校」が、出版界・経済界の不況により見送られることになったことも影響していたのではないかと思う。米子まで電車で通勤しながら、図書館づくり、親と子の読書運動、本の国体、ブックイン鳥取、全国の地方出版書籍の文化功労賞の審査、本の学校のイベント等々の企画と実施にかかわっていたのだ。そして、第十七回国民文化祭(鳥取県)に全国に先駆けて出版物の展示部門を開設することが、県知事・片山善博氏によって許可されたのだ。

彼は、県下中西部のミニコミ誌、市町村の出版物を網羅することや親と子の読書会を結成するために奔走し、水を得た魚のように老体を駆使して活動していた。酒とタバコが食事がわりで、私の言うことなどはまるで耳に入らないようだった。過労から風邪をこじらせ、体調が回復しないままに、二〇〇〇年五月にノルウェー親善友好団の代表として（市内催場・百花堂の責任者として）二度目の渡航をすることになった。

帰国後入院検査の後、自宅通院がつづいた。二〇〇一年三月中旬には読書ネットワーク・東伯まなびタウンに出かけ、「倉文協」常任委員会では平成十三年度定例総会の決議文案を手書きで作成した。そして四月一日、地元の福寿会での総会挨拶後に再入院した。

二　種をまき、芽吹かせた人

千秋（夫）は二〇〇二年の国民文化祭出版文化展準備の裏方として、ゴール寸前に倒れた。夫が点滴を受けるために、私は夫を車に乗せて毎日病院へ通った。夫の食道は病魔に蝕まれていて、食事は眺めるだけで食欲がない。夫は不治の病を忘れて素描を描いて心を癒し、読書にふける日々だった。その机の上に折鶴を並べ、五センチ四方のものから一センチ四方のものにまで挑戦していた。人生の黄昏を感じさせる毎日だったが、ある日、ふと枕元の紙片を見ると「千丈の谷に釈迦牟尼仏が輝く」と走り書きがあり、私には頭に浮かぶ来世を想像しているように思えて、胸が苦しかった。時どき絣着物姿で濡れ縁に腰掛けて本を開く姿を見て「この生活が一年つづきますように」と祈り続けた。再入院後、個室に移って二日間、義妹と私が付き添った。前日は友人の野島完氏と一時間ほど談笑していた。野島氏が廊下に出て私を手招きするので部屋を出ると「後のことを頼む、と言った。携帯電話の番号を教えるから、もしもの……」と言い残して帰られた。

二〇〇一年六月一日午前五時十五分に「紙と筆をくれ」と言うので、枕元の方眼紙とペンを渡した。「……と紙に直接お残し下さい」（註・……の部分の十数文字はくずれがひどく、読めない）というメモを綴ったかと思うとすぐに呼吸困難に陥った。それが最後の別れとなった。

私はこの「遺書」を反芻しては自分なりに読み解き、彼の七十年間の足跡を辿ってみた。手始めに家に山積みされた本や書類の間から千秋の書き残した随筆や新聞に掲載された文章を集め、素描や油絵の家にある作品と併せて遺稿集『漁火のような広がりを』を私家版で出版した。（B5判で約四五〇頁になった）出版にあたっては夫に「後のことを頼む」と託された野島完氏（倉吉市福祉協議会長）にご指導をいただいた。そして、野島氏と前田明範氏（倉吉市博物館長）のご指導とご支援によって、千秋の一周忌には遺作展を開催することができた（二〇〇二年七月十三日〜二十一日、倉吉市博物館）。展示会場にはたくさんの方々に集まっていただき、夫・千秋を追悼して下さった。中でも展示会場内でギタリストの谷本賢二さんが追悼歌を披露して盛り上げて下さった。

ここに高多彬臣氏（鳥取短大助教授）が『日本海新聞』（二〇〇一年六月十四日）に寄せられた追悼文をご紹介することをお許しいただきたい。

「多くの倉吉市民から「千秋さん」とよばれて親しまれ、敬愛されてきた元倉吉市企画部長福井千秋さんが六月一日に永眠された。通夜の席で、あるいは葬儀の前後に「あんな人はもう出ない」という声を聞き、私も心底同感し、深い寂しさを禁じ得なかった。

福井さんの大きな功績について、他に書く人があろう。訃報を聞いた夜、ずっと若かった時から、この倉吉で優れた音楽や演劇に接し、わが家の子どもたち共々喜んで親子劇場に参加できたのも、常に市民の文化運動を推進してきたこの人の存在なしに不可能であったのだと妻とともに思い出を語り合って悼んだ。

最後まで、国民文化祭「出版文化展」や「子どもの読書ネットワーク」の準備会議に出席し、病気を気遣うわれわれに、子どもたちから「福井のおじちゃん」と愛された温かい微笑さえ見せ、再度の入院の後も、やがて退院して家庭で療養されるだろうと回復を祈っていたやさきだった。

市役所の中枢に身を置いて重責を担いながら、自らを「市民から行政に送り込まれたオルグ」とした初志を貫き、広い市民文化運動を展開するには想像を絶する苦労があったに違いない。

次男の千冬さんが「僕たちは父の後ろ姿しか知らない」と述懐されていたように、昼夜を分かたず、家庭を省みず奮闘されたその原点は何だったか。葬儀の挨拶で、長男の千春さんが、父の心の底にあったのは「戦争の悲しみ」だったと話されるのを聞きながら、私は特攻隊の先輩を見送り、予科練から復員した時の福井青年の心情を想像した。

黒子のプロデューサーに徹し、ふるさとの文化の創造のために生きぬいた福井さんの長い戦いがようやく終わったのだと思った。

福井さんと私は比較的若いときからの知り合いであるが、最近では河本緑石の生誕百周年記念事業や『倉吉商工会議所百年史』の編集執筆をともにした。市報の卓越した編集者として出発した福井さんは、個性的なまちづくりのプランナーであり、多くの文化事業を企画し、人材を集め、ネットワークを駆使して運動を推進した。

猛烈な読書家で行動の人であった福井さんはその実践のなかで出会った人や出来事から豊かに学び、吸収して次に役立て、人々に分かった稀有のオルガナイザーであった。(以下略)」。

故千秋は、愛国青年(学徒兵)であったことに深い悔恨にとらわれ、戦争や差別を憎み、生涯一貫して平和運動、文化芸術運動、読書運動をつづけ、名誉や功名には無関心だった。さらに、報道(広報)は市民のものであるとの考えから、自らの手でガリ版を切り、手書きで文字やイラストやカットを描くという習慣を一生貫いた。いつもスケッチブックを入れた風呂敷包みを手放さず、気の向くままに素描やカットを描いていた。彼は「生きる行動で絵を描く」と言っていた。

故人の書斎を整理していると、「ベトナムに緑を」と絵具で手書きされた年賀状が出てくる。一九六八年、ベトナム戦争に心を痛め、「食事もすすまない」と話していた昔のことを思い出す。「ベトナムに平和を市民連合」のリーダー・小田実氏の提唱に賛同してデモ行進に参加したこともあった。新聞の切り抜きや雑誌が山積みされた横に、スチール製の書庫が施錠されたまま死後三年経っていた。鍵屋に頼んで中を開いて見た。中には四十年前の勤労者映画演劇に関する出納帳や領収書、請求書など、負債を証明する資料がまとめられていた。それは借金で苦しんできた足跡をそのまま表わすもので、よくも正気で文化運動を続けられたものだと改めて驚いた。やはり、若いエネルギーが怖さを知らずに実践させたのだろうか。

しかし、運動の実践とその挫折によって成長した彼は、次世代の子どもたちを豊かに育てる夢に向かって、絵本と読書の世界に向かって前進した。彼の姿を見て、子どもたちが駆け寄って握手をする姿を私は何度も見た。また、「森の王子さま図書券ありがとう」という子どもたちの便りもたくさん来ていた。彼は私利私欲のない運動を念頭に、仙人のような心境でポケットの中の図書券を子どもたちに配り、図書館運動を進めていた。彼は、人間が人間らしく生きる文化という地図を描き続けたのだろう。

第十七回国民文化祭出版文化展（二〇〇二年）は米子市産業会館で開催された。私は故人の遺影を胸に会場に出向いて、故人が待ちに待っていた出版文化展開催の喜びをかみしめた。この出版文化展は次の福岡国民文化祭に継承された。

「大山緑陰シンポジウム」での「生涯読書をすすめる会」（本の学校）が二〇〇七年第三十七回野間読書推進賞を受賞した。このシンポジウムを契機に読書の大切さが認識され、読み聞かせボランティア活動をしたり、読書の楽しさを伝える活動を続けていったことが認められたのである。代表者の足立茂美氏は『Book & Life』十九号（二〇〇八年一月二十八日）に次のような文を寄せておられる。

「まず、故福井千秋氏にお届けしたいと思います。福井氏は当会の結成当初から読書推進運動の充実と発展を願って事務局を引き受けて下さり、本誌の創刊も手がけてくださいました。今回「野間読書推進賞」受賞のご報告ができたことをうれしく思います。これからも福井氏の思いを大切に読書推進に取り組んでいきたいものです」。

三　浜辺に立って

二ヶ月の闘病の末に永遠の眠りについてしまった夫。私は生涯の伴侶を失い、深い悲しみは後からあとからやって来た。なにも手につかずぼんやりした日々を過ごしているうちに、かつて海と波が好きだった夫と浜辺に出たことを思い出した。日本海・湯梨浜町の海岸に行き、茜色に染まった夕波と地平線を眺めながら、押し寄せる波が浜辺の砂を洗い、そのたびに浜砂が輝き、白波に乗った義父と夫が目に浮かんだ。義父は平成六年（一九九四）一月に突然亡くなった。九十二歳だった。義父は老人会の世話役を八年つづけ、自家栽培の野菜や花を仲間に配るのを喜びとしていた。亡くなる日も大根五本を友人に配り、私には米を三〇キロ精白してくれた。「何か手伝いはないか」「野菜はどうか」と聞き、里芋は洗って台所に運んでくれた。また、三十年前から瓢簞づくりを始め、友人に配っては喜ばれた。小豆島巡礼の旅も九十歳まで続けていた。先祖の田地まで手放して私を支援してくれた義父の突然の死に、私は呆然として言葉も出なかった。

夫と共に夢中で生きてきた半世紀を振り返ると、戦後の生活苦とその後の高度経済成長の波にさらわれて農山村の伝統文化は忘れられ、山や田は荒地と化した。しかし、私は彼との出会いによって学ぶことの大切さを教えられ、「糸の道」を通じて「機結びは解けない」という自覚を持った人間に成長することができた。また、彼は公職に就きながら文化運動に没頭し、家庭を顧みる時間もなく負債を重ねた。そして、そうした文化活動の輪が広がるにつれて仲間たちとも親密な信頼関係が生まれ、中には男女関係を噂されるような問題も生じた。私は嫉妬したり悩んだりした。しかし、いまにして思えば、目標に向かって少年のようにまっすぐに進んだ彼の足跡は、多くの人々に希望の種をまいた幸せな生涯だったと思う。

私は夫に促されて始めた絣によって織物の苦しみと楽しみを知り、郷土の絣名人たちから織りの秘法を教わり、彼女たちの遺品まで授かり、そして絣の伝承を託された。多くの方々から助言と指導を受けたが、なかでも宮本常一先生には「いつ、だれが、どこで、どんな目的で」を記録すること、さらに昔のままの技法を記録することを教えられた。

義父に勧められて自宅に絣舎を建てたことによって、絣愛好家をはじめ、学者や織物作家、美術関係者、外国の研究者などとの幅広い交流の道が開け、絣研究の糸口をつかむことが出来た。農民史、女性労働史、産業経済史、美術工芸史、染織技術史、そして絣文様の変遷と産地の特長など、研究課題は次から次へと広がっていった。

絣舎でめぐり会った作家の方から、日本伝統工芸展に応募するように促された。昭和五十六年（一九八一）に「木綿手紡絣着物・秋の渚」が初入選し、東京日本橋三越の会場に行った。人間国宝の作家をはじめ、日本中の工芸作家の作品の前に立ち、全身が震える感動を覚えた。日本にはこんなに素晴らしい作品を創る人がいる、という驚きと歓びで身が引き締まる思いだった。その後選外をつづけながらも諦めずに挑戦し、平成十年（一九九八）に日本工芸会正会員に認定された。

ギリシアの民族服研究調査に中嶋朝子教授に同行したことは前述したが、この調査行は思わぬ幸運をもたらした。調査に同行した久島志乃さん（当時二十三歳）は日本大学芸術学部に在籍する写真家であったが、彼女のご尊父の美術画廊（東京銀座・豊美）を提供され、私の初個展を兼ねて『ギリシアの民族衣装』の出版祝いをしてくださることになったのだ。田舎者の私が東京銀座の会場に自分の作品を並べることなど、夢のような話だった。展示会は連日満員のお客様に囲まれた。

また、この催しの期間中に、日本伝統工芸染織展に出品した「木綿手紡絣着物・漁火」が「第三〇回記念特別賞」をいただいたことは重なる喜びだった。

平成九年（一九九七）には日本伝統的工芸展に出品した「木綿絣着物・砂丘の風紋」が染織の部のグランプリを受賞し、審査委員長の北村哲郎先生に審査評でお褒めのお言葉をいただいたが、授賞式前に逝去されてお目にかかることができず、残念でならなかった。そんな矢先、ノールインターナショナルジャパン代表の井筒昭夫氏から、絣のデザインのことで訪問したいとの連絡を受けた。日光市（栃木県）にオープンするメルパルク日光霧降の内装に絣のデザインを複製したいので、私の収集した絣の資料を見せてほしいとのことだった。私が絣標本や資料を調査・選定して実物を見ると、「作者の名前は秘す」と記録していた。ボロや汚れた布地は家の名を汚すから無記名にしてほしいとの希

井筒昭夫氏夫妻（両端）と福井千秋・貞子（中央） 1997年，浅草にて

「福井千秋遺作展」でギターを演奏する谷本堅二氏（2002年 7 月，倉吉市博物館）

望で記入しなかったのである。厚地手紡木綿の経絣は、洗って藍の色が美しく、布地の風合いがよかった。作者不明のままこの倉吉で織られた絣デザインを提供した。メルパルク日光霧降の設計施工者・ロバート・ヴェンチュリー氏もわが家の絣舎においでくださり、私たち夫婦で歓迎した。

一九九七年、日光市に建立されたメルパルク日光霧降のオープン前夜に招待を受けて私たち夫婦で会場に出かけた。見渡す限りの内装やインテリア、カーペット、ベットカバーにカーテンにいたるまで淡い藍色一色で調えられ、なんとも落ち着いた空間が広がっていた。私の耳底から、古布の作者である老女たちの声が聞こえてきた。「一代着た仕事着の破れまでもらってもろて、もったいない、名前ほどはつけなんすよ」「こがな汚れは家のはじだけな、人には言うなよ」「破れのどこがええだえ、着て着て雑巾のやになっちゃったいな」。私は胸が熱くなり、大粒の涙を流した。すると、井筒昭夫夫妻、斉藤雅博夫妻から「どうかなさいましたか」と問われた。「いや、私の一人芝居です。悲しいのか嬉しいのか、涙が出て仕方ありません」と返事をした。着古した仕事着の絣のデザインが、こうしてホテルの全館に生かされると、神秘的な美しさに心が安らぐ。本物を見抜く偉大な建築家の手によって絣が生まれ変わり、新しく再生したことに深く感謝した。

浜辺に行き、繰り返す波の音を聞き、じっと浜砂を眺めることで、大きな勇気と活力をもらっていた。海の色は日ごとに違っていて、空の色と見事に調和している。波に洗われる浜砂を眺めているうちに「この砂の色と茶綿の色は同じ美しさだ」と発見した。毎年茶綿を栽培して蓄えた綿を手で紡ぎ、

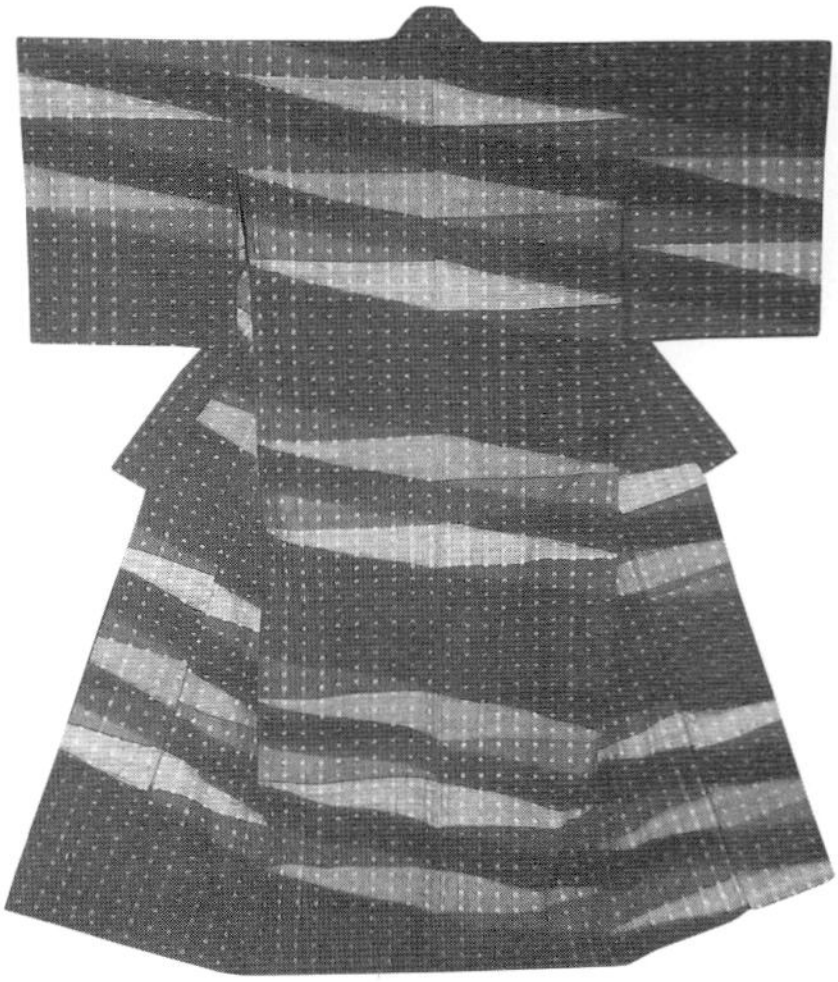

日本工芸会中国支部展で「金重陶陽賞」を受賞した「浜辺」(木綿手紡経緯絣着物，2003年5月)

第29回日本伝統工芸展に初入選した「秋の渚」(木綿手紡絣着物，1981年)

日本伝統工芸展・東京日本橋三越会場にて

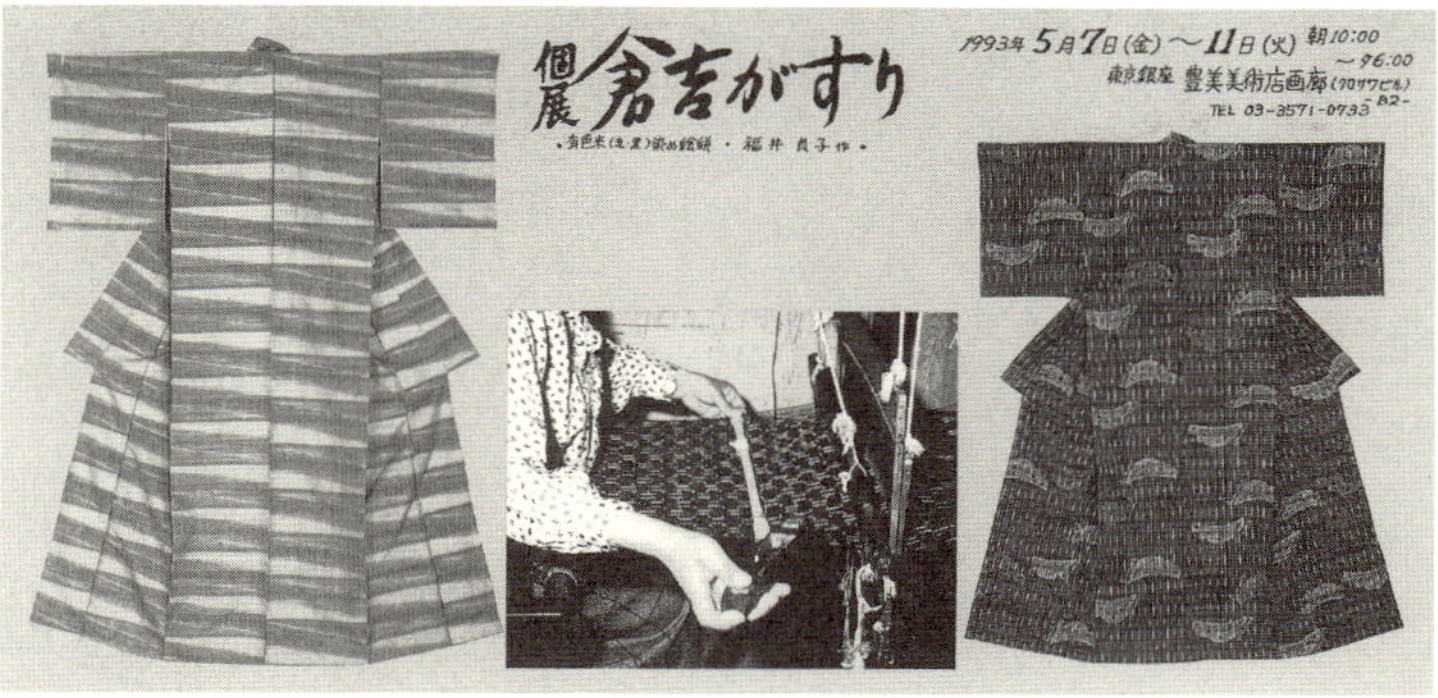

倉吉がすり個展（東京銀座豊美美術店画廊，1993年5月）

14日 金曜日 日本海

伝統文化ポーラ賞

福井さん 倉吉「地域賞」

倉吉絣の再興、普及に力

伝統文化の継承・発展に尽くした個人、団体を顕彰する「第二十五回伝統文化ポーラ賞」（ポーラ伝統文化振興財団主催）の表彰式が十三日、東京都港区の全日空ホテルで行われ、「倉吉絣（がすり）」の再興、普及に尽力した福井貞子さん(七三)＝倉吉市福庭＝が「地域賞」を受賞した。

絵を織り込んだような精巧な模様を特長とする倉吉絣の最盛期は明治中期。昭和に入ると久留米絣や伊予絣に押されて低迷したが、福井さんは技法や文様の研究、専門書の出版、保存会の設立、後継者の育成などを通じて地域の絣文化を守ってきた。

今回は優秀、奨励、地域の各賞を計八人が受賞。同財団の中野博行理事長から表彰状と賞金を贈られた福井さんは「とても大きな賞をいただき、感激しています。ますます倉吉絣を広めていきたい」と話していた。

表彰状を受け取る福井さん（右）＝13日、東京都港区の全日空ホテル

伝統文化ポーラ賞受賞（『日本海新聞』2005年10月14日）

同上個展会場にて

子供のための制作実験と作品鑑賞（日本伝統工芸展，松江県立美術館，2005年12月）

茶絣を織ってみたい。私は早速スケッチブックを取り出して浜辺をデザインした。そして、この下絵を元にして絵絣を織り、「木綿手紡絣着物・浜辺」の製織にとりかかった。寂しさも悲しみも忘れて、頭に浮かんだデザインを絣着物に一心に織り上げた。今まで何度となく浜辺に立って海と空と砂の色にインスピレーションを受けてきたが、この「浜辺」を織り上げることによって悲しみを乗り越え、夫への鎮魂にしたい。夫との別れの悲しみを突き抜けて誰かと歓びを分かち合いたい一念からこの作品を仕上げて、第四十六回日本伝統工芸展中国支部展に出品したところ、最高の特別賞である「金重陶陽賞」を受賞した。鳥取会場である県立博物館に展示された初日、県知事・片山善博氏は、作品の前で「ああ、千秋君に見せたいな」とおっしゃった。夫への鎮魂の作品に対する最高のお褒めのお言葉で、嬉しかった。

思えば、夫が取り組んできた平和運動、芸術・文化運動や市民運動も、私が進めてきた絣文化の研究と継承の仕事も、互いに響き合い共鳴する道のりだった。そして、人生の同行者としてそれぞれの道を駆けつづけてきたように思う。一緒に歩んだ「文化のまちづくり」は、私が生かされているかぎりは今後も続けていきたい。

二〇〇六年には、倉吉絣保存会と倉吉市博物館、倉吉市の三者で倉吉絣の展示会を催した。その大きな力添えとなったのは、前年の十月に私が思いがけず「伝統文化ポーラ賞（地域賞）」（第二十五回、ポーラ伝統文化振興財団主催）を受賞したことだった。副賞の五十万円は展示会に役立ててもらった。

そして私の習作絣のカラー写真をまとめた図録『倉吉がすり』を私家版で出版した。その年の秋には鳥取県立博物館企画展「嶋田悦子・福井貞子――絣表現における伝統と創造」が公開された（二〇〇五年一〇月八日〜十一月六日）。その後、嶋田氏と私は鳥取県絣無形文化財の認定を受け、さらに私は県文化功労賞をいただいた。授賞式で私は片山知事に「故千秋に代わって受賞させていただき感謝いたします」と謝辞を申し上げた。

二〇〇〇年九月に刊行された拙著『野良着』（ものと人間の文化史、法政大学出版局）は予想外の大きな反響を呼び、テレビやラジオでも取り上げられた。二〇〇四年九月にはＮＨＫテレビのシリーズ「新日本紀行ふたたび」の「絣の似合うまち」というタイトルの番組に出演して全国放送されたこともあって、全国から絣振興への励ましの声が寄せられた。

毎年梅雨期の七月に入ると、山桃の果実が色づき始め、平和な日々に感謝している。

亡夫が山桃の樹の下で敗戦を知り、この樹に生きる勇気をもらったという経緯を想いながら樹の下に佇む。雨上がりに濡れた山桃の実は真紅と赤紫に輝き、毎年たわわに実る季節には胸がときめく。こうした果実の熟成期に台風や豪雨が重なると、樹下一面に落果して赤い絨毯を敷きつめたようになり、とても美しい。そこで、毎年落果を予測して樹下に金魚草を植え、一面に葉をなぎ倒している。これは緑の絨毯である。この緑葉の上に散り敷かれた赤い山桃の実はほんとうに美しい。山桃は完熟すると酸味と甘味が調和しておいしいが、大方は山桃酒かジャム用に加工する。冷凍して一年間の野菜サラダ用にもなるが、今年も元気で山桃を召し上がってほしいとの願いをこめて友人たちに送っている。山桃はわが家の平和の象徴なのだ。

農家に生まれ農家に嫁いだ私は今年（二〇〇八年）七十六歳になる独居老人である。かつて水田の片隅に植えた古代米（紫米・赤米）の花と芒《のぎ》の美しい姿を野良に立って眺めているうちに、私は絣のデザインのヒントを得た。古代米の糠は染料に使う。煮出した汁に糸を浸して染めると、媒染剤によってさまざまの染色が可能だ。これまでも、創作のヒントを自然界の海や山や植物から教えられてきたが、赤米の芒が夕日に照り映える野辺の美しさは「青春」を連想させるものだった。私は早速この感動を絣着物に織り上げて「赤米の野」と題して第五十三回日本伝統工芸展に出品し、入選した。ときめく心を織りで表現する。こんな素晴らしい日々を過ごせる幸せを他界した方々に感謝しつつ合掌している。

第五章　木綿を伝え続けて

一　織機と猫の思い出

昭和六十年（一九八五）ごろ、被災した絣研究室の再興と、研究生個人用の高機の斡旋《あっせん》のため、寄付を申し出られた家庭を訪問していた。倉吉地方は在来の高機が残されていて、大方の修了者は古機を再利用していた。よく使い込んだ中古機は織りの調子がよく、機本体の黒光りは落ち着きを増してくれる。

そんなある日の放課後、市内F家から寄付の申し出があり、訪ねてみると、機の傍に子猫がいた。子猫は外国種の白色で尻尾は黒く、目は水色のかわいい猫だった。

高機と子猫を一緒に寄付されたが、子猫は私が飼育することにした。しかし、私の家族（義母）は猫嫌いで、「シッ、シッ」と叱り声を発した。子猫は泥足で座敷に上がり、襖や障子を爪で引っかく。私は勤務があるので、朝、煮干とご飯を皿に盛って外で飼育することにした。

昼間は野外を走り回っている子猫も、私が帰宅すると、車の音を覚えていて出迎えてくれた。私と一緒に室内に入るときは、食卓に飛び上がったり戸障子に爪を立てたりはしない。ところが日曜日になると、次から次に子猫のいたずらが発覚した。家の庭に小魚がピンピン跳ねている。どうしたことかと見ていると、子猫が隣家の池の飛び石で水面を眺めている。どうも、子猫が爪をかけて魚を引き上げ、口にくわえて運んできたらしい。驚いた私は子猫を呼び、尻を平手打ちにして叱った。そして隣家にお詫びして、池に金網を掛けていただいた。

子猫の活躍は目に余るものだった。トカゲをくわえて帰り、私の目の前で地面に打ちつけて殺し、動かなくなるとそのまま放置する。しかし、いたずら子猫も私が機織りをしているときは、いつも機下で寝そべって別猫になる。それは、F家で飼われていたときに機下で飼育されていて、親猫から学んだことによると思われる。機に登ったり、糸を切ったりはしない。いつか手術をと思う間に懐妊してしまった。子猫のお腹が目立ってきた晩秋に早めに炬燵を出していると、ある日の夕食後、中で子猫が分娩中だった。困ったことになったと驚き慌てたが、猫を移動させることもできず、誰にも知らせずに炬燵を猫の出産の場に提供することにした。

翌朝、炬燵の中には三匹の子猫に母猫が乳を与える姿があり、母猫は目を大きく見張って警戒していた。子猫は真っ白が二匹と真っ黒が一匹だった。猫の居所を納屋の奥につくり、そこに子猫たちを移動すると、牙をむいて怒る母猫を誘導した。すると、朝食中に子猫をくわえた母猫が炬燵をめがけて入ってきてしまった。必死の母猫を叱っても無駄だった。とうとう家族に知られてしまった。

「猫はこれが困るんだ、他家の迷惑になるし、はやく処分して」と、家族に注意された。子猫三匹のうち黒猫はオスで二匹の白猫はメスだった。黒猫は家に残し、白猫二匹は高校の生徒が養育してくれることになり、ひと安心したが、わが家に親子二匹の猫家族が同居することになると、落ち着かない事件が起こった。

子猫は食欲旺盛で母猫の分まで食べてしまう。みるみる太って、かずかずの猫芸を披露した。鼠を捕って私に見せる。ほめると、鼠をコテンコテンに半殺しにしてから食べた。母猫は子猫の逞しさに負けて痩せ衰え、親子の体格はたちまち逆転した。

そして一年後、母猫は姿を晦ましてしまった。家の周囲を捜してもいない。いつも呼べば跳んでくる白猫の姿はなくなった。黒猫（クロ）だけが私の足元に顔をすりつけ、じっと私を見つめる。きっと母猫の居場所を知っていると感じながら、納屋の奥の高機を積み上げた下で母猫の遺体を発見した。寒中だったために遺体は硬直状態だった。「機の下で寒かったろうに……」と、母猫を裏庭に埋葬した。線香一束の煙の中で、短命に終わった母猫に合掌した。そして、死場所に機下を選んだこと、子猫にえさを奪われて痩せ衰えていった母猫の短い生涯を思った。

しばらくは寂しい日々がつづいた。遺された子猫のクロは私の行く先々についてきた。野菜採り、ゴミ出し、回覧板回しなど、トコトコと足元に付きまとった。きっと母猫がいなくなったためだろう。

そのクロがいなくなって一週間ほどが経った。「クロ、クロ」と大声で呼んでも現れない。これは何かあったのでは、と不安の日々を過ごしていると、土蔵の縁の下で猫の鳴き声がする。私がハッと気づいて土蔵の扉を開けるなり、クロが私に跳びかかってきた。一滴の水も飲まずに土蔵の中でよく生きていてくれた。蔵から出るときにクロを確認もせずに扉を閉めてしまった私の大失敗だったのだ。私はクロを抱きしめ、「ごめん、ごめん」と頭を撫でながら何度も謝った。

私が退職して家にいると、クロが膝元に寄ってくる。私はクロをあやしている暇がないので立ち上がり、機織りを始めると、クロは高機の踏み木の私の足に触れるところで居眠りをする。クロは飼い主の機の音を知っていた。

クロは野外で喧嘩が絶えなかった。ある日、左の目玉が飛び出して帰ってきた。早速動物病院で摘出手術を受けて片目になってしまった。動物には保険がないので、医者通いの治療費は大きな負担だった。

秋の取り入れに一キロほど先の田圃にクロを乗せて出かけた。稲掛けの作業中にクロが車内に糞尿をしたら困ると思って車のドアを開けた。繋ぐつもりでいたのが、一瞬の間に逃げられてしまい、「待って、待って」という間に水田の給・排水溝に潜り込んでしまった。給・排水溝は猫一匹がやっと通れるほどの幅しかなく、上は鉄板で塞がれていて、延々と隣町まで続いている。「大変なことになってしまった」と、仕事を止めて排水溝の上を走ってみたが、鉄板の隙間はなく、途方にくれるばかりだった。心配で仕事も手につかず帰宅した。夕食後、車で排水溝の続く限り走って「クロ、クロ」と叫んだが、何の反応もなかった。クロとの別れを覚悟し、後ろ髪を引かれる思いで家に帰り、後悔に苛まれながら眠りについた。

ところが、翌朝早朝、階段の下にクロが帰っていた。夢のような出来事に私は狂喜し、クロをしっかりと抱きしめた。猫の偉大さ、不思議な能力に感嘆するとともに、クロが一層可愛くなった。クロといると心が癒される。

機織りのそばで寝そべるクロの姿とそのいびきを聞きながら数年が過ぎた。その後しだいにクロの食欲がなくなり、頭を振って食べなくなった。そして機の下で足が立たなくなり、入院検査や点滴も空しく、他界してしまった。

クロの骸を葬りながら、私はむせび泣いた。その後も喪失感に落ち込み、生き物との別れはもうたくさんだ、動物を飼うのはもうやめようと決心した。しかし、機が縁で私のところで暮らした二匹の猫は、私にいろいろなことを教えてくれた。人を裏切らないまっすぐな生きざま、子猫に先に食べさせて残りを食べる母性愛、生まれ育った機の下で死を迎えたこと。そして、どんなに遠くからでも飼い主の元へ帰ってきてくれたことなど、超能力によるものとしか思えない。

機の工具と織りの言葉

私が織物を習いはじめた昭和三十四年(一九五九)ごろは、私は農婦だった。祖母かね(明治十一年生)は「畦が大切だ、畦を潰すな」と注意しながら私に教えてくれた。畦は田圃の水田を区切り、それぞれの田を守っている。それと同じように糸にも畦が大切だというのだ。

織物の畦とは、経糸の整経時に木釘の上と下に交互に糸を掛けることで糸の分岐点ができる。この糸の分岐点を畦という。次頁の上図のとおり、整経台（綜《へ》台ともいう）に二本の綜箸《へばし》の中に一本ずつ経糸を通して結び、箸を持つ姿勢で二本の経糸を木釘に掛ける。竹筒を通る糸は撚れることはない。一反分の経糸（木綿八百本）を整経すると、畦に二本の丸竹を渡し、経糸がもつれないようにする。経糸を伸ばし、その分岐した中に緯糸を入れて、交互に織り重ねて布をつくる。畦の部分の糸の浮き沈みが織りの良し悪しを決める。畦は織りの最も大切な部分なのだ。

数年前、NHKのラジオ放送で大野晋先生が日本語とタミル語の対応語について話され、その中で「アゼ」（畦）、「カセ」（桛）、「ハタ」（機）などは南インドのタミル地方でも用いられる言葉であることを知り、驚きと共に強い関心を持った。大野先生は著書『日本語の源流を求めて』（岩波新書）のなかで、「私の旅した先は七〇〇〇キロも隔たった二〇〇〇年も昔の南インドのタミルである。そのタミルは日本と水田稲作、鉄の使用、機織という文明をもたらした。（中略）『古事記』の文の単語の七割強がタミル語と共通、文法構造もタミル語とほぼ同様だということは、不思議ではないか。（以下略）」と述べられ、機織りに関する言葉の多くが日本語とタミル語に共通しているという興味深い事実を指摘されている。そしてさらに、「タミル語から、動作としてオル（織）、製品としてハタ（布）とシツ（倭文）、道具としてカセ（桛）、マネキ（機躡）の合計六語を見出した。これによれば、日本の弥生時代の機織りの輸入先はタミルであろう」（註・マネキは機工具を手前に打ち寄せる道具）とまで述べておられる。

南インドのタミル文明が、日本列島へ伝わり弥生文化を生んだ言葉とはどのようなものなのか。染

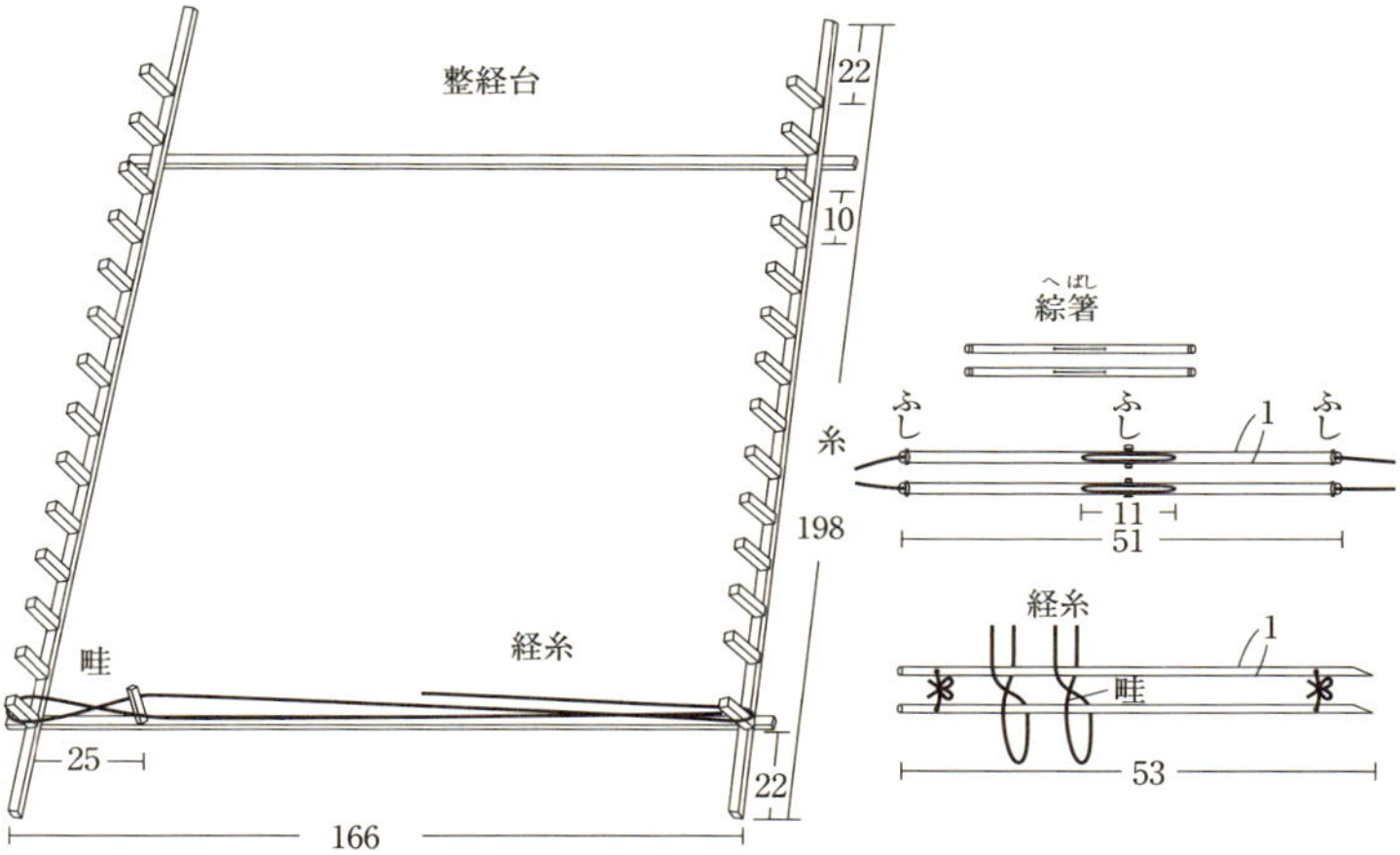

整経台とその付属品

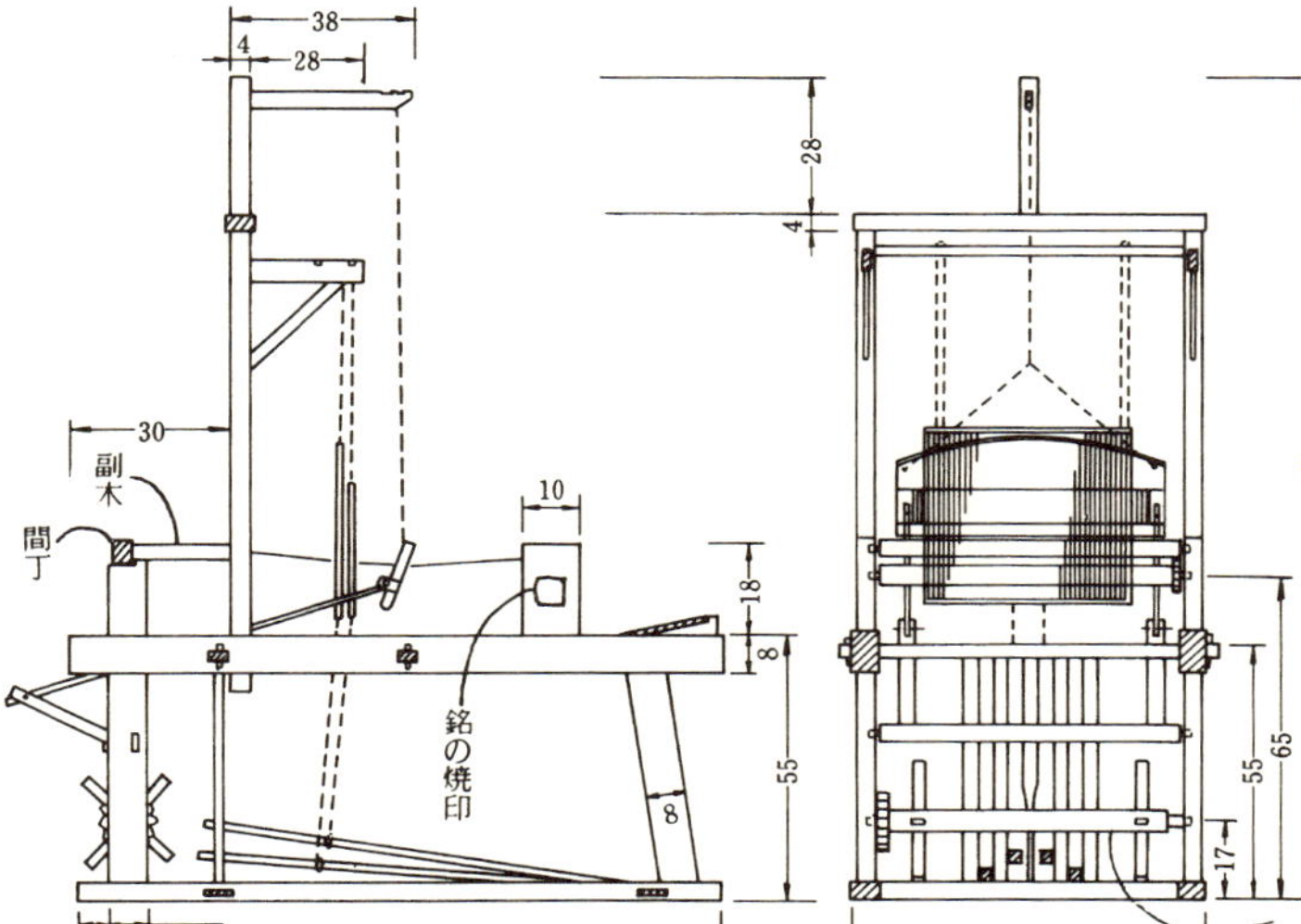

高機の実測図（鳥取県中部地方の高機）

色の「青」「藍」はタミル語に対応語をもち、『タミル語大辞典』には「染料にする藍の採れるマメ科コマツナギ属の低木の総称」とあり、染めの材料であることが明らかである、と述べられている。

また、私がかねがね疑問としてきた言葉に「シツ（倭文）」がある。この「倭文」について、『木綿口伝』（一九八四年初版）に「倭文部という、縞および筋のある布を織り出す技術集団である倭文組織が古くから存在し、全国的に分布していたようである」と書いたことで、全国から「倭文村がある」「倭文布は植物か絹か」「倭文神社がある」などというお便りをいただいたが、私は調べが進まず、返事に窮していた。

ところがその後、『万葉集』の歌の中に「倭文」の語を拾うことができた。

倭文《しつ》手纏《たまき》数にもあらぬ身にはあれど千年《ちとせ》にもがと思ほゆるかも（九〇三）

ここに歌われた「倭文」とは、植物布か絹布か不明であったが、大野先生は、倭文織りは植物繊維の織物で、タミル地方には麻や梶の木などの太い繊維で織ったものを「シツ」という対応語があると述べておられる。「シツ」の語源についての疑問がようやく解けたと思っている。（註・手纏とは腕飾りのこと）

織りの工程に「綜《へ》る」という言葉があるが、これは経糸を機にかけて織れるようにすることで、「綜《へ》通し」とは経糸を綜絖《そうこう》穴に通すことである。

また、高機の二本の踏み木（綜絖の上下運動をする）のことを「足」と呼称していたが、これは在来の地機製織の流れによるものであろうか。地機は、足を前方に投げ出して綜絖の上下運動には、垂れ紐の輪に足を入れて、足で経糸を開き、緯糸を交織した。経糸は腰に巻いて延糸の強度を確かめながら、身体全体で布を織った。こうして地機から高機に移行しても踏み木のことを「足」と言い、足の強度によって布面が斜め織りになることがあった。左右の足で垂直に同じ力量で踏み木を踏むことが大切である。

また、地方の方言かもしれないが、「アゲノ」という、短冊状の板で、経糸を巻くときに挟む、また経糸の調節役もする道具がある。

織り工具の中でも、筬《おさ》は織物の密度を決める重要な役目を持っている。筬は精巧に手づくりされてきたが、近年竹筬職人が老齢で出来なくなったために金属製の筬で代用する時代になった。竹筬で打ち込む音は、日本の懐かしい音のひとつとなった。機を打つ音、藁を打つ音のリズムがこだました少女の頃を呼び戻すことができたら……と、私は機に上がって夢を見ている。

機織りの技術と文化は、弥生時代に稲作の渡来ルートと同じルートで日本へ伝播し、定着したのだろうか。大野先生の言語学的研究によって、機織りのルーツを解明する糸口が見つかったように思う。

二　織物を伝え続けて

平成五年（一九九三）度より倉吉市小田「伯耆しあわせの郷」は市の生涯学習センターとして各分野（陶芸、文芸、絵画、書道、音楽、木工と竹細工、体操と料理、パッチワーク、染めと織物など）の教室を運営している。中高年の市民の学習の場として広く利用されている。私は草木染めと絣織物の部に所属し、週に一度出かけて仲間たちと一緒に学んで、はや十六年目を迎えた。

織物教室に入会した方は三十歳から八十歳までの年齢差があり、十二名ほどが織りの目標に向かって結束している。前に述べた倉吉北高校絣研究室での十七年間の体験が、今回の織物教室に大いに役立った。一、二年間という短期間の学習で織物が織れる歓びを感じた人たちは次つぎと巣立って行かれた。織物友達と人生を語りながらの楽しい教室であり、織りによって視野を広げ、「人生を深く楽しく生きる」をモットーに学習をすすめている。

織物教室は、短期間ではあるが人生経験の異なった者が平等の立場で自由に創作することができる。自己主張や競争ではなく、友人たちとの協調によって成長していく姿を見るのは嬉しいかぎりである。

失敗から学ぶ

絣研究室の開設時は、大学新卒の初々しい研究生たちを迎えて私は緊張した。織物研究のカリキュラムを作成し、知的な娘さんたちと一緒に学ばせてもらおうと、張り切って毎日を過ごした。一年の間に絣を製作し、展示会を市内の催し場で開催した。美術大学で学んだ斬新なデザインのタピストリーなどは評判になった。

私は高校の教師をしていたので、大学新卒の研究生には「生涯学習」の手本として勤勉に学習する姿を高校生たちに投影してほしいと願っていた。そして、娘を持つ親以上に責任を感じ、彼女たちに気配りをしていた。県外からの研究生は母親が一緒に来て「娘を頼みます」と言って預かり、私は重責を感じていた。そのため、織物指導以外の私生活にまで口を挟んでは自己反省したり悔やんだりした。とくに言葉には注意して、「褒める、励ます、優しくする」を心がけた。

他者への接し方と心遣い、娘を預かる親の思いは、体験してみて初めてわかる。親の立場と娘の立場の両者は、体験によって学ぶことばかりだった。

私の少女期のある出来事は、親と子（母親と娘）の立場の違いを身に染みて考えさせられた経験として、今でも私の中に忘れられない記憶として残っている。

私が村の青年団に入団するとすぐに、旧盆の夜祭り行事として、青年団と村人による芸能祭が催された。私は高校時代にチャイコフスキーの「ドナウ川の小波」を踊ったことがあるので、その延長で「白鳥の湖」を踊ることにした。私が白鳥役で、背の高いHさんに王子役をお願いし、振り付けを加えて白鳥の舞を踊ることになった。度胸のいる初舞台だった。小学校の校庭に舞台を組み、観衆は茣蓙敷きの上に座った。片側に椅子を置き、来賓席を作った。来賓席の後方に見覚えのある青年が椅子に掛けていた。青年団長の森長氏は「今度の催しは盛大で、郡団の役員に招待状を出したところ、○○氏が参加した。あとで紹介する」と私に言った。

田舎の夜祭は永く、予定の時間を大幅に遅れて終了した。

この時に紹介された○○氏がのちに私の夫となる人だったが、そんなこととは無関係に私は幼稚な白鳥の舞を踊っていた。祭りが終わった後、彼は「村の演芸会に白鳥の湖とは、すごい。とてもよかった」と言ってくれた。そして、「夜汽車はもう終わったから、駅のベンチで居眠りをして早朝一番列車で帰ることにした」と言う。私は突然のことなので彼を自宅に泊めることもできず、とりあえず一時間ほど散歩をして彼の話を聞いた。青年演劇の方向について話を聞くうちに川辺に腰を下ろしていた。ホタルが乱舞し、月に照らされた水面がキラキラ輝き、その美しさは夢の世界のようだった。白鳥を舞った後の安堵感と、初めて異性と二人きりで居る緊張感と開放感を味わった後、彼は駅方向へ向かい、私は自宅に帰った。

母は座敷で私の帰りを待ち続けていた。私が帰るなり大声で「今までどこに、だれと？　娘が夜道を歩くなど、しかも男友達と一緒に居るなんて、この家の品格を汚す、バカ者、その男友達を連れて来い……」と、涙を流しながらわめきたてた。私はさっきまでの胸の温もりが一瞬のうちに消え去り、泣き声になって「なにも心配するようなことはしていない。遠くから来た人に話し相手になっただけ……」と答えたが、翌朝になっても家族のみんなから「夜遊びはけしからん」と注意された。

あの時代、昭和二十六年（一九五二）頃は、昼間でも男女が二人きりで話していたりすると、噂になり、タブーとされていた。しかし、今から考えてみると、いつの時代にも、親と子の立場の違いから、このような対立はなくなることはないのだと思う。

織りで豊かな人生を

倉吉北高校に併設された倉吉絣研究室は、昭和四十六年（一九七一）四月に創設、第一回研究生から始まり、五月にはＮＨＫ鳥取放送局から「絣を織る娘たち」が放映されて、倉吉絣への一般の関心の高まりと宣伝に役立った。他県からの志望者や家政系の大学、美術デザインコースの卒業生も多かった。拙著『図説日本の絣文化史』（京都書院、一九七三年）の刊行も影響したのではないかと思う。

第二回生（一九七二年）の若者三名は、九月に東京の三越本店で開催された鳥取県特産物展示即売会に、県の要請に応えて高機一台を持ち込んで絣織りの実演をした。大卒の三人娘は絣の着物に襷をかけて機織りをして大盛況だった。

第三回生（一九七三年）の中には市展に無鑑査で毎年新柄の絣を発表し続けたＡさんがいたが、八十歳の記念展を市の博物館で開いた後に逝去された。また、織り友達の着物の仕立て中に倒れて亡くなったＴさんなど、年々仲間が去っていくのは寂しいかぎりである。

また、三回生修了のＡさんは手括り絵絣の専門家として長年にわたり各種の美術展覧会で受賞され、鳥取市民文化賞も受賞された。Ａさんは木綿絣を近代化して独創され、その意匠の新しさは毎年の展示会の楽しみになっている。手括りを楽しむ人がいない中で、楽しい手括り絣を創り出す彼女の手仕事の情熱の持続には敬意を表する。彼女は十年ごとに個展を開き、私家版の図録集を出版している。三冊の創作絣着物図録は、手作業で思いを表現した彼女の分身であり、織りの自分史である。医師の妻として多忙の中で時間とたたかいながら夢中で作品を織り上げてこられた。そして、若くして急逝された夫君には「偲び雨」と題された木綿絣着物「白百合」（二〇〇一年）が贈られている。年間三〜四点の木綿絣着物の創作を続けておられるAさんに拍手喝采を送りたい。

草創期の絣保存会に尽力されたSさんは、洋服は着用せず年中着物姿で暮らす人である。東京銀座で開かれた倉吉絣展示即売会では高機の実演を行ない、通行人が次々と入場してきた。東京都出身のSさんは友人・知人をたくさん招待して絣を買い上げてもらい、大きな反響を呼んだ。また、同じく東京出身の六回生Mさんも同窓生を招いて展示即売会を盛り上げた。

東京での初の展示即売会をいちばん喜んでおられた大橋二郎保存会会長（一九九九年逝去）は全期間（一週間）東京に滞在して、娘さんと共に会場に足を運ばれた。大橋さんは倉吉絣保存会発足にあたり、市議会議長の公職と兼務され、生活の中から消えていく倉吉絣の保存・再生を支援され、励ましてこられた。ご冥福を祈り、心から感謝申し上げる。

第四回生（一九七四年）は熊本県、神奈川県、神戸市、島根県と県内東部の八頭郡や岩美郡と倉吉市の計七名の研究生だった。市内のTさんが元教諭の既婚者で、他の六人は娘さん、中でも多摩美大や金沢美大の新卒者が入会した。「絣研究室十周年おめでとう」と題して寄せられたTさんの文章を紹介する。

「私たち四回生は、横浜、和歌山、兵庫、熊本、米子、若桜などから二十代の娘さんばかり、その中に五十歳近い私は倉吉市からただ一人の研究生でした。一台の機に二人組みの学習は、体で覚えなくてはならない仕事だけに、どれほど一生懸命に取り組んだことか、月、水、金の週三回の授業、次から次へと出される次の仕事の準備に無我夢中で過ごした一年でした。

タイヨーでの展示会に向けて作品作りに大山登山して題材を見つけようということになりました。Mさんは車中から見た美しいすすきを題材に連続模様の絣着物、Kさんは朝日を受けた日本海のすばらしさを織りで表現し、私はなかなかまどの美しい秋の大山を織りで描きました。草木染めの実習を作品に完成させた喜びは忘れられません。

感動、根気、喜びを教えてくれた絣研究室と福井先生、ありがとうございました。人と糸とのふれあいを、母が織った機で織り、心の安らぎを感じるしあわせをいつまでもと願うこの頃、そして更に倉吉絣、世界に羽ばたけと、小物に託している絣保存会の一員でもあります。励まして下さった小林校長、福井先生、原田先生、北高に感謝しつつ」（「倉吉絣研究室十七年の歩み」より転載）。

八十歳になるTさんは保存会に属し、事業部のふるさと工芸館の当番をしている。

昨年（二〇〇七年）秋に多摩美大卒のKさんが一人娘の大学生を同伴してわが家においで下さった。三十三年前にタイムスリップしたようで、Kさんそっくりの娘さんとの対面は嬉しく、感激した。時の経つのを忘れて話し合った。絣教室で結ばれたKさんとTさんは、親と子の年齢差がある。娘さんと親子三人で温泉宿に一泊して語り明かしたという。織り関係の職業について楽しい生活を送っているKさんの手織りマフラーを土産に頂いて首に掛けた。麗しい、豊かな気持ちになった。

四回生で熊本県から入室したEさん（当時二十歳）は両親同伴で面会した。彼女の下宿先を北校校医のお宅にお願いし、住み込み手伝いを兼ねて週三日間は研究室に通い、一年後に帰省された。彼女はその後三十年、織りと猫との楽しい生活をつづけ、いつも私に近況を知らせてくれた。七年前に私が夫を亡くしたときには、家族同然に嘆き悲しんで慰められた。その後も私の独居生活を案じて毎月の月初めに電話をかけて私を励まし、安否を気遣ってくれる。「先生、お元気ですか、今月も声が聞けて嬉しいわ、また来月ね……」。この繰り返しが七年間つづいている。善人でお人好しの彼女は、優しく思いやりの深い女性に育っている。誰も続けられるものではないと思いながら、ありがたい恩恵に感謝している。

第五回生（一九七五年）のEさんは、手括り木綿絣着物が婦人雑誌に紹介されるほど見事な織りを仕上げている。彼女は、前出の絣研究室記念誌に「喜怒哀楽あらば機にすわり、糸を織り込むのは日課であり、人生模様を織り進んでいくようです。絣作業は今の私にとって、生きがいの一つと声を大にして叫びたい気持ちです」と述べている。

また、同期生で六十歳で入室したKさんは、三十年近く木綿絣着尺を織り続け、いつも笑顔を絶やさずに独居生活で人生を謳歌され、二年前にお亡くなりになった。この年度の仲間で現在東京在住のMさんも、絣保存会事業部の商品作りに一役買っていて、着尺などの大作を織りつづけている。

第六回生（一九七六年）のMさんは、前年（一九七五年）の五回生の絣展示即売会でお目にかかった。

高校教師をしていた彼女の夫君は高校の現場で倒れ、夭折された。深い悲しみの先で絣にめぐり会い、私が彼女に入室を勧めて決意された。十七名の仲間の世話や相談に乗っていただいて、充実した一年間だった。

「……かえりみますと、三十年絣と共に歩ませて頂きました。想いますと一年三百日は絣と共に糸と共に過ごしてまいりました。三十年前先生のお誘いをうけましてよりこの絣が伴侶となってくれました。技術的にはいつまでも拙くて恥を忍んで工芸士の仲間にならせていただきましたが、来春の記念展は何よりの節目と存じます」（二〇〇六年十一月来信のお手紙より）。

Mさんは平成十年（一九九八）に鳥取県絣伝統工芸士に認定された。文中の「来春の記念展」とは「倉吉絣・ふるさとを織り継ぐ」（倉吉絣保存会三十五周年記念展、二〇〇七年四～五月、倉吉市博物館）のことである。Mさんは織物の自分史として、絣の小布を継ぎ合わせて木綿絣着物を出品した。織り始めた初期の布端から八十歳の現在までの小さな切れ端で構成した小袖は重宝であり、布の生命が宿っていて見る者の胸を熱くした。

第八回生（一九七八年）のKさんは、美術短大卒業の娘さんと共に入室された。住居が市内の商店街にあるため、絣商品を取り扱って事業部の発展に尽力された。また、昭和六十一年（一九八六）五月にアメリカ・ワシントンのスミソニアンフェスティバルに参加された。木綿と藍の大好きなKさんは仲間の指導をつづけ、商品作りに貢献された。版画家の妻である彼女の美意識の高さに私は学ぶことが多かった。

以後、第十七回生修了で絣研究室は終わった。その後、今日までに「しあわせの郷」は十六年目となるが、その間に私は数百名の方々からエネルギーをもらっている。絣を通して仲間がしだいに密になり、人と人との繋がりと連帯感に導かれてきたことに感謝している。こうした人間の繋がりによって学び、深めていく努力こそ、次の世代に伝えたいものの一つである。夢中になれるものを持つことは、年齢をも忘れさせてくれる。

若い人たちに支えられて、織物教室は今も続いている。毎週一回、十二名の人たちと共に学んでいる。草木染め実習で染めた糸を経緯に配置して絵絣を織る。縞筋一本が全体のバランスを崩すことがあり、縞は粋になったり野暮になったり、難しいものだ。

経糸を千切に巻き機台に付けて絣を織り出すと、「お豆のご飯で前祝いをして」と、私は各人に言う。この言葉は、老女たちから私に伝えられたもので、「心を引き締めて、さあ、織りますよ」という心からの覚悟の言葉であった。織り傷のない反物を織ることは至難の業であり、一生かかっても失敗はあるものである。

六月二十五日、今日は織物教室の日。庭に咲いた紫陽花を三十本ほど抱えて教室へ行き、季節の花の中で若い仲間たちと学ぶことの歓びを感じている。

三　着物つれづれ

和の魅力と茶花

昭和の中期頃まで点在していた農村の茅葺屋根は消滅した。私の生家は茅葺屋根で、そこで私が育ったこと、亡夫が青年時代に油絵で茅葺屋根を描き続けたことは前述したとおりである。

茅葺屋根は五十年に一度、屋根の前側と後ろ側を分けて葺き替えていた。子ども時代の記憶をおぼろげに思い出すと、毎年茅刈りをして、小屋に積み上げた茅を家に運んでいた。牛二頭に茅を背負わせ、牛を引く父も茅を背負っていた。数人の村人が手伝う中で、私は背丈の二倍の茅を横に倒して背負った経験がある。小学生の頃だったろうか、家に着くと村中の人夫さんと炊き出し女衆が野外で炊事をしていた。

屋根替え職人が屋根の上から長さの異なる茅を叩いてなじませ、青竹を押さえて縄を締めていき、茅の流れを台形に整えていく。茅を持ち上げる人、古い茅を処理する人等々、大勢の人々の協同作業だった。屋根替えは人が一生に一度経験するかしないかの一大事であるだけに、子ども心にも記憶に残っている。この茅葺屋根も昭和四十六年(一九七一)にトタンが覆いかぶせられ、家人は別の土地に住居を建てて移り、今は空き家になっている。

私は在来の茅葺屋根の家で間取りを田の字型に区切った住居に愛着がある。梁を支える大黒柱は黒光りして輝き、少女期には柱に顔を当てて、ぼんやりとかすんだ顔を映していたことが懐かしい。また、生家にあった襖絵にも愛着があり、生家が空き家になると襖絵を譲り受けた。早速表具師に絵の洗浄と表装を依頼し、二枚を衝立と掛軸に表装した。日本の四季を描いたこの日本画(近澤霞彩画。

京都の書画家。嘉永頃の作）はわが家で大切に保管している。

住居の室内に敷く畳と莫蓙は戸・障子によくマッチしている。部屋に長方形と正方形を方眼状に敷き並べるとシンプルで美しい。そして畳や莫蓙の縁は木綿布で縁取られていて引き締まり、藺草の香りは和室の最高の魅力である。

田植え後の農家では昼寝をする習慣があった。縁側や木蔭に藺草莫蓙と藺草製の枕を持ち出して昼寝した。藺草の香りに全身が包まれ、軒下に吊るした風鈴の音色を子守唄に安眠した。夏は家の戸・障子を開放して蚊帳の四隅に紫陽花の花を結びつけて吊った。蚊帳の中に月明かりが入りはじめると、鈴虫のリーン、リーンと鈴を震わせるような鳴き声が聞こえ、蝉の声が高くなると夏も終わりに近づいた。干草の香りと草花の香り、風の声や小鳥や蛙の鳴き声で時の流れを感じたものだ。

天然の藺草はその芳香とともに若緑色が美しい。吸湿性と発散作用があって空気の浄化にも効果があり、最近見直されはじめている。和の知恵の敷物として生活の中に取り戻す者も増えつつあるらしい。私は藺草に魅せられて、客間の床板を藺草敷きにし、さらにその上に藺草の円座を置いている。出来たての円座を敷くと、藺草の香りが室内に充満した。

植物の成育過程の新芽や若葉の成分を人間がいただいて生命の活力としている。日常に欠かすことの出来ないお茶も木の芽である。

平成九年（一九九七）六月四日、岡山での日本工芸会中国支部四十周年記念講演会で「お茶の心と文化」と題する千宗室氏のお話を拝聴した。お茶の心は日本人の質素で正直な心の持ち方の表われであり、畳の上に正座して人をもてなし、抹茶をすすめる所作に込められた精神について話された。私は当日、講師の控え室係りだった。岡山県裏千家の代表者が千宗室氏にお茶を供されて、先生は満足された。終了後、裏千家の先生から「このテーブルの茶花はノリウツギ（糊空木）で、なかでも白い花と赤い花が混じって咲くのは珍しい。六月の茶花はこれがいい、このまま持って帰って挿し木にしたら……」と、備前焼の花瓶から引き抜いてビニール袋に入れて下さった。私はそれを車に積んで四時間かけて家に着いた。

それ以来お茶と茶花に興味を持ち、早速「ノリウツギ」を事典で調べてみた。ノリウツギはユキノシタ科の植物でアジサイ属の落葉低木、葉は楕円形で白い花が咲く。野山にも自生し、六月から七月にかけて白い花の中に赤味を添えて部分的に赤花になるのは珍しい。そして、樹皮からは製紙用の糊をとっていると説明されていた。

私はノリウツギのことを何も知らなかったが、頂いてきたノリウツギの挿し木はみるみるうちに成長し、花をつけはじめた。白花と赤花の混じって咲く一枝を花瓶に生けて抹茶をいただく。お茶の心と花の心に満たされて、この喜びを岡山の友人・佐藤常子さん（紬織り作家、工芸会正会員）に知らせ、ノリウツギを岡山へ持参した。彼女は翌年「立派な花が咲いたよ」と喜んでくれた。こうして人から人へと伝えられる花の命の広がりは日常の暮らしを豊かにしてくれる。これこそが和の文化だと思っている。

鶯の鳴くころに鮮黄色に咲く山吹の花には思い出がある。小学校の学芸会で、私は山吹の枝を差し出してセリフを言った。「七重八重花は咲けども山吹の実のひとつだになきぞ悲しき」。意味のわからぬ言葉を暗記したのだが、成人して初めて太田道灌の有名な歌であることを知った。そして、織りを学ぶようになり、山吹色の美しさを知って野生の山吹の枝を求めては、実のない花のあわれを偲んでいる。

六月に咲く夏椿は別名沙羅樹《しゃら》とも言われ、『平家物語』では、「沙羅双樹の花の色、諸行無常の響きあり……」と、万物は常に変化してとどまることがないという仏教の無常観を表わすシンボルとして夏椿の短命が語られている。この夏椿の木が自宅の庭と畑に二本あり、毎年枝を手折って室内に置く。蕾が膨らんで白く盛り上がってから二週間ほどで開花する。白色五弁の花の中には黄色の花粉があり、神秘的な雰囲気がある。二日ほどで落花するが、蕾のような花実を残している。樹下は白い花の絨毯となり、花を拾って水槽に浮かべては花の命を哀れんでいる。

夏は花茗荷《みょうが》が白い花を咲かせるし、吾亦紅《われもこう》も大好きな花だ。わが家の庭には、秋になると山ホトトギスと路地ホトトギスが一面に密集して繁ってくる。前庭もホトトギスに占領されて狭苦しくなった。花の斑点から鳥のホトトギスに見立てた名称らしいが、茶花にはよく利用している。

十月ごろには茶の白い花が咲く。可憐で夏椿によく似た花だ。夫が健在の頃、「中国には金花茶《きんかちゃ》というものがあり、この町を金花茶のある町にしたい」と話していた。

お茶はツバキ科の常緑低木で中国南西部の雲南地方がその原産地と伝えられているが、私は金花茶の花を一度見てみたいと思っていた。お茶に魅せられた私は、畑に植えた三本の茶の木の芽を摘んで蒸して焙って自家用の茶を作ったり、ドクダミを花の咲く前に刈り取って陰干しして乾燥させ、切った葉を焙ってドクダミ茶を作ったりしている。多忙の中にも自家製茶を飲む幸せは何物にも変えられぬ喜びである。

そんなある日、静岡県在住の松野晃氏（一九五四年生）から夫宛に便りが来た。「……倉吉のまちづくりから出発した、金花交流株式会社の謂れである「金花茶（椿の一種）」を探す旅でした。金花茶の話は以前しましたが、奥さんは宝塚で求められましたか。いろいろ話を中国側から聞いて、昆明の植物園に中国最大の椿園があり、その中にあることがわかりましたが、今は開花していないので、直接見ることは出来ませんでした。そこで、昆明の本屋を探して『中国茶花』という本を見つけました。その一部をコピーしましたので添付します。それによれば「金花茶」は椿の女王と呼ばれ、先に述べた「プーアル茶」が椿の王様といわれています。この出会いは私にとって感激でした。共に学術名に日本人の名前があるのも驚きでした。（中略）日中世界遺産会議に出席し、会議の司会を勤め、観光視察も兼ねた、なかなか楽しい旅でした。会議は基調講演が日中それぞれ一本づつ、論文発表がそれぞれ四本づつでで、なかでも中国側の発表、雲南省元陽の少数民族の集落と渓谷に出来た段々畑、それとお茶の起源である樹齢千年になる雲南省のプーアル茶を世界遺産にしたいと申請中のものが興味をそそられました（以下略）」。

このお手紙と共に『中国茶花』の一部と黄金の茶花「金花茶」のカラーコピーを同封して下さった。

松野晃氏はＨＯＰＥ計画コンサルタント（天竜市、倉吉市、小千谷市、三条市、他）をはじめ各地のまちづくりアドバイザーとして活躍された方である。平成七年（一九九五）六月の常陸大和市HOPE計画のパネルディスカッションではコーディネーターをされ、夫もアドバイザーとしてその会に参加していた。松野氏を尊敬していた夫は、倉吉市の要請として氏を迎えてまちづくりに役立ててきた。また、私的にも、氏の娘さんがNHKの松江放送局に勤務されて、わが家にも立ち寄って下さった。夫は松野氏と「金花茶」の夢を語るうちに病魔に取りつかれてしまった。平成十三年（二〇〇一）五月、夫は病床で氏の便りを受け取った。ベッドから上半身を起こして合掌し、むさぼるように拝見した。金花茶の黄金色の威厳に満ちた姿に歓喜の息を呑み、「すばらしい、ありがたい、松野君によろしくいってくれ」と涙声で言った。目尻から流れ出る涙に、私ももらい泣きをした。中国を愛し、中国から学ぶことを語り続けた夫はその二日後に他界した。

『中国茶花』（中国世界語出版社）には樹齢七百年の茶樹や千年以上という古樹の写真が掲載されており、夫と私が渇望しつづけた茶樹についての知識を満たしてくれた。そして日本茶の源流である中国茶に魅せられる契機をつくって下さり、多くのことを学ばせてくださった松野氏に心からお礼を申し上げる。

着物つれづれ

私は身だしなみを整えると、おのずと身も心も引き締まるように感じられる。ときに晴着などを着ると、着装の喜びから感謝と敬愛心まで生まれて、幸せを感じる。これが着物の力であり、和の心ではないかと思っている。

祖母の時代（明治初期）の農民たちは、冬も夏も野山の樹皮の繊維を衣料にして生活し、暑さ寒さを凌いでいた。「藁三寸、糸一寸」を大切に継ぎ合わせて、「もったいない、もったいない」と素材を生かして利用していた。

綿作が普及して暖かい綿織物が出現すると、糸紡ぎや機織りで綿を換金商品として生活する知恵が先行し、綿入れ着物や木綿布で暖かく着るということは二の次であった。綿は贅沢品とされて、農民たちは綿屑の残りを集めて利用していた。

素材を大切に使っていたことは、資料を収集していていつも教えられることである。江戸時代末期から明治初期の着物や蒲団の一部の縫い糸に、木綿糸の代わりに麻糸で縫った遺品がある。また、お針箱に木綿の縫い糸を玉に丸めて再利用するなど、糸を大切に扱ってきたことがわかる。

着物の繊維はどのような手作業の痛みの中で生み出されたのか、在家の女性たちの隠された真実を追い求めなくてはと思いつづけていたが、「時は人を待たず」で、古老たちは他界してしまい、調査は行き詰まった。しかし、多くの女性たちは、糸取り、機織りを生きる手段として日夜闘いつづけたことだろう。そして、そうした苛酷な労働の中から強靭な独創性が生まれ、布を通じて人から人へと広まり、文様や技法が高められて進展してきたのであろう。

着物の縫製は、一般には親から子へと家庭内で伝えられたが、中には神官の妻や医者の妻が和裁一式の指導を行なっていた例もあった。大方の少女たちは製糸工場や機織り女工に雇用されていたが、

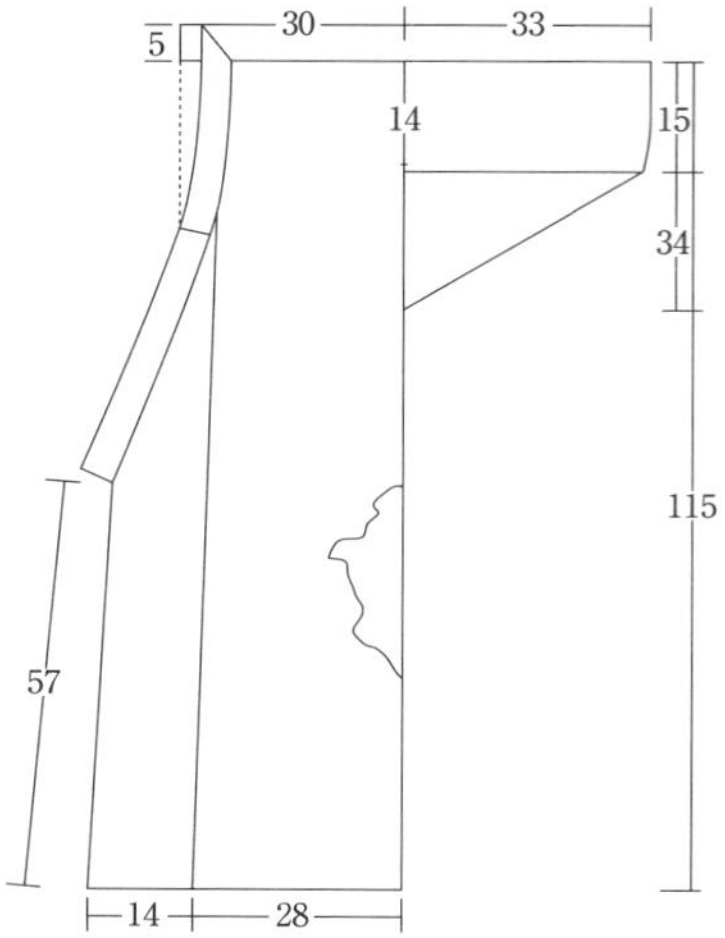

母の綿入れ縞着物（昭和初期）
左は同実測図

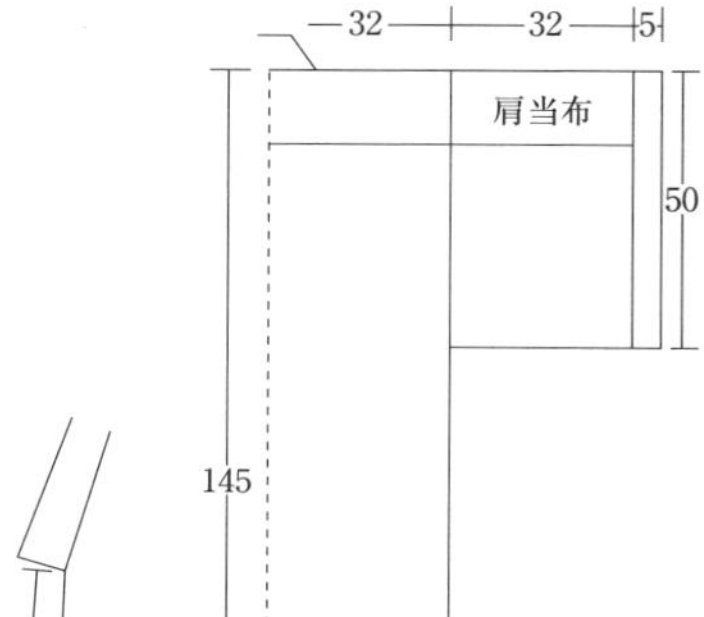

同右の実測図

木綿絣夜着（裏付き，明治中期，倉吉市博物館蔵）（打出の小槌に兜，枝梅文）

中には和裁（お針）を習う者もいた。義母（一九〇六―一九八九年）は倉吉町の医者の妻のところに三年間通って和裁仕立てを学んだ。農閑期には近隣の町人の晴着仕立ての注文を受けて内職をした。姑は八人姉妹の長女で、叔母を姑にこの家にとついできた。

私は、夜なべで大姑と姑が並んでお針をする姿をよく眺めていた。毎年の晩秋には、姑が大姑の綿入れ着物を縫っていた。一年間着用した着物を解いて中入れ綿を打ち替える。表側と裏側を洗って板張りに糊付けする。表身頃と裏布の二着の着物を縫い、裾を合わせてから柔らかな綿を入れて綴じ合わせた。よく膨らんだ木綿縞の筒袖長着物が出来上がった。これを陰暦の亥の子（今年は十一月七日）までに準備するのが慣わしだった。綿入れ着物が終わると、綿入れ丹前と胴着、袖なしなどに次々と綿を入れて冬支度をした。老人から乳幼児のねんねこ半纏《はんてん》、褞袍《どてら》の綿入れ家庭着、学生の夜間部屋着、綿入れ半纏などで寒さを凌いだ。昭和の中期ころまでは、このように綿入れ衣類を愛用して慎ましい生活をしていた。

私は、綿入れの袖なしを労働着兼家庭着としてエプロンの下に着用した。袖なし一着を重ね着すると肩から腰までを保温するので、快適に生活することが出来た。寒ければ綿入れ袖なしを着、暑ければ脱ぐことによって体調の管理をしてきた。袖なしの利点は、前開きで着脱が簡単であることと衣服の調節に適していることであり、家々では男女兼用の袖なしを常備していた。

二〇〇六年五月に私の生家の跡継ぎである長兄が他界し、旧居（空き家と蔵）の整理に姪と立ち会った。実母が逝って十七年経つが、古い金具付きの箪笥も空き家に置いたままだった。箪笥の引き出しを開けると見覚えのある着物に対面した。どの引き出しも絹物類は白い斑点の虫穴があき、管理が不十分だったとはいえ、着物のあわれが身に染みて感じられた。八十歳前後に着るような地味な柄行きの長着物は、明治末期の母の嫁入り着物で、小絣や万筋《まんすじ》の着物だった。その数枚の中に泥染め大島紬があり、取り出してみると、着物のたたみ折り目に白い虫穴が見えた。これも駄目かと思案したが、着物の後身頃と前身頃を縫い替えて逆にすると、虫穴は前側の衽《おくみ》の中に隠せると思った。母の形見に譲り受けている。

空き家では大風呂敷に包んだ綿入れ着物を捜し出した。着物は手織り茶縞の筒袖長着物に中入れ綿を入れ、裏は紺布である。家庭用の短い着丈だった。その脇側は鼠に噛まれ、中入れ綿がはみ出していた。私が「もったいない」と呟きながら「この着物に帯を結んだ前掛け姿の母が蚕さんに桑を与えていたことを思い出す」と言うと、姪は「叔母さんの好きな木綿着物があってよかったなー」と言った（二〇六頁図参照）。

綿入れ着物は半世紀以前の母の遺品で、忘れ去られて大風呂敷の中に眠っていた。早速に着物を丸洗いして三日間日光に当てて乾かすと、中入れ綿がよく膨れ、手織り縞も蘇った。着物を折りたたみながら、母に逢ったような錯覚と歓びに浸りながら、私の絣舎で保存することにした。

私は着物の染めと織りの調査で県内外に外出することが多い。高速バスや自家用車で移動するには、活動的なもんぺが便利である。箪笥の底に眠っていた着物（木綿泥染め大島着物）は私の結婚時に大阪在住の兄嫁が贈ってくれたものだった。それは、義姉の母親の反物（明治中期）だったと聞いていた。その木綿夏大島を解いて、もんぺと上着の二部式に縫い替えて旅行着にしている。旅先で見知らぬ方に何度も呼び止められ、「まあ、夏大島ですね」と、声をかけられて、初めて泥大島の素晴らしさを人様から教えられた。夜行高速バスで福岡に到着した私のもんぺ姿を見て、故鳥巣水子先生(日本工芸会正会員)は「大島をもんぺに、もったいないこと……」と言われた。「着物のままだと箪笥に眠ったままなので、着させてもらうために思い切ってやってみたのです」と、私は言ったものの、大切な着物に鋏を入れた後ろめたさを感じて恥ずかしかった。

義母は生前、お気に入りの着物を八十歳過ぎても着通した。それは、娘時代に高価な泥大島紬を特別に誂えて、自分で仕立てた袷長着物だった。地色の茶色は濃く、地風が柔らかで薄くなっていた。そして六十年間愛用したこの大島を着用すると、着物力というか、立ち姿に重みを感じたものだった。義母の形見に私が保管している。

祖母(大姑)は自分の長コートで洋服を作るようにと、孫の嫁である私に勧めてプレゼントしてくれた。その頃の私は無知で、言われるままに鋏を入れて洋服に仕立て替えてしまった。長コートの素材は手前紬である。戦前から昭和十年代頃までの養蚕家では、商品にならない繭から絹糸を紡いでいた。自家用絹糸(シケ)は節の高い糸で、手前紬とともに織り布は凹凸状を呈し、太くて厚いが、絹光りと風合いはなんとも味のある布だった。祖母は二階建ての養蚕場で蚕を飼育し、その屑繭から並太の紬糸を引き出して織っていたようだ。そして京都の専門染屋で黒紫色に染め、長コートに仕立てていた。昭和三十年代頃の着物から洋服へという風潮の波に乗って、私は縦横に布を切り、ワンピースに仕立て替えた。その後その服は、自家製の紬糸であるという誇りと、蚕さんの命が宿っていると感じて大切にしている。

私の嫁入り（一九五二年）着物の中に、その当時流行の事務服があった。その布地は、実母と兄嫁が飼育していた蚕の屑繭を集めた手前紬の厚地の織物である。それを京都の染屋で濃紫色に染めて事務服に仕立ててくれた。しかし事務服は一度も手を通さずに解いて、京都の染屋で色抜きをし、ベージュ色の紬にした。その後一九六五年頃に草木染めに興味を持ち、色抜きした紬地に型絵染めを施して元通りへチマ衿の事務服（七分コート）に自分で仕立てた。化学染料の強烈な紫色から草木染めの淡紅色に色を変化させてみて、色彩の力が与える性質と色覚を学ぶことが出来た。

生家で育った蚕さんの命と、それを紡いで布に織り出してくれた母と兄嫁の思い。一枚でも多くの衣裳をと箪笥に加えてくれたのだったが、色彩がケバケバしく、色抜きして再製したコートは思い出の深い衣料で、今も大切にしている。

山陰地方の農村では、昭和初期から中期にかけて、着物に裂織《さおり》帯を結ぶ風習が広まっていた。私は若嫁時代に裂織帯を結び、田植えまで帯を締めて植え付けをした。その後ろ姿は美しいと言われるが、腰を二つ折りにして働く本人は息苦しい重労働で、その帯結びは辛いことだった。

裂織帯はよく締まり、一度結ぶと型くずれをせず強度感があった。一本の帯に必要な布量は、日ごろから布地の薄くなった破れを引き裂いて保管して貯めていた。無地の紅絹の長襦袢や着物の胴裏の紅色を一センチくらいに引き裂き、木綿布と交織した。帯の長さは三メートルくらい、幅は十〜十三センチくらいの細帯が多かった。木綿と絹の交織裂織りは、二本と同じ帯が出来ない味のある風合いと美しさがあった。仕事着が上着ハッピ姿から洋服の仕事着に移ると、帯姿で働く人は老婦人のみになり、裂織帯も昔語りの資料となった。

昭和四十二年（一九六七）頃に私を訪ねて来られた横山美津江さん（絣グループの友人、当時五十歳、故人）の裂織帯には驚嘆した。濃紅色に絹特有の陰陽美が布面の凹凸に立体感を出した美しい単帯だった。三十センチ幅の帯幅は太鼓結びになり、絣の着物によくマッチするものである。一本の帯用の紅絹の準備には数年を要し、口コミで紅絹の不用品を集めたという。経糸は濃紺の木綿を紅絹と交織して織り出した紺と紅の色彩は、紫色を呈した奥深い美しさが印象的だった。美への慈しみと紺絣によく似合う濃紅色の帯には、個性的に装う時代の幕開けのような希望を持った。

布を再生させ、美しく生まれ変わらせることによって、生活の中に喜びと美の心が満ちていた。この無駄のない暮らしの積み重ねが新しい発想を生み、個人の才能を高めてきたのである。

女性たちは縫製にどのようにかかわってきたのか、ボロ直し以外の和裁仕立ての実例を述べてみたい。

実姉（俊子、一九一五―一九九九年）のことで恐縮だが、姉は七人兄弟の長女に生まれ、少女期に許婚を知った。相手は実母の姉の長男で二歳年上の青年、家業は町の二代目桶屋である。このM青年は小学校卒業時に鳥取藩池田侯爵の扇子を受領し、旧制中学校に合格していた。しかし親の反対で家業の桶屋の後継者になり、親の決めた結婚に同意したらしい。姉は、婚約者の職業柄、女学校進学を断

私の仕事着（短ハッピ，1955年）

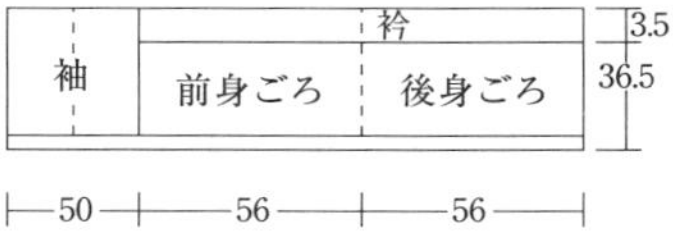

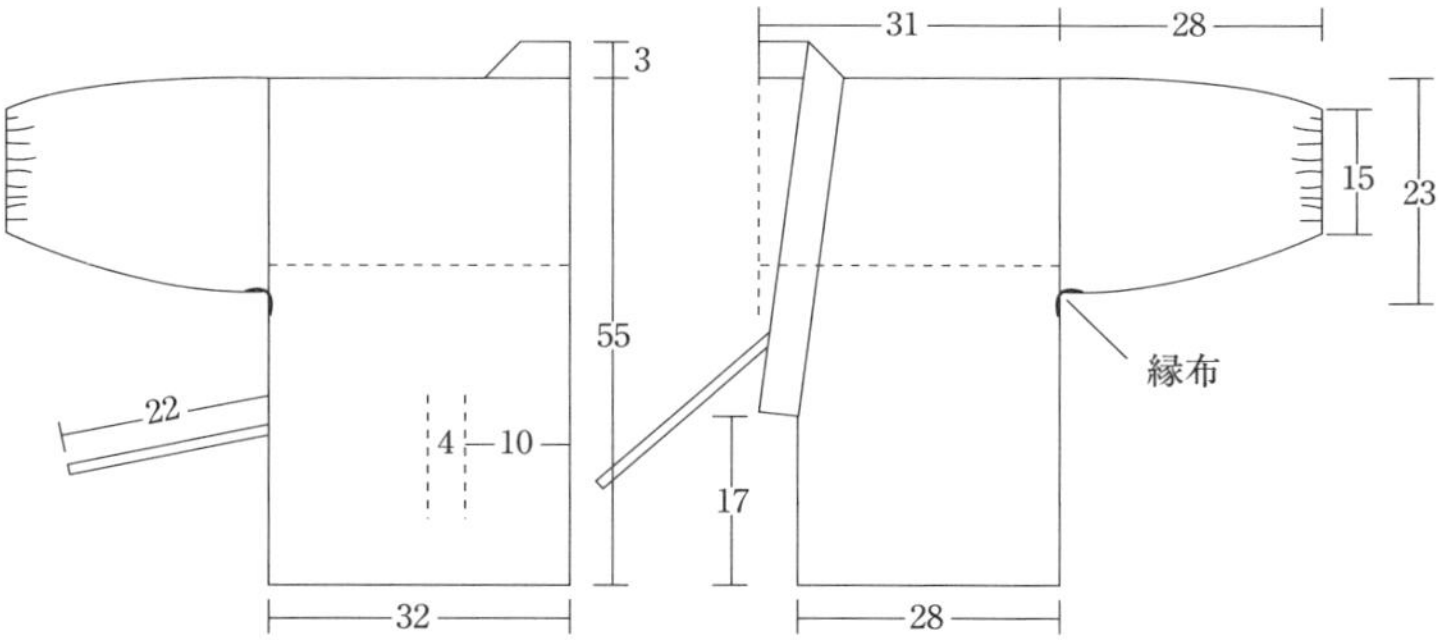

同上実測図

短ハッピ
重量200g
木綿機械絣（備後）昭和30年
袖口ゴム，腰紐，帯をしないハッピ，衿裏付き，倉吉布念し、四年間神官の妻の所で和裁を学んだ後に結婚した。

昭和初期は桶屋の最盛期で、Mの桶屋も繁盛して、町内に五十軒の貸家を持つほどだった。姉は十人兄弟の長男の嫁となったが、末っ子がまだ六歳のとき、姑が脳内出血で急逝した。姉は自分の子どもの育児を抱えて重大な責任を負わされることになった。義妹は師範学校卒業後、地元の女学校の教師となり、義弟の母親代わりとして家事に専念した。しかし、昭和の大戦で桶職人の夫が海軍に入隊し、呉の海軍勤務となる。一家は夫の留守中の食糧難と不況により一時実家へ疎開していた。六人の子宝に恵まれたが、戦後は生活器具にプラスチック製品が普及し、桶類などの木製容器は不要となってしまった。義兄は広島で原爆被災の後片付けをした後に復員したが、やはり被爆していた。

桶屋は斜陽となり、貸家を処分して生活費に当てた。そんな中で姉は和裁仕立てに乗り出し、賃仕事を始めた。世は高度経済成長期を迎え、絹物ブームが起こっていた。市内の呉服屋は客の注文した反物の着物仕立てを姉に依頼した。姉は二階一室に籠り山積みされた反物の傍で縫製していた。婚礼着物、喪服、訪問着、振袖と重ね着などを一人で正座して縫う姿は輝いて見えた。裁断するときは面会も出来なかった。姉は一度だけ「あんたの仕立て着物は美しい、町に白鷺が舞い降りたようだ、とお客に言われ、仕立て屋冥利だよ」と自慢した。

着物の美しさは、繊維を作る人、染める人、織る人、そして反物を縫製し仕上げる人の心によって完成され、人々に着装の悦びをもたらすことが出来る。一枚の小袖にも人々の心が込められ、愛でられている。

姉は仕立て屋の誇りを胸に、無我夢中で生活のために夜なべまでして縫い続けた。「お客の高級着物を縫わせてもらう幸せ」をかみしめながら祈る思いで縫製しつづけた姉の姿は私の眼に焼き付いている。義兄が他界された後、姉は、嫁入り木綿筒描染め大風呂敷、生家の藍家紋染め、結納時の丸帯、そして桶屋の職人道具と桶、盥《たらい》、櫃《ひつ》、箍《たが》などをすべて私に預け、私の絣舎と納屋で保管するよう依頼した。桶屋二代にわたる桶類のすべてを収納することは不可能なので、一部を譲り受けることにした。姉は「木綿のボロまで大切にするあんたに預けると、木桶も喜ぶと思う」と話していた。

平成元年（一九八九）、私の義母の葬儀の際に、姉は「お世話になったお母さんを立派にお送りするように」と、私の胸ポケットに護符のお守りを入れてくれた。同じ着物仕立て人として義母を尊敬していた姉だった。晴着を縫った義母と姉は、着物を通して人様に喜ばれる手仕事を実行した人であり、人柄も落ち着き、多くの人に慕われていた。

着物は直線裁ち縫製のため、解けば元の着物幅になる。こうした利点が衣料全般に転用された。着物丈も、折り返したりつまみ縫いをして、鋏を入れなかった。羽織仕立ては用布一反を用いている。衿も並幅そのまま折りたたんで付ける。着物は縫い替えが可能であり、着用者のアイデアによって、帯に転用して仕立て直すことも出来る。和裁の技法を知ると、男物を女着物に生まれ変わらせることもでき、性差と年齢差に関係なく一生愛用する個性的な衣装となる。

きもの文化の継承

和の文化において着物の果たす役割は大きい。家庭の中で再び日本の民族衣装を楽しむ機会をつくり、その温かさを感じさせることが子どもたちの成育に必要だと思う。幸いに今年（二〇〇八年）、教育基本法改正により、小・中学校の学習指導要領では、中学校の技術・家庭で「和服」の教育が認められたことが全国紙で報じられた。これは「装道」の創始者・山中典士氏ほか、装道グループの実践力と提唱が大きい力となっているようだ。夏には「ゆかた」がブームとなり、日本の風土に適した木綿のゆかたを着用している姿は美しい。ゆかたは着脱も簡単で、縫い目にそって折りたたむと元の着物幅になる。着物のたたみ方を知ると、収納にも場所をとらない。こうした知識を学校教育で教えられるようになると、伝統文化への理解も高まると信じている。

「染織雑感」と題する拙文（ORINUS、一九九五年、第十六号掲載）を次に引用させていただく。

「今年の正月早々、S社のきもの展示会に招かれて参加した。数年前に息子の結婚に際し、結納の品として帯をS社から購入したことによる。帯は葛飾北斎作「富嶽三十六景」の絵画をもとに西陣で帯絵に製織したもので、まるで錦絵のような豪華な織物だった。私は着物の染織に関わって久しくなるが、「紺屋の白袴」という諺のとおり、自分の着物はあまり作らず、絣の好きな人に着てもらっている。いつも思うことだが、作品を手放すときの淋しさは涙を流すときもあるほど苦しい。それだけ心を込めて製織している。着物は織ることも見ることも好きだ。しかも、帯は着物との相関により、その役割は大きいと感じている。

こうした日本の帯は、世界の服飾の中でもまれにみる大胆な腰飾りであり、あくまで着物と調和し、引き立ててくれるのだ。このような帯は「結ぶ」という縁起をかつぎ、古くから結婚の約束の品として用いていたようである。

前記「富嶽三十六景」の絵帯を披露し、色直しに花嫁が着用した帯姿は、絵巻を見る思いで、祝宴を一層盛り上げたように記憶している。この絵帯は深遠な気品を備えていた。絵画を帯に再現する新技術にも頭が下がる思いがした。

きもの展示会は、中国五県のきもの愛好家を米子市の産業体育会館に集めて開催された。当市からは大型貸切バスに数十名が乗り、空席が目立った。しかし、会場前の駐車場には観光バスが数十台並び、大変賑やかな催しであった。案内されて会場に入ると、着物姿の販売員が親子連れの娘に振袖などの着付けをしたり、反物を広げて品質や柄行きを説明したりしていた。墨流し染めの実演や、高機で着尺を織っている男性もいた。人だかりの所には赤紙でお買い得品が山積みされ、留袖や振袖、訪問着の仕立て品を五万円均一で販売している。また、着尺一反もの各種の紬や染物も五万円の安値には驚いて、座って布地を手に取って見た。高機織りに用いた糸は、玉繭という一つの繭の中に二匹の蚕がいる糸を用いていて、光沢のある絹製品を作って商品を勧めていた。衣桁に掛けた着物の数百万円等の値札を眺めている人、着尺を肩にかけて思案する人たちの姿があった。座り込んでいる人の多い所は本場大島紬の前であり、私もその傍に腰を下ろした。色大島や泥染め大島を見ているうちに、人の波に流されて最高級という大島紬の前に出て、布地に触れてみた。おそるおそる布地に手をおくと、布地の風合いと繊細な織り文様に心が通い、いいものは高くてもいい、という大きな気持ちになって、値段のことは忘れていた。そのとき、白髪の男性と背の高い美しい女性が現われて、私がほめていた泥大島を着付けたいと申し出た。その女性に大島が着付けられた姿は、座って見た感じとはまるで違うその着物の立体の姿が生きもののように輝き、私に向かって語りかけてきた。私は息を飲んでその声を聞いた。

布地は一二〇〇本の経糸を用いて、その経糸に絣の斑点文様を配置し、緯糸を交織して濃淡美を作っている。その織り工程の重みがひしひしと伝わってくる。藍染めにした上に、さらに鉄を含む土泥をかけて染めたその色相の厳かな光、織りかすれを防ぐために数十本の待ち針で糸を止めながら調節する織り手の姿がまぶたに浮かぶ。織り手は「一日に一尺しか織れません」と話していた。私のそばで夫君は、目を細めて妻の着物姿を眺めていた。「着物はたくさんあるが、着物が好きだから仕方がない。貴女も着物が好きですか」と、その男性は話しかけてきた。「着物は好きですし、染めたり、織ったりしています」と私が答えると、男性は「この人に選んでもらえ……」と、妻に話しかけて、嬉しそうな表情をする。姫路から来たというこの人たちは、値段を度外視しているようで、一五〇〇万円の泥大島を着て立鏡の前に立っている。私が「阪神大震災は大変な惨事で、心が痛みますが、いかがでしたか……」とたずねると、「本当にお気の毒でしたが、自分のところは何もなくて……」と答えた。衣桁に飾られた着物を次々に三度着付けをして、よく似合う紬の着物と帯、帯締めをそろえて、数百万円の注文をしていた。「好きな着物を着て楽しんで……」と夫君が妻に言うと、妻は敬愛の目で応えていた。

私は、このように着物を愛する夫妻に刺激されて、着物の好きな夫へのプレゼントを思い立った。そして、思い切って泥大島の着物と羽織、長襦袢の三点セットの特売品を予約した。帰りのバスの中では、大きな買い物をしてしまって支払いをどうするかということで頭が一杯になり、心が沈んでいた。家に着くと、黙っていても心が重いので、夫に「泥大島をプレゼントする」と、話を切り出した。「誰に」と夫が聞くので、「一生に一度の贈りもの……」と言うと、「ほおー」と、夫は童子のような笑顔でこちらを見た。

染織産業に携わる人は、着物を着る人を増やすために、もっと積極的に宣伝し、催事や展示会を広めてもらいたい。日本の伝統ある着物はまだまだ着る人も多い。着物離れを放置しないで、「きものの日」を決めたり、もっと自由な着方を工夫すべきだと思う。着ることのできない人は、部屋の中で衣桁に飾り、その前で抹茶でお客をもてなせば最高のもてなしになり、生活の中に着物が生かされ、着物が再認識される。家族間でも誕生日や記念日にこうした着物を吊るして話し合いをすると、先代の遺品を通して祖先を偲び、語り伝えることによって老人を疎外することのない人間関係が生まれると思う。

私は倉吉市の伯耆しあわせの郷（生涯学習センター）の一部門で染織を楽しんでいる。土曜日ということで働いている若い人も多く、仕事と趣味を組ませて学んでいる。草木染や織物と絣を体験すると、今までの生き方より幅が広くなり、自然界の草木に対して優しく観察し、天然の色素をいただく喜びをかみしめている。また、暮らしの中で、祖母や母の着物に関心を持ち、着物の大好きな人に変っていく。子育ての最中の人が子どもと共に染織を体験して、創造する喜びと研究心を培いながら生きる姿勢が意欲的になったという話を聞くにつけ、染織文化とは、このような家庭環境から輪を広げることが必要だと痛感し、地域に根ざした体験学習に取り組んでいる。

また、私設の絣資料館（絣舎）では、山陰の絣の美しさと、それを織り上げた女性たちの働きの偉大さを来訪者に説明してきたが、始めてから十八年目を迎えた。多くの人たちに膨大な染織に関わる心を教えられ、着物に対する人々の思いは語りつくせない。これらのものは、半世紀も着用する着物を親が子に織って与えた愛の結晶であり、布目の中に心を宿している。一センチ織るのに木綿は二〇本の緯糸を交織し、絹は三〇本を交織する。気の遠くなる手技で文様を織っているので、手織り品は絵画と同じである。こうした織りの文化を家庭に回帰させるためには、染織産業に携わるものたちが自信を持ってきもの文化を継承する努力を続けなければならない」。

右の文中の「一生に一度の贈りもの」とは、きもの展示会の盛況に飲み込まれた私が、夫の退職祝いにと、泥大島の着物と羽織を購入したことである。夫は一九九六年の正月の集まりにこの着物を着て参加した。着物の似合う年齢になったと私は喜んだが、その五年後に夫は旅立ってしまった。最後の別れのとき、私はこの着物を取り出して棺の中に入れて合掌した。

四　綿を紡ぐ学生たち

沖縄県は染織工芸の先進地であり、本物の手技が守られている。私は、十六年前に開催された「通産省伝統的工芸士大会」（全国伝統的工芸展、一九九二年）沖縄会場に鳥取県の工芸士仲間六名と参加した。初めて見るコバルトブルーの海の美しさと、咲き乱れる花、そして人の温かさを実感した。さて、このたびの（二〇〇八年一月二十日〜）沖縄訪問は、二年前に沖縄県立芸術大学多和田淑子教授から「木綿を初めてカリキュラムに取り入れたので、木綿について講義して、実技を学生に教えてほしい」と誘われたものである。田舎者の高齢者が適任かどうか案じたが、『木綿口伝』の内容を話して、綿から糸になるまでの実技指導を」という先生のアドバイスを受けて受諾した。そして、同大学小倉美左教授から出講依頼と授業内容、染織Ⅱの学生は十名程度で、五日間（一月二十一〜二十五日）の日程であるという知らせを受けた。

一人旅は慣れてはいるが、不安と緊張で肩こりを生じて年を越した。謙虚さと笑顔を忘れないで、私の心に残った木綿の伝承と、体が覚えた技の秘法を、孫のような学生たちに伝えよう。授業はその名も「木綿を伝える」なので、一人一人の心に木綿の種を蒔きたいという願いが日に日に募ってきて、私を前向きに元気にしてくれた。年末から正月にかけて雪がつづき、高速バスや飛行機が運行されない日があった。そのため、運行回数の多い関西空港から那覇への便を選んだ。倉吉から関空まではバスで五時間かかった。空港の広さに驚いていたら、搭乗の際の荷物検査で金具ブラシがひっかかってしまった。この金具ブラシは、野生のぜんまい綿を白綿と混ぜるために、繊維をほぐして手紡糸にする道具である。やむを得ず荷物から取り出して検査官に預けた。十三時五十五分発那覇行き大型ジャンボ機に搭乗した。

私が綿打ち弓（竹製、約八〇センチ）を胸に抱えてシートベルトをしていると、客室乗務員が別の空席に竹弓を移してシートベルトをしてくれた。この竹弓は原始的な綿打ちの道具だが、学生たちに手足を使って綿と一体になって綿打ちを体験させようと思って持ってきたもので、大学に残しておくつもりだった。綿から糸になるまでの工程と、庶民の生活と木綿とのかかわりを話して、環境によい、人体に最適な木綿の魅力を語りながら実技をしよう。一時間四十分ほどの機内で考えをめぐらした。

那覇空港に到着すると、気温二〇度で、首巻もオーバーコートも脱いで手に持つと、竹弓や手荷物で身動きができない。どうにか到着荷物の受け取りに一階まで歩き、大勢の人波の中で順番を待つ。が、金具らしい小包は最後まで流れてこない。そのときアナウンスが流れて私の名が呼ばれ、空港事務所に呼び出されてようやく金具ブラシを受け取ることができた。

汗を流しながら空港からモノレールへの通路に出ると、路肩は花いっぱいで迎えられた。モノレールで安里で下車し、タクシーで沖縄都ホテルに向かった。玄関に飾られた対のシーサーの脇のブーゲンビリアの古木は花盛り、ロビーには胡蝶蘭の鉢が置かれ、花の香りに包まれた。関東方面からの高校の修学旅行生の一団が中に詰め込まれて、身動きができなくなった。私は十三階の部屋に入り、荷物を置いて階下に下りた。大学への道順を調べ、食事をして部屋に入り、十三階から町並みを眺めた。この都ホテルは那覇市の首里城に近い高台にある。過去の激戦地の面影もなく発展し、初回の訪問のときよりも賑やかで、ビル建造物が目立って増えている。戦後六十年余を経た復興力に驚くばかりだった。

興奮のあまり、夜中の二時に目が覚めて、静かにベッドに正座して、初日の授業についてあれこれと思いをめぐらした。

「綿」の授業と実習

初日は「綿」の授業と実習である。先人たちがまだ靭皮繊維しか知らなかったおよそ五百年前、真っ白く柔軟な「綿」が出現すると、人々は一刻も早く綿を身に着けたいと願ったことだろう。近世の農村では、子どもが五歳になると、紡糸車を背負って糸挽き所に集まり、紡糸の練習をしたという。寺子屋での学問の代わりに、綿によって善悪の倫理観や数を覚えたこと。綿屋から綿を借用して糸に紡ぎ、綿の量と糸の量が同量であるという原則のもとに糸屑とゴミを添えて差し出したこと。綿の実を「さねくり」と呼び、その綿を繰り綿と言ったこと。繰り綿を竹弓で打ち、竹弓に綿が引き上げられてくる作業を実演しよう、そして、綿と女性とのかかわりについて話そう、と思った。

沖縄県立芸術大学第三キャンパスへは、都ホテルから首里城行きの百円バスが出ている。芸大前で下車し、午前十時の出校約束より一時間早く到着した。校舎の前のガジュマルの大樹の周辺に学生たちの創作工芸作品が置かれ、三匹の猫が私にすり寄って来た。周辺の民家の庭は花いっぱいで、春の陽気である。猫の出迎えと機の音に導かれて待合室に入ると、沖縄県立博物館・美術館の催しのポスターが目にとまり、これはぜひ見学したいと思った。

仲嶺直子先生にお目にかかり、会議室に案内されると、多和田淑子教授と初対面した。私は、「お目にかかれて光栄です。この年になって若い学生さんに木綿を伝える場を与えて下さった先生と、芸大の諸先生、沖縄県知事に感謝します」と、辞令を受け取り、挨拶をした。先生は、『木綿口伝』初版を持参され、「本の話や綿の手紡糸作りを指導して下さい。木綿は沖縄にもあったのですが、今では誰もやっていません。しばらく続けて来て下さい」と言われた。私は「こんな年なので、もう一年だけにして下さい」と答えた。

美術工芸科の教授、多和田淑子氏、小倉美左氏、中嶋鉄利氏、名護朝和氏、ルバース宮平氏、湯井いづみ氏と大学院造形芸術研究科教授の柳悦州氏にお目にかかり、ご指導をお願いした。先生方は優しく迎えて下さり、ひと安心した。

第一日は綿作りと綿の歴史、綿と女性のかかわりについて話し、綿木から綿桃（コットンボール）を綿繰り器にかけて種子を除去する作業に入った。一握りの綿を竹弓で打った。そして綿打ちしたものを一升枡を裏返した上に薄く広げて、丸箸で片方から強く巻いて直径二センチほどの綿棒を作り、丸箸を抜くと、中が空洞の綿（篠巻き）が出来る。この篠巻きを数本作る作業をした。

綿打ちと手紡の工程は座式作業で行なう。機を移動して茣蓙敷きにし、紡糸車九台を置いた。座り作業や正座ができない学生は、足を伸ばしたり、片足脛立てにしてもよいことにした。紡糸を巻く藁芯は、あらかじめ稲藁二束の根元を十五センチくらいに切って、私が持参していた。

実演は、まず紡糸車を右側において私が正座する。藁芯を車の錘（糸を巻き取る心棒）にはさみ、篠巻きの先端に水をつけ（昔は自分の唾液をつけた）、藁芯に巻きながら右手で紡糸車を回して撚りをかけ、左手で篠巻きを引くと、綿が線状に撚られて糸となる。綿が糸になることに感動した学生たちは「えーっ、えーっ」とかすかな声を発する。私は「できる、できる、と自分の心に繰り返しなさい、私は実演のためだけに遠路沖縄まで来たのではない。綿から糸になる大きな喜びを共有して帰りたいのです」と言いながら、個人指導をして我流の秘伝を伝えた。「出来るかな、出来るかな」の声で第一日目は終わった。

第二日目は、紡糸車の構造の説明と、この紡糸車が朝鮮から日本へ伝えられた歴史、綿の伝来と綿作禁止令のこと、木綿問屋と貧しい農民のこと、綿を貸与されて木綿布を賃織りして生きてきた人たちのことなどを話した。学生たちの目は輝き、よく聞いてくれた。

次に紡糸車ベルトを綿糸を使って作る実演をした。持参した竹の皮（タケノコの脱皮）を水に浸けて柔らかくし、両手で縄状に綯《な》った。紡糸車ベルトの回転と錘を固定する役割にこの竹皮縄を用いている。紡糸車が竹で作られていること、竹皮縄でベルトを固定することなどを分解して説明した。竹の皮は履物や食品の包装、笠などの被り物によく用いられた。水をはじいて強いので、綯ったり編んだり、また、筵《むしろ》織りに藁と竹皮を組ませて用いられた。

第三日は、持参したぜんまい綿を白綿に混ぜて紡糸する。経糸は紺木綿、緯糸にぜんまい紡糸を織り、外出着の外套とし、風水と雪から身体を守った。しかし、農民たちは藁蓑を用いていた。私はその遺品を見て、なんとかして糸にしたいという一念で、山間の山菜加工所でぜんまい綿を集めてもらった。そして昭和四十年（一九六五）ごろに綿打ち屋に依頼して綿打ちの機械で打ってみた。ところが、ぜんまいが機械に付着して、後の手入れが大変だった。そこで、私は我流で金具ブラシを用いている（これが空港で取り上げられたものである）。木綿縞織りの緯糸にところどころぜんまいを紡ぎ入れて立体感を出し、オリジナル作品を制作しているのが私の「秘法」である。仲嶺先生は「初めて見ました。ぜんまいが糸になるのは美しいですね」と言われるので、私は「帯一本分のぜんまいを送りますから続けてください」と言った。「やります、ぜひやりたい」と先生は答え、学生たちも積極的にぜんまい手紡糸に挑戦し、独特の味わいの糸を紡いだ。

三日目になると、学生たちの緊張と不安が笑顔に変わり、糸紡ぎの左手が伸びて肩の高さまで上がるようになり、一人ひとりが場所を大きく使うようになった。糸車がブンブンヤと鳴り始めた。この紡糸のリズム感によって紡糸車と身体が一体となり、まるで舞いを舞うような心持で無心で左右の手が動くうちに、紡いだ糸が俵状に太くなっていく。「この感覚を忘れないで」と、私が呟くと、ある学生が小さな声で「手紡糸を続けると保持者になれますか」と聞いた。「二〇歳の今から三十年続けてください。夢に向かって挑戦することです」と答えて、学ぶ喜びを語った。

次に各自の手紡糸を桛上げ《かせ》（輪状にする）し、精練する。米のとぎ汁を用意し、糸がかぶる量のと

（上）手紡糸づくり（沖縄県立芸術大学美術工芸科２年生）
（左）学生による手紡糸の精練

沖縄県立芸術大学工芸科２年生７名と（向って右前列２人目多和田教授，福井，左端に仲嶺先生，2009年１月23日，同大学第３キャンパスにて）

インド藍

苧麻

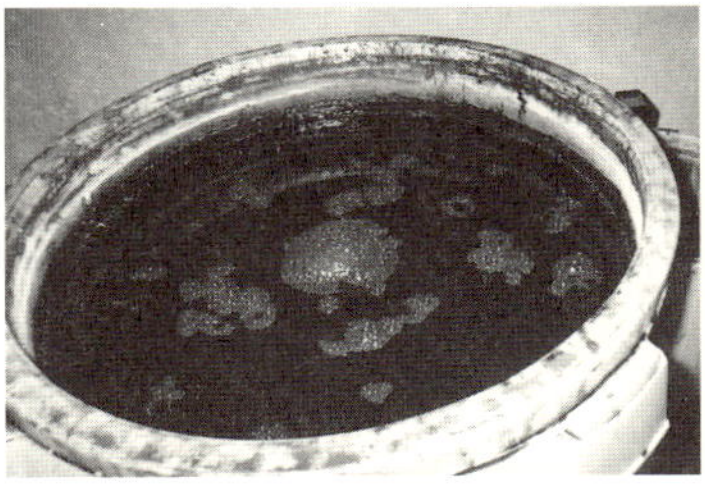

琉球藍醱酵建て

琉球藍

琉球藍の沈澱藍

（沖縄県立芸術大学提供）

ぎ汁に糸を入れて一時間煮出した。白水に茶褐色の綿の油垢が出る。煮ることにより糸の撚りを安定させ、強度を高めるのである。その間に、糸の番手について説明した。糸には、手紡糸の片撚り（左撚り）と機械紡糸の単糸がある。単糸は十番手の片撚り、双糸四十番手は二本を撚り合わせた糸のことで、経糸に用いる。また、一綛の長さ、重量、一反布の糸の量と織り密度、そして算《よみ》（一算は四〇本単位）数で織物の用途が決まる。木綿着尺は十算《よみ》が用いられている。今回の手紡糸は十番手〜二〇番手の太さの片撚りに出来ている。緯糸に用いるのがよかろう、と。

学生たちは全国から選ばれてこの大学に入学した優秀な人たちだ。今、各自の高機では、二〇番手三本撚りで木綿風通織りをしている。筬《おさ》の選び方や綿糸についてよく理解してくれた。

四日目も講義と実習により手紡糸を枠《かせ》上げして、まあまあの出来上がりだった。ぜんまい糸も上手に紡ぐようになった。

五日目は最終講義と、各自のレポート提出の代わりに意見発表会を行なった。まず、「木綿素材研究」のまとめとして、木綿の歴史の概略を述べた。

綿繊維は王様である。人々は靭皮繊維のゴワゴワした布から柔らかで暖かく吸湿性に富む綿に対面して驚き、一刻も早く紡糸して身につけたいと願った。しかし木綿は当初は支配階級の奢侈品であり、一般庶民が身につけるようになったのはずっと後のことだった。初めは文綿《もんめん》として晴着に製織され、中でも薩摩木綿は天文年間（一五三二〜五四）から織られていた。沖縄でも、薩摩と同じく、木綿は紅型《びんがた》染めをして貢布として苧麻《ちょま》や絹、紬《つむぎ》布が作られた。やがて日本各地の温暖な地方で綿が栽培され、綿布が製織されるようになった。木綿は人体に最適な衣料で、素肌に着用するものである。綿は脱脂綿として包帯やガーゼとして、女性の生理現象や出産後の嬰児の手当てなどに用いられるが、以前は妊婦の腹帯に木綿サラシを巻いて母体を保護していた。

明治初期ごろには綿帽子をかぶって白木綿を着用した花嫁姿が見られ、また、死出の旅にも白木綿一反を歯で切り裂き、袖や身頃を木綿針で大きく縫合して着せ、手甲《てっこう》と脚絆《きゃはん》、頭陀《ずだ》袋を肩から下げるのに木綿布を用いた。一反木綿は人の出生から死に至るまでの生活のすべてにかかわる貴重品だった。

現在の環境問題を考えても、木綿は最良の植物繊維である。木綿は水洗いするほどに強靭さを増し、真っ白く柔軟な布で、元の綿になるまで着用できる。五十年も着用すると、自分の皮膚と同じような愛着が生まれ、損傷箇所に当て布を当てつづけていると、針と糸によって味わい深い衣料になる。私は、皮膚と同じ分身であるボロ布に魅せられて、それを世の人々に伝えようと『野良着』（ものと人間の文化史、法政大学出版局、二〇〇〇年）を発表した。しかし、木綿離れと廃棄の風潮を堰き止めることもできず、口コミで木綿文化の素晴らしさを伝えてきた。

このたび、美術工芸科二年生の皆さんにお目にかかり、私の我流の秘法で一週間で糸が紡げる手技を一緒に学んだこの喜びは大きい。若い皆さんが、女性と木綿のかかわりの歴史について、私が話したことを伝えてほしい。私は生きる上で困難が生じたときに機の上で織りによって心を癒し、困難に耐え抜いてきた。私が織りを学んでいたからこそ、辛苦に満ちた老女たちの話を聞き取ることが出来た。無名の老女たちは木綿を通じて家族を守り、口々に「木綿を後世に伝えて」と語っていた。

「若い皆さんが、綿から糸を挽く苦労が喜びに変わる瞬間に、技をもつ自信が生まれる。この技を知らないで生きるよりも、知っていれば、今後生きていくうえできっと役に立つと思う。織りや手紡糸作りでの忍耐はきっと大きな喜びに変わり、伝える楽しさに変ることだろう。伝統を尊び、親の恩、先祖への感謝と師や友人関係を大切にして、先人たちの技を超えてほしい」。

私はこう話して、学生たちの意見発表を聞いた。「大変よかった。楽しい授業だった」との声を聞いた。

私が初めて大学の門をくぐったとき機の音に迎えられたことを前に記したが、その音は大学四年生の崎原克友君が卒業制作・絹地花織と絵絣（手結い絣ずらし技法）着尺を織っていた音だった。崎原君は琉球藍を校舎の隣接地に育て、その藍を泥藍（生葉を刈り取ってその日のうちに水に浸け、何度も水を替える）から醗酵藍にして染めていた。絹糸を三色の濃淡と絣に染め出して機の音を響かせていた。彼は「四人兄弟の末の長男で、姉が三人いる。自分が織りに興味を持ったのは、近所の老女が苧《ちょ》麻布《ま》を織っていたのを見たことによる」と話し、研究生として残って織物を研究するという。彼に案内されて、琉球藍とインド藍、それに苧麻の撮影をした（二二七頁写真参照）。また、藍液や沈澱藍も見学し、私は阿波藍の種子を送る約束をした。

県立博物館・美術館の開館（二〇〇七年）記念展の催しを鑑賞しようとタクシーを止めると、親切な運転手は「モノレール路線と百円バスが通っているよ」と教えてくれた。

那覇市おもろまちに建立された県立博物館・美術館は堂々たる近代建築である。美術館に展示された沖縄の民衆の着装や風俗に関心を持って観た。男女とも七分丈で、細帯の前結びや腰元の紐結びで働いていた。袖口は全開で裄《ゆき》の長さが短く、素材は苧麻が多かった。本土で夏に着用する甚平《じんべい》（袖なし羽織のような簡単な衣服）によく似ていた。

展示物の中に木綿紅型染め衣装と紅型の型紙（人間国宝・故鎌倉芳太郎氏の寄贈）があった。私は、この地で木綿紅型染めを観るのが夢だった。展示品の紺地獅子牡丹模様の紅型幕（縦九七センチ、横二四四センチ）を目を凝らして眺めた。また、読谷《よみたん》山花織着物（身丈一一四センチ、裄六四センチ、年代・作者不詳）は表紺地に花織り、裏地は黄に紅型染めの袷《あわせ》着物で、表・裏地とも木綿であった。また、木綿紺地手縞上衣（身丈一〇八センチ、裄五六センチ、年代・作者不詳）は黄と緑の縞で、赤い半襟をかけていた。次に木綿浅地絣裂つなぎあわせ胴衣（身丈九八センチ、裄五七・五センチ、年代・作者不詳）は経矢と緯矢に格子のはぎ合わせ着であった。私はメモ帳にこれらのデータを記して、木綿衣料が生活の中で用いられていたことを確認した。地機や綿繰り道具も展示されていたが、本土と同型であると思った。

沖縄の多様な民具、農具、生活用具を観ながら、一八七九年に琉球王国が解体されて沖縄県となり、昭和の第二次大戦によって多くの人命と物を失いながら、ここまで再興された沖縄の人々の力に頭を下げた。

博物館では、一九九二年に再建された首里城（世界遺産）が、かつての琉球国王の居城として栄華を極めていたありさまを常設展で見ることができた。

沖縄の海の色や空の色、年中花で埋め尽くされた自然環境が、染織や陶芸の創作に見事に生かされて、独自の美を生み出していると感じた。

不思議なつながり

私の資料の中に琉球大学の大城志津子先生（一九八九年に五十五歳で逝去された）の遺された作品がある。『木綿口伝』のあとがきに書いたとおり、東京に在住の高橋マズミさんが宝物のように大切にしておられた資料を私に保管してほしいというお申し出により、大城先生の遺品を私が所蔵することになったものである。高橋さんは、大城先生の個展で手に入れられたという話を聞いていた。それから十年前、沖縄県立芸術大学に大城先生が資料を寄贈され、そのままになっているとのことだった。多和田先生が、それらの資料を持ち出すから、監査をしてほしい、と私に依頼された。木綿縞で藍染めを主にした棒縞が多く、「大和もの」と記録されていた。私は一枚ずつ拝見しながら、大城先生から不思議なメッセージを受けて身の引き締まる思いだった。学究の人であり、織りの名人でもあった先生が若くして逝去されたことが惜しまれる。合掌してご冥福をお祈りした。

〈大城志津子氏の木綿収集遺品の推測〉

①大城氏の記した「大和」は、多和田教授の言われるとおり沖縄では日本本土のことを「大和」と呼称してきたので、ただちに奈良地方に産出した大和木綿であるとはいえない。私が直感的に感じた

のは、西日本の綿産地で製織された縞布に類似していることである。しかし、産地を特定することはできない。

②縞製品の用途は蒲団（掛け／敷き）の表布で、裏地は紺布を用いた。並幅（三五～三七センチ）を四幅縫合した表地に、裏地六幅を用いて額縁仕立ての上掛け蒲団が作られた。敷布団は表二～三幅に裏紺地を三～四幅縫合した。蒲団の大きさは中入れ綿と関係し、貧富の差によって大小さまざまであった。

③木綿縞遺品の年代は、明治期が木綿絣の全盛期であり、多彩色と複雑な縞筋が混入する大正期から昭和初期ごろまでの製品であろう。明度感のある縞布は年代が新しいように感じた。

④木綿縞布数十点を精査すると、手紡糸織り、単糸、双糸の製織であった。耳白糸を用いた家庭織物特有の縞、当て布を数箇所当てたもの、繊維がとけて「綿状」になっている布もあった。織り密度は経糸九・五算、十算（一算は四〇本、七六〇～八〇〇本）であり、厚地である。

⑤日本の木綿は沖縄、薩摩（鹿児島県）、博多・小倉（福岡県）、三河（愛知県）、尾張（愛知県）、大和（奈良県）、松坂（三重県）、河内（八尾、東大阪）、備後（広島県）、伊予（愛媛県）、平田・広瀬（島根県）、弓浜・倉吉（鳥取県）の各地方で早くから木綿縞が生産された。昭和四〇年～六〇年（一九六五～八五）の間に各家庭から木綿布が大量に放出され、古物商や古布市に山積みにされた。各地の商店に集荷された縞衣料は、生産者の証言や収集家の聞き取り作業なしに産地を類別するのは早計である。私は民芸愛好の木綿収集家や骨董店、京都の古布市などでも触感を通して木綿を学んだが、自ら

地元で製織者の解説を聞き取って収集を続けたことが、私の唯一の財産であると思った。庶民の生活衣料である木綿縞は、膨大な数量にのぼり、底が深い。

古布こそ日本文化を象徴する有形資料であり、それに大城志津子氏が着眼されて守ってくださったことは偉大な業績である。織りを志す者は、日本の伝統木綿織物の歴史と文化を伝える責務がある。大城志津子氏に心から感謝している。

沖縄県立芸術大学の仲嶺直子先生のご主人も同じ大学で教えておられる。また、沖縄実験劇場の蛇皮線奏者として活躍され、今でも自宅で大人や子どもたちに蛇皮線を無償で指導しておられるとのことである。「たくさんの人が家に来られ、蛇皮線の音で賑やかですよ」と、仲嶺先生は話された。私は沖縄実験劇場の松田益平氏の消息を尋ねた。「実験劇場で夫はよく知っていますよ」という答えに、私はまた不思議な因縁を感じて驚いた。

私は一九九九年七月に地元（倉吉・米子）で亡夫と力を合わせて沖縄実験劇場「アンマーたちの夏」（本の会主催）の公演を実現させたときのことを思い出していた。松田益平氏は前進座の道具係りから、沖縄に移って（郷里は鳥取県琴浦町）実験劇場の道具係りを担当していた。その松田氏から「アンマーたちの夏」の公演を電話で何度も依頼され、また何通もの手紙を頂戴した。電話口で夫は「無理だと思います、駄目です」と何度も断っていたが、その後県内二箇所（米子市と倉吉市）と米子市民劇場との交渉の結果、ついに公演が実現することに決定した。

公演が決定するや、松田氏から初めて見るゴーヤが三十本送られてきた。私はゴーヤと入場前売券を持って、一人でも多くの人に観てもらうために知人や絣の生徒たちを訪ねて、毎日車で走り回った。公演当日、倉吉福祉会館ロビーで松田益平氏と初対面した。松田氏は帽子を取るなり「このとおり今抗癌剤で頭髪が抜け、病院から許可をもらって出てきました。昨日は両親の墓参りをし、これでやっと故郷で旗上げが出来ます。千秋君のおかげです。とても感謝しています」と挨拶された。私は松田氏のご病気を知り、あれほど強く「頼む、頼む」とおっしゃった理由がわかり、納得した。私が「ようおいでくださいました。今日は花束とスイカを準備していますので、ぜひ舞台に立ってください」とお願いすると、「道具係りの裏方は舞台に上がれないですよ」と言うので、「監督さんに頼んでみますので、郷土の皆さんに顔を見せてください」と重ねてお願いした。

「アンマーたちの夏」は、沖縄の女優・北島角子氏ほか五名が沖縄戦の体験と平和の尊さを語り継ぐ芝居である。倉吉会場は約八〇〇人の観客が上演者と一体となり、平和を願う心でむせび泣いた。その公演後に女優たちの左端に松田益平氏が立った。女優たちには花束を、松田氏にはスイカを贈った。松田氏が帽子を取り、片手でスイカを高く掲げて挨拶されると、会場から大きな拍手が起こった。私はよかった、よかった、と独り言をいいながら、頬に涙が伝わった。

実験劇場の皆さんをわが家にお泊りいただくために、数日前に男女の寝巻十三着を購入した。ところが、前日になって三朝温泉の木屋旅館に変更され、私も一緒に夕食を共にさせていただくことになった。（夫が松田氏の病気を知って温泉宿をプレゼントしたようだ）翌朝九時、貸切の大型バスで道具類と共に関西空港に向けて出発する。朝早くお土産に山桃をもいで十三のパックに作って三朝温泉へ行った。バスの発車間際に夫はポケットから手摑みで二万円を松田氏に渡し、「一日でも長く生きてくれよ」と言った。松田氏は驚いた表情で発車するバスの窓から頭を出して手を振り続けた。

夫を乗せた車の中で私が「男の友情はすばらしいね」と言うと、夫は「松田氏は平和のために活動した尊い人だよ」と言った。公演の後始末は数十万円の赤字を出したが、私の六十六歳の誕生日に沖縄の平和への思いを伝えることに協力できたことを、松田氏のお導きによるものと感謝している。

その一年後に夫が癌であることを医師に告げられ、沖縄の松田氏に癌の妙薬「沖縄アガリクス」という乾燥きのこの濃縮液を飲むよう勧められて実行したが、一年後に他界した。松田氏も既に旅立っておられることかと思うが、美術工芸染織の仲嶺先生のご主人が松田氏と知己であられたとは。不思議なつながりに、過去の記憶をよび覚まされた。

私は、かつて沖縄戦に向かって飛び立つ寸前の十六歳の少年であった亡夫・千秋の遺影を胸にして沖縄に来た。そして、平和のうちに再興を果たした沖縄のことを共に喜びながら帰りの飛行機に乗った。

隣席の老人は九十歳で、東京から大阪経由で沖縄に講演に来たという。元大学教授というこの方は、妻を亡くして一人で生活していると話しながら、「六十、七十はまだ若者ですよ」と諭され、私は若者に木綿を伝えることを使命として活動を続けようと思った。

五　沖縄再訪

綿種を播く

二〇〇九年一月、私は再び沖縄を訪れて、県立芸術大学の学生たちに講義と実技指導を行なうことになった。

昨年一月に素材研究で学生に渡した伯州綿種が綿桃（コットンボール）となって収穫されていた。仲嶺直子先生に送ったぜんまい綿も、白綿と混ぜて紡いだ帯一本分の紡糸となったものを見せてくださった。研究生の崎原克友君（昨年卒業制作中）は大学の敷地で育てた綿実をザルに入れて見せてくれた。伯州綿が沖縄で実った喜びは大きかった。さらに、昨年度手紡糸を実習した沖縄県出身の玉木由香さんは、紡いだ糸を両手いっぱい私に見せて「糸の太さはこのくらいでいいですか」と問いかけた。彼女は紡糸車を新調して手紡糸を続けているらしい。大学では高度な苧麻《ちょま》（ラミー）の経絣を製織中だった。

今年は大学院生一名が加わり八名の受講生だった。木綿の歴史的背景と民俗、木綿糸の番手と布の関係、綿に関する講義と手紡糸の実習を行ない、最後にレポート作成を義務づけた。兵庫県出身の学生から、自宅の古機を解体して送ってもらったので組み立ててほしいと頼まれたので、早速この丹波木綿機（一間機）を組み立てて高機の授業を加えることにした。

綿繰り、篠巻き、手紡糸を初体験の学生たちは、私の手技をカメラに収めていた。学生たちは目を輝かせて聴講し、ノートに書き取ってくれた。糸を枠《かせ》上げにし、米汁で精練仕上げをして、全員が満足そうな笑顔にあふれていた。

ふわふわと柔らかい手紡糸でマフラーを織りたい、手紡糸づくりは特技としてつづけていきたい、などと話し合っていた。

大学院生の辻本絵美さんは三重県の出身で、今回の講義で松坂木綿産地のことを知り、「卒業後は三重県に帰り、綿の栽培と手紡糸の技法を役立てたい」と話してくれた。

左手に篠巻き（綿棒）を握り、右手で紡糸車を回転する。その感覚に呼吸を合わせて糸が生まれる。「こんなすばらしい喜びを味わったのは初めて」と語る学生たちにコットンボール一個づつを渡し、綿種を播いて育てることを約束してもらった。

紡錘具のこと

同大学で首里織りを教えておられるルバース宮平吟子先生（一九五〇年生）は、首里織りの人間国宝・宮平初子さんの娘さんで、結婚されてルバース宮平と呼称されている。

宮平さんは二〇〇八年の夏季休暇中にブータンに研修旅行をされ、その土地で、立ち姿で糸を紡ぐ人を見て、ブータンの紡錘具を収集された。宮平先生は私にブータンの紡錘具を紹介して下さり、研究生の崎原君がその紡錘具を使って糸を紡いで見せてくれた。

立姿で紡糸するギリシアの老女
(絵はがきより)

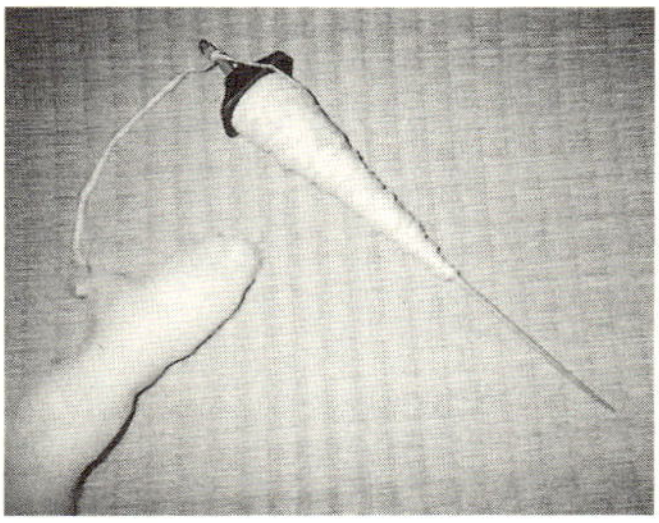

ブータンの紡錘具
(ルバース宮原吟子氏提供)

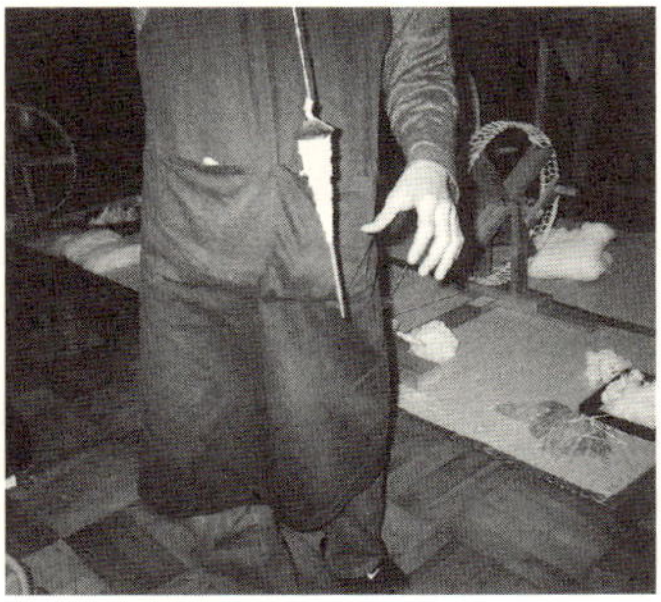

立姿での紡糸実習
(沖縄芸大・崎原克友君)

儀間真常の墓(沖縄県首里,田名弘氏提供)

私はこれまでに文献や絵画、絵葉書、遺跡発掘出土品などでさまざまな紡錘具をスケッチし、糸によりをかける道具として記録してきた。一九八九年にギリシア・ナフプリオンで購入した絵葉書でも、老女が紡糸具を持って立っている（前頁の写真参照）。また、ミレーの絵画「糸を紡ぐ少女」にも立ち姿で糸を紡ぐ姿が描かれている。

私は今回、ブータンの紡錘具を手に持ち、実際に糸を紡ぐ所作をしながら学ばせてもらった。

沖縄へ木綿を伝えた儀間真常

ルバース宮平教授から「沖縄へ木綿を伝えたのは儀間真常《ぎましんじょう》で、約四百年前に中国から綿、苧麻、さとうきびを取り入れ、木綿製織は鹿児島から梅千代、実千代《さねちよ》を沖縄に連れて来て織りを広めた。昨年は儀間真常四百年祭があり、現在も首里に十八代目の田名《だな》弘家が住まわれ、一族の墓もある」と教えられた。

翌朝早速崎原君の案内で墓地を訪れた。元の墓は米軍基地になったので首里に移して建立したとのことだった。そして、墓地の裏側にそびえるガジュマルの大樹は戦災で残った記念樹だとのことだった。広大な敷地内の墓地には案内地図や儀間真常の碑があり、「木綿……」の文字が刻印されていた。墓に合掌して故人の業績に感謝した。

儀間真常について正確に知るために、『大百科事典』（沖縄タイムス社、一九八三年）を引用させていただく。

「儀間真常　一五五七―一六四四（尚元二～尚賢四）。沖縄最大の産業功労者。麻姓《ませい》六世儀間親方《ウェーカタ》。童名《ワラビーナ》は真市。唐名は麻平衡《まへいこう》。真和志間切《まわしまぎり》（現那覇市）垣花村《かきのはな》生まれ。（中略）真常は鹿児島にとどまり一六一一年の帰国のさい、木綿種を持ち帰る。その栽培に努めたあと、木綿織りを始める。これが琉球の絣の嚆矢とされている。（以下略）」

この記事によると、真常は鹿児島から琉球へ綿の種を持ち帰り、木綿栽培を普及したようである。つまり、薩摩が木綿の先進地であったということである。また、記事中の「麻姓《ま》」については、仲嶺直子先生によれば、「麻氏《まうじ》一族はみな真《しん》の字が付けられています。夫・仲嶺真吾《しんご》も麻氏《まうじ》一門です」とのことである。

儀間真常の真の字が継承され、一門はいまだに祖先の祭りごとを大切にして年中行事を行なっているという。

琉球舞踊「かせかけ《かしかき》」

古典女七踊りの一つである「かせかけ《かしかき》」を見ても、織りと工具が伝統舞踊と密接な関係を持っていることがわかる。『琉球舞踊』（沖縄県文化振興課、一九九五年）を参考にして、「干瀬節《ふぃしぶし》」と『七尺節《しちしゃくぶし》』を紹介する。

（干瀬節）「七読《ななよみ》と二十読　綛《かし》掛けて置きゆて　里《さとう》が蜻蛉羽《あげずばに》　御衣よすらね」

（十七読み、二十読みの細かい綛《かせ》をかけて、あなたのためにとんぼの羽根のように薄くて

琉球舞踊に用いる工具

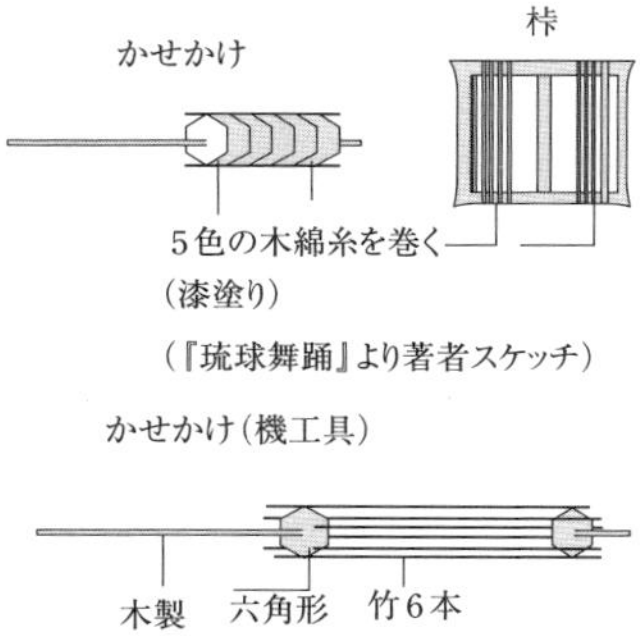

(『琉球舞踊』より著者スケッチ)

(県立沖縄芸術大学(染織)提供)
(著者スケッチ2009年)

紡錘具

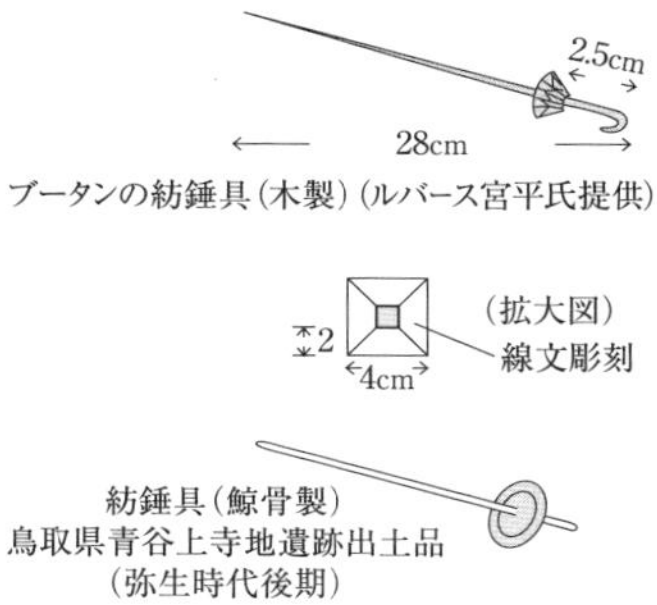

ブータンの紡錘具(木製)(ルバース宮平氏提供)

紡錘具(鯨骨製)
鳥取県青谷上寺地遺跡出土品
(弥生時代後期)

(鳥取県埋蔵文化財センター提供)
(著者スケッチ2001年)

上質な布を織ってあげましょう。)

(七尺節)

「枠ぬ糸綛《いとかし》に　繰り返し返し　掛けて面影《うむかじ》の
勝《まさ》て立ちゆさ　綛《かし》かけて　伽《とうじ》やならぬものさ
らめ　繰り返し返《がい》し思《うみ》ど増《まさ》る」

(糸巻きの枠に糸を繰り返し繰り返し巻いていくにつれ、あなたの面影が重なっていくのです。綛をかけて糸作りの作業をすることで思いを紛らそうとするのですが、繰り返すごとにあなたへの思いは増すばかりです。)

「かせかけ」舞踊は頭に椿の花を飾り、白地に紅型《びんがた》染め、鳳凰《ほうおう》文、菖蒲文、扇文などを染めた紅型を右肩袖抜きにして、織りに働く姿を伝えている。両手には機工具の綛《かせ》と枠《わく》に五色の木綿糸を巻いて、小道具を持って踊る動作と手足の動きが美しい。肩から紫の帯を垂らし、足には赤い足袋をはいて踊る。仲嶺先生は「琉球古典舞踊は、首里城に中国から冊封使《さっぷうし》がおいでになったときに踊られ、十五歳くらいの男子が女装で女踊りを踊ったようです」と話された。石垣島生まれの崎原君は、「月夜浜《つきやはま》」、「舟越《ふなくや》」という、綿の花の造花と枠掛けで踊る木綿踊りがあり、木綿布を肩に掛けたり手に持って踊っている、と話してくれた。

琉球舞踊の古謡の中には、先に引用したように、枠や糸綛など織りの工具を手に持って繰り返す労働を表現しながら家族や恋人への思いが歌い上げられ、踊りに表現されている。そればかりでなく、「十七読」「二十読」（読は算とも書き、たとえば二十読とは経糸一六〇〇本を用いることである）などと織り密度にかかわる細かい技法まで歌い上げられていることには驚かされる。

女性たちは、手づくりで綿から布に織り上げ、衣服に縫って家族に着せる労働のほかに、織物で換金商品をつくる作業に励んでいた。多和田淑子先生（一九四四年生、沖縄県無形文化財・首里織物保持者）は、「薩摩藩には貢納布制度があり、沖縄の人々はそれに大変苦しめられたそうですよ」と話された。そして先生は織物の友人と一緒に本場琉球料理のお店に私を招待して歓迎して下さった。踊りにまで受け継がれてきた織りの喜び、そして織りに愛情をそそいで生きる沖縄の人たちに親しく接する機会を得て、私は沖縄の染織文化と舞踊文化のすばらしさを実感することができた。

首里駅からモノレール「ゆい」に乗車すると、沖縄民謡が流れ、その旋律に送られて那覇空港に到着した。大学構内の青々とした芭蕉や琉球藍に魅せられた私は、琉球藍一株を土産にもらって帰途に就いた。

参考文献・資料提供者一覧（順不同）

〈文献〉

三瓶孝子『日本機業史』雄山閣、一九六一年
井上清『日本女性史』三一書房、一九五三年
大野晋『日本語の源流を求めて』岩波新書、二〇〇七年
佐伯梅友・藤森明夫・石井庄司校註『新訂萬葉集』朝日新聞社、一九七三年
『絣之泉』同仁社、一九〇四年
永原慶二『苧麻・絹・木綿の社会史』吉川弘文館、二〇〇四年
松本寿三郎・板楠和子・工藤敬一・猪飼隆明『熊本県の歴史』山川出版社、一九九九年
古賀勝『筑紫次郎の世界・小川トク伝』二〇〇七年
田村信三・浅井義三『尾張機業取調報告書・高等商学校』一九〇一年（国立国会図書館デジタルアーカイブ）
吉岡幸雄『日本の色辞典』紫紅社、二〇〇〇年
『夢をつむぐ人・白鳥正夫』東方出版、二〇〇二年
『漁火のような広がりを』（福井千秋遺稿集、私家版）二〇〇二年
『中国茶花』中国世界語出版社
『よみがえる幻の染色』島根県立古代出雲歴史博物館編、ハーベスト出版、二〇〇八年
『大百科辞典』沖縄タイムス社、一九八三年
『琉球舞踊』沖縄県文化振興課、一九九五年

福井貞子『木綿口伝』法政大学出版局（ものと人間の文化史）一九八四年初版・二〇〇〇年第二版
　『野良着』（ものと人間の文化史）法政大学出版局、二〇〇〇年
　『絣』（ものと人間の文化史）法政大学出版局、二〇〇二年
　『染織』（ものと人間の文化史）法政大学出版局、二〇〇四年

〈新聞・雑誌掲載文〉

福井千秋「漁火のような広がりを」『山陰中央新報』一九八七・一〇・一四
　「これからの自治体に求めたいもの」『自治新報』第四七巻、地方行政システム研究所（東京）一九九五年
福井貞子「私の交遊抄」『朝日新聞』一九八四・七・四
　「私の交遊抄」『朝日新聞』一九八七・二・二五
　「染織雑感」『ＯＲＩＮＵＳ（織りなす）』手織技術振興財団（京都市）、一九九五年
「藍と白の織りなす世界」『朝日新聞』一九八八・九・三〇
生田清「貴重な女子労働史発掘」『中国新聞』一九六六年
高多彬臣「福井千秋さんを偲ぶ」『日本海新聞』二〇〇一・六・一四
「標本数百種つくる」『朝日新聞』一九六五・一一・二五
「倉吉かすり自費出版」『朝日新聞』一九六六・一一・一七
「郷土の伝統産業を守ろう」『産経新聞』一九六八・一・一八
「伝統倉吉絣資料も焼失」『朝日新聞』一九八三・一・一九
「かすりの伝統残したい」『朝日新聞』一九八四・二・二五
「伝統文化ポーラ賞」『日本海新聞』二〇〇五・一〇・四

「大山緑陰シンポジウム」『本の学校』一九九六年
「ひらかれた図書館づくりのためのシンポジウム」倉吉本の会、一九八〇〜八六年
「倉吉勤労者映画演劇協議会・機関紙」、会員証、映画入場券、一九六四〜六七年
篠田光雄「名文ニュース」名古屋文具事務用品協同組合、一九六九・八・一
足立茂美「本の学校」『BOOK and LIFE』、二〇〇八・八

〈書簡〉
桑田重好（愛知県刈谷市）一九六五年
鎌倉芳太郎（東京都）一九八四年
宮本常一（東京都府中市）一九六八・六・二〇、一九六九・二・三
松浦浩子（茨城県水戸市）二〇〇六年
堀内泉甫（奈良県吉野郡）
牧幸子（鳥取県倉吉市）二〇〇六年
松野晃（静岡県駿東郡）二〇〇一・五・二八
福井千秋（鳥取県倉吉市）一九五一〜六一年

〈資料提供者〉
桑田重好（絣・愛知県刈谷市）
長谷川富三郎（絣・鳥取県倉吉市）
倉吉市博物館（絣・鳥取県倉吉市）
倉吉北高等学校（絣・鳥取県倉吉市）

倉吉絣研究室（写真・鳥取県倉吉市）
吉岡威夫・孝子（絣・熊本県山鹿市）
堀内泉甫（絣・奈良県吉野郡）
古賀真理（絣・「伝」主宰、福岡県北九州市）
平野碩也（写真・熊本県山鹿市）
堀内威夫（写真・奈良県吉野郡）
松浦浩子（写真・茨城県水戸市）
島根県立美術館（写真・松江市）
青戸柚美恵（絣布・島根県安来市）
松永辰郎（写真・東京都町田市）
ルバース宮平吟子（写真・沖縄県）
県立沖縄芸術大学（写真・沖縄県）
日本女子大学（写真・東京都）
高塚精一（写真・素描・鳥取県）
日本伝統工芸展（写真・東京三越会場）

あとがき

五月の農村は新緑に囲まれ、やがて耕地して田植えがはじまる。かつてのレンゲ草の紅色や麦秋の黄金色が緑に映えた田園風景は見られなくなり、過疎化した農村の田畦には、老人がポツリ、ポツリと歩いている。そして、春を待っていた蝶や小鳥たちは空高く飛翔し、人々と共に生きている。

昭和初期に生まれた人たちは、もう八十歳の高齢となった。その時代を生きてきた人たちは、貧困と戦争の体験をくぐり抜け、その後の平和な暮らしの中で自由と人権を尊重する社会制度の下で生きてきた。ところが、昭和中期ごろに衣生活に大変動が起こり、木綿は化学繊維に取って代わられて、過去の木綿文化は消滅する危機に立たされていた。

そのことに心を痛め、木綿に魅せられ、木綿の文化を次の世代に伝えたいと願う方たちに資料を提供していただき、日本の木綿文化の足跡を記録に留めたいという思いから筆を執った。

木綿愛好家が増えて薄明かりが感じられるこの頃であるが、私はまず在野の老女たちに感謝したい。彼女たちは一生かかって培われた絣織りの秘法を織物ノートと絣布とともに私に譲って下さり、口伝えに私を絣の道へ導いて下さった。彼女たちを師として趣味的な織物を続けていた私だったが、勤務している高等学校の施設内に、社会人に入室してもらう絣研究室が併設され、県外からも大学新卒者が集まるという、全国でも珍しい研究施設となった。そして行政（県・市）からも物心両面の援助（絣保存会の設立等）を受け、さらにマスコミ報道によって広く知られることになって、私たちの研究活動は不動のものとなった。また、一方、家族の協力を得て、絣製織を自宅に仕込みで学んでもらう機会もあり、とうとう私設絣舎を建立して絣を常設展示し、絣のすばらしさを自らの手で紹介することになった。

私は絣研究室に入室してきた人たちに、老女たちから学んだ織りの秘法を伝え、早道で絣が織り出せるように一緒に学んできた。倉吉絣保存会の会員数は年々増えて、機の音が響き、小学生たちに体験させる催しも行なわれるようになった。無形文化財である織りの技術は個人の秘密ではなく、多くの人々に広めるために精進してきたのだと思っている。

私が『木綿口伝』（一九八四年刊）を執筆するきっかけとなったのは、昭和四十八年（一九七三）に法政大学出版局の故・稲義人氏が、わざわざ私の勤務していた高等学校においで下さり、「山陰地方の木綿収集時に聞き取ったことを書いてみては」と勧められたことだった。そしてその後、同出版局の松永辰郎氏は、私の稚拙な原稿に手を入れて親身になってご指導下さった。氏のご苦労は大変なものだったと思い、感謝している。

そして、故・司馬遼太郎氏が『週刊朝日』の連載〈街道を行く〉の「因幡・伯耆の道」(一九八五年一〇月二十五日)で『木綿口伝』を紹介して褒めて下さった。(その後、この連載が単行本となり、さらに文庫化されて多くの読者に読み継がれている)

こうした経緯もあり、私は『木綿口伝』に続く数冊の本を書き進むエネルギーをもらってきた。『木綿口伝』では、老女たちの絣への思いと木綿にまつわる女子労働の歴史と実態(歴史的に女性が置かれてきた立場の弱さ)とともに、木綿のすばらしさ・美しさを述べたが、このたびの続編では、私の半世紀にわたる木綿とのかかわりをさらけ出し、木綿を伝承してきた人々の人生を記した。

早婚の私は生活の中で苦しいときは日記に書くことで悩みを昇華させ、苦境から逃げずに機の上で心を蘇らせて来た。木綿に目を開かせてくれた家族・夫の存在を抜きにしては書けないため、恥ずかしい私事までさらけ出すことになり、執筆の途中で自嘲に陥ったり、ペンを投げ出したりの連続だったが、松永氏の説得に負けてこのようなかたちで一書にまとめることになった。

木綿行脚で集めた秘蔵品の一つ一つに木綿の力強さと地方の女性の底力、そして絵絣に魂を吹き込んだ祈りの力を感じながら、木綿を愛する多くの人々に支えられて、ようやくここまでたどり着いた。

私がこのような「木綿私記」を発表すれば、家族もろとも衆目に晒されることになる、との思いで、執筆中に何度も挫折し、悩み続けた。しかし、目に見えない何かに引き出されるようにして生かされている自分に気づき、真実を書く勇気をもらった。今思えば、恥を晒しつつ自分史を書くことは、自立した生き方を模索して生きてきた私の七〇年間の総決算ともいうべきものであった。

「絣を遺して」と遺言した多くの老女たちの言葉と、死の十数分前に「……紙に残して」と記した、謎のような亡夫の言葉が、私の胸の中で重く響き合っている。亡夫の遺稿集の中からその一部を転載させていただいたことをお許しいただきたい。

日本の手工芸・絣の伝統文化を伝承することと、文化・芸術・平和運動を展開するという、私たち夫婦が関わってきた二つの活動の根は繋がっていると思う。二本の糸を一本の縄に綯うようにして一途に生き、私は今ようやく「木綿往生」の境地に立った。

拙劣な文章で木綿人生のありのままを綴ったが、めぐり会った多くの方々に育てられ、励まされてきたことを感謝している。

本書の執筆と校正中にお二方の恩人の訃報を受けた。私の勤務先の高等学校に絣研究室を立ち上げて下さった前校長の小林俊治先生（二〇〇八年逝去、享年百二歳）とギリシアへ衣服研究の旅にお伴させていただいた中嶋朝子先生（二〇〇九年逝去、享年九十六歳）のお二方である。心から哀悼し、ご冥福をお祈りしつつお礼を申し上げる。

伝えることは学ぶことだったと思っている。共に学んだ方々にご無礼やご迷惑をおかけしたのではないかと危惧している。心から陳謝したい。

私を導いて下さった諸先生方と、私の文章を本にまとめて下さった法政大学出版局の松永辰郎氏に心からお礼を申し上げます。

絣に関する文中で不明瞭な箇所や、ご意見・ご批判などありましたら、ご遠慮なくお申し出下さいますようお願い申し上げます。

二〇〇九年六月一日

福井貞子

著者略歴

福井貞子（ふくい　さだこ）

1932年鳥取県に生まれる．日本女子大学（通信教育）家政学部卒業．大阪青山短期大学講師を経て，倉吉北高等学校教諭，同校倉吉絣研究室主事をつとめる．1988年同校を退職．日本工芸会正会員．著書に『木綿口伝』，『野良着』，『絣』，『染織』（以上，ものと人間の文化史，法政大学出版局刊），『倉吉かすり』（米子プリント社），『染織の文化史』（京都書院）など．

ものと人間の文化史　147・木綿再生

2009年 9 月18日　初版第 1 刷発行

発行所　財団法人　法政大学出版局

〒102-0073 東京都千代田区九段北3-2-7
電話03(5214)5540／振替00160-6-95814
印刷／三和印刷　製本／誠製本

Printed in Japan

ISBN 978-4-588-21471-4

ものと人間の文化史

★第9回梓会出版文化賞受賞

人間が〈もの〉とのかかわりを通じて営々と築いてきた暮らしの足跡を具体的に辿りつつ文化・文明の基礎を問いなおす。手づくりの〈もの〉の記憶が失われ、〈もの〉離れが進行する危機の時代におくる豊穣な百科叢書。

1 船　須藤利一編

海国日本では古来、漁業・水運・交易はもとより、大陸文化も船によって運ばれた。本書は造船技術、航海の模様の推移を中心に、漂流、船霊信仰、伝説の数々を語る。四六判368頁 '68

2 狩猟　直良信夫

人類の歴史は狩猟から始まった。本書は、わが国の遺跡に出土する獣骨、猟具の実証的考察をおこないながら、狩猟をつうじて発展した人間の知恵と生活の軌跡を辿る。四六判272頁 '68

3 からくり　立川昭二

〈からくり〉は自動機械であり、驚嘆すべき庶民の技術的創意がこめられている。本書は、日本と西洋のからくりを発掘・復元・遍歴し、埋もれた技術の水脈をさぐる。四六判410頁 '69

4 化粧　久下司

美を求める人間の心が生みだした化粧―その手法と道具に語らせた人間の欲望と本性、そして社会関係。歴史を遡り、全国を踏査して書かれた比類ない美と醜の文化史。四六判368頁 '70

5 番匠　大河直躬

番匠はわが国中世の建築工匠。地方・在地を舞台に開花した彼らの造型・装飾・工法等の諸技術、さらに信仰と生活等、職人以前の独自で多彩な工匠的世界を描き出す。四六判288頁 '71

6 結び　額田巖

〈結び〉の発達は人間の叡知の結晶である。本書はその諸形態および技法を作業・装飾・象徴の三つの系譜に辿り、〈結び〉のすべてを民俗学的・人類学的に考察する。四六判264頁 '72

7 塩　平島裕正

人類史に貴重な役割を果たしてきた塩をめぐって、発見から伝承・製造技術の発展過程にいたる総体を歴史的に描き出すとともに、その多彩な効用と味覚の秘密を解く。四六判272頁 '73

8 はきもの　潮田鉄雄

田下駄・かんじき・わらじなど、日本人の生活の礎となってきた伝統的はきものの成り立ちと変遷を、二〇年余の実地調査と細密な観察・描写によって辿る庶民生活史　四六判280頁 '73

9 城　井上宗和

古代城塞・城柵から近世代名の居城として集大成されるまでの日本の城の変遷を辿り、文化の各領野で果たしてきたその役割を再検討。あわせて世界城郭史に位置づける。四六判310頁 '73

10 竹　室井綽

食生活、建築、民芸、造園、信仰等々にわたって、竹と人間との交流史は驚くほど深く永い。その多岐にわたる発展の過程を個々に辿り、竹の特異な性格を浮彫にする。四六判324頁 '73

11 海藻　宮下章

古来日本人にとって生活必需品とされてきた海藻をめぐって、その採取・加工法の変遷、商品としての流通史および神事・祭事での役割に至るまでを歴史的に考証する。四六判330頁 '74

12 **絵馬** 岩井宏實
古くは祭礼における神への献馬にはじまり、民間信仰と絵画のみごとな結晶として民衆の手で描かれ祀り伝えられてきた各地の絵馬を豊富な写真と史料によってたどる。四六判302頁 '74

13 **機械** 吉田光邦
畜力・水力・風力などの自然のエネルギーを利用し、幾多の改良を経て形成された初期の機械の歩みを検証し、日本文化の形成における科学・技術の役割を再検討する。四六判242頁 '74

14 **狩猟伝承** 千葉徳爾
狩猟には古来、感謝と慰霊の祭祀がともない、人獣交渉の豊かで意味深い歴史があった。狩猟用具、巻物、儀式具、またけものたちの生態を通して語る狩猟文化の世界。四六判346頁 '75

15 **石垣** 田淵実夫
採石から運搬、加工、石積みに至るまで、石垣の造成をめぐって積み重ねられてきた石工たちの苦闘の足跡を掘り起こし、その独自な技術の形成過程と伝承を集成する。四六判224頁 '75

16 **松** 高嶋雄三郎
日本人の精神史に深く根をおろした松の伝承に光を当て、食用、薬用等の実用の松、祭祀・観賞用の松、さらに文学・芸能・美術に表現された松のシンボリズムを説く。四六判342頁 '75

17 **釣針** 直良信夫
人と魚との出会いから現在に至るまで、釣針がたどった一万有余年の変遷を、世界各地の遺跡出土物を通して実証しつつ、漁撈によって生きた人々の生活と文化を探る。四六判278頁 '76

18 **鋸** 吉川金次
鋸鍛冶の家に生まれ、鋸の研究を生涯の課題とする著者が、出土遺品や文献・絵画により各時代の鋸を復元・実験し、庶民の手仕事にみられる驚くべき合理性を実証する。四六判360頁 '76

19 **農具** 飯沼二郎／堀尾尚志
鍬と犂の交代・進化の歩みとして発達したわが国農耕文化の発展経過を世界史的視野において再検討しつつ、無名の農民たちによる驚くべき創意のかずかずを記録する。四六判220頁 '76

20 **包み** 額田巌
結びとともに文化の起源にかかわる〈包み〉の系譜を人類史的視野において捉え、衣・食・住をはじめ社会・経済史、信仰、祭事などにおけるその実際と役割とを描く。四六判354頁 '77

21 **蓮** 阪本祐二
仏教における蓮の象徴的位置の成立と深化、美術・文芸等に見る人間とのかかわりを歴史的に考察。また大賀蓮はじめ多様な品種とその来歴を紹介しつつその美を語る。四六判306頁 '77

22 **ものさし** 小泉袈裟勝
ものをつくる人間にとって最も基本的な道具であり、数千年にわたって社会生活を律してきたその変遷を実証的に追求し、歴史の中で果たしてきた役割を浮彫りにする。四六判314頁 '77

23-I **将棋I** 増川宏一
その起源を古代インドに、我国への伝播の道すじを海のシルクロードに探り、また伝来後一千年におよぶ日本将棋の変化と発展を盤、駒、ルール等にわたって跡づける。四六判280頁 '77

23-Ⅱ 将棋Ⅱ　増川宏一

わが国伝来後の普及と変遷を貴族や武家・豪商の日記等に博捜し、遊戯者の歴史をあとづけると共に、中国伝来説の誤りを正し、将棋宗家の位置と役割を明らかにする。四六判３４６頁 '85

24 湿原祭祀　第2版　金井典美

古代日本の自然環境に着目し、各地の湿原聖地を稲作社会との関連において捉え直して古代国家成立の背景を浮彫にしつつ、水と植物にまつわる日本人の宇宙観を探る。四六判４１０頁 '77

25 臼　三輪茂雄

臼が人類の生活文化の中で果たしてきた役割を、各地に遺る貴重な民俗資料・伝承と実地調査にもとづいて解明。失われゆく道具のなかに、未来の生活文化の姿を探る。四六判４１２頁 '78

26 河原巻物　盛田嘉徳

中世末期以来の被差別部落民が生きる権利を守るために偽作し護り伝えてきた河原巻物を全国にわたって踏査し、そこに秘められた最底辺の人びとの叫びに耳を傾ける。四六判２２６頁 '78

27 香料　日本のにおい　山田憲太郎

焼香供養の香から趣味としての薫物へ、さらに沈香木を焚く香道へと変遷した日本の「匂い」の歴史を豊富な史料に基づいて辿り、我国風俗史の知られざる側面を描く。四六判３７０頁 '78

28 神像　神々の心と形　景山春樹

神仏習合によって変貌しつつも、常にその原型＝自然を保持してきた日本の神々の造型を図像学的方法によって捉え直し、その多彩な形象に日本人の精神構造をさぐる。四六判３４２頁 '78

29 盤上遊戯　増川宏一

祭具・占具としての発生を『死者の書』をはじめとする古代の文献にさぐり、形状・遊戯法を分類しつつその〈進化〉の過程を考察。〈遊戯者たちの歴史〉をも跡づける。四六判３２６頁 '78

30 筆　田淵実夫

筆の里・熊野に筆づくりの現場を訪ねて、筆匠たちの境涯と製筆の由来を克明に記録しつつ、筆の発生と変遷、種類、製筆法、さらには筆塚、筆供養にまで説きおよぶ。四六判２０４頁 '78

31 ろくろ　橋本鉄男

日本の山野を漂移しつづけ、高度の技術文化と幾多の伝説とをもたらした特異な旅職集団＝木地屋の生態を、その呼称、地名、伝承、文書等をもとに生き生きと描く。四六判４６０頁 '79

32 蛇　吉野裕子

日本古代信仰の根幹をなす蛇巫をめぐって、祭事におけるさまざまな蛇の「もどき」や各種の蛇の造型・伝承に鋭い考証を加え、忘れられたその呪性を大胆に暴き出す。四六判２５０頁 '79

33 鋏（はさみ）　岡本誠之

梃子の原理の発見から鋏の誕生に至る過程を推理し、日本鋏の特異な歴史的位置を明らかにするとともに、刀鍛冶等から転進した鋏職人たちの創意と苦闘の跡をたどる。四六判３９６頁 '79

34 猿　廣瀬鎮

嫌悪と愛玩、軽蔑と畏敬の交錯する日本人とサルとの関わりあいの歴史を、狩猟伝承や祭祀・風習、美術・工芸や芸能のなかに探り、日本人の動物観を浮彫りにする。四六判２９２頁 '79

35 **鮫** 矢野憲一
神話の時代から今日まで、津々浦々につたわるサメの伝承とサメをめぐる海の民俗を集成し、神饌、食用、薬用等に活用されてきたサメと人間のかかわりの変遷を描く。四六判292頁 '79

36 **枡** 小泉袈裟勝
米の経済の枢要をなす器として千年余にわたり日本人の生活の中に生きてきた枡の変遷をたどり、記録・伝承をもとにこの独特な計量器が果たした役割を再検討する。四六判322頁 '80

37 **経木** 田中信清
食品の包装材料として近年まで身近に存在した経木の起源を、こけら経や塔婆、木簡、屋根板等に遡って明らかにし、その製造・流通に携った人々の労苦の足跡を辿る。四六判288頁 '80

38 **色** 染と色彩 前田雨城
わが国古代の染色技術の復元と文献解読をもとに日本色彩史を体系づけ、赤・白・青・黒等におけるわが国独自の色彩感覚を探りつつ日本文化における色の構造を解明。四六判320頁 '80

39 **狐** 陰陽五行と稲荷信仰 吉野裕子
その伝承と文献を渉猟しつつ、中国古代哲学＝陰陽五行の原理の応用という独自の視点から、謎とされてきた稲荷信仰と狐との密接な結びつきを明快に解き明かす。四六判232頁 '80

40-Ⅰ **賭博Ⅰ** 増川宏一
時代、地域、階層を超えて連綿と行なわれてきた賭博。――その起源を古代の神判、スポーツ、遊戯等の中に探り、抑圧と許容の歴史を物語る。全Ⅲ分冊の〈総説篇〉。四六判298頁 '80

40-Ⅱ **賭博Ⅱ** 増川宏一
古代インド文学の世界からラスベガスまで、賭博の形態・用具・方法の時代的特質を明らかにし、夥しい禁令に賭博の不滅のエネルギーを見る。全Ⅲ分冊の〈外国篇〉。四六判456頁 '82

40-Ⅲ **賭博Ⅲ** 増川宏一
聞香、闘茶、笠附等、わが国独特の賭博を中心にその具体例を網羅し、方法の変遷に賭博の時代性を探りつつ禁令の改廃に時代の賭博観を追う。全Ⅲ分冊の〈日本篇〉。四六判388頁 '83

41-Ⅰ **地方仏Ⅰ** むしゃこうじ・みのる
古代から中世にかけて全国各地で作られた無銘の仏像を訪ね、素朴で多様なノミの跡に民衆の祈りと地域の願望を探る。宗教の伝播、文化の創造を考える異色の紀行。四六判256頁 '80

41-Ⅱ **地方仏Ⅱ** むしゃこうじ・みのる
紀州や飛騨を中心に草の根の仏たちを訪ねて、その相好と像容の魅力を探り、技法を比較考証して仏像彫刻史に位置づけつつ、中世地域社会の形成と信仰の実態に迫る。四六判260頁 '97

42 **南部絵暦** 岡田芳朗
田山・盛岡地方で「盲暦」として古くから親しまれてきた独得の絵解き暦を詳しく紹介しつつその全体像を復元する。その無類の生活暦は、南部農民の哀歓をつたえる。四六判288頁 '80

43 **野菜** 在来品種の系譜 青葉高
蕪、大根、茄子等の日本在来野菜をめぐって、その渡来・伝播経路、品種分布と栽培のいきさつを各地の伝承や古記録をもとに辿り、畑作文化の源流とその風土を描く。四六判368頁 '81

44 つぶて　中沢厚
弥生投弾、古代・中世の石戦と印地の様相、投石具の発達を展望しつつ、願かけの小石、正月つぶて、石こづみ等の習俗を辿り、石塊に託した民衆の願いや怒りを探る。　四六判338頁　'81

45 壁　山田幸一
弥生時代から明治期に至るわが国の壁の変遷を壁塗＝左官工事の側面から辿り直し、その技術的復元・考証を通じて建築史・文化史における壁の役割を浮き彫りにする。　四六判296頁　'81

46 簞笥（たんす）　小泉和子
近世における簞笥の出現＝箱から抽斗への転換に着目し、以降近現代に至るその変遷を社会・経済・技術の側面からあとづける。著者自身による簞笥製作の記録を付す。　四六判378頁　'82

47 木の実　松山利夫
山村の重要な食糧資源であった木の実をめぐる各地の記録・伝承を集成し、その採集・加工における幾多の試みを実地に検証しつつ、稲作農耕以前の食生活文化を復元。　四六判384頁　'82

48 秤（はかり）　小泉袈裟勝
秤の起源を東西に探るとともに、わが国律令制下における中国制度の導入、近世商品経済の発展に伴う秤座の出現、明治期近代化政策による洋式秤受容等の経緯を描く。　四六判326頁　'82

49 鶏（にわとり）　山口健児
神話・伝説をはじめ遠い歴史の中の鶏を古今東西の伝承・文献に探り、特に我国の信仰・絵画・文学等に遺された鶏の足跡を追って、鶏をめぐる民俗の記憶を蘇らせる。　四六判346頁　'83

50 燈用植物　深津正
人類が燈火を得るために用いてきた多種多様な植物との出会いと個々の植物の来歴、特性及びはたらきを詳しく検証しつつ「あかり」の原点を問いなおす異色の植物誌。　四六判442頁　'83

51 斧・鑿・鉋（おの・のみ・かんな）　吉川金次
古墳出土品や文献・絵画をもとに、古代から現代までの斧・鑿・鉋を復元・実験し、労働体験によって生まれた民衆の知恵と道具の変遷を蘇らせる異色の日本木工具史。　四六判304頁　'84

52 垣根　額田巌
大和・山辺の道に神々と垣との関わりを探り、各地に垣の伝承を訪ねて、寺院の垣、民家の垣、露地の垣など、風土と生活に培われた生垣の独特のはたらきと美を描く。　四六判234頁　'84

53-Ⅰ 森林Ⅰ　四手井綱英
森林生態学の立場から、森林のなりたちとその生活史を辿りつつ、産業の発展と消費社会の拡大により刻々と変貌する森林の現状を語り、未来への再生のみちをさぐる。　四六判306頁　'85

53-Ⅱ 森林Ⅱ　四手井綱英
森林と人間との多様なかかわりを包括的に語り、人と自然が共生するための森や里山をいかにして創出するか、森林再生への具体的な方策を提示する21世紀への提言。　四六判308頁　'98

53-Ⅲ 森林Ⅲ　四手井綱英
地球規模で進行しつつある森林破壊の現状を実地に踏査し、森と人が共存する日本人の伝統的自然観を未来へ伝えるために、いま何が必要なのかを具体的に提言する。　四六判304頁　'00

54 **海老**（えび） 酒向昇

人類との出会いからエビの科学、漁法、さらには調理法を語り、めでたい姿態と色彩にまつわる多彩なエビの民俗を、地名や人名、詩歌・文学、絵画や芸能の中に探る。四六判４２８頁 '85

55-Ⅰ **藁**（わら）Ⅰ 宮崎清

稲作農耕とともに二千年余の歴史をもち、日本人の全生活領域に生きてきた藁の文化を日本文化の原型として捉え、風土に根ざしたそのゆたかな遺産を詳細に検討する。四六判４００頁 '85

55-Ⅱ **藁**（わら）Ⅱ 宮崎清

床・畳から壁・屋根にいたる住居における藁の製作・使用のメカニズムを明らかにし、日本人の生活空間における藁の役割を見なおすとともに、藁の文化の復権を説く。四六判４００頁 '85

56 **鮎** 松井魁

清楚な姿態と独特な味覚によって、日本人の目と舌を魅了しつづけてきたアユ——その形態と分布、生態、漁法等を詳述し、古今のアユ料理や文芸にみるアユにおよぶ。四六判２９６頁 '86

57 **ひも** 額田巌

物と物、人と物とを結びつける不思議な力を秘めた「ひも」の謎を追って、民俗学的視点から多角的なアプローチを試みる。『結び』、『包み』につづく三部作の完結篇。四六判２５０頁 '86

58 **石垣普請** 北垣聰一郎

近世石垣の技術者集団「穴太」の足跡を辿り、各地城郭の石垣遺構の実地調査と資料・文献をもとに石垣普請の歴史的系譜を復元しつつ石工たちの技術伝承を集成する。四六判４３８頁 '87

59 **碁** 増川宏一

その起源を古代の盤上遊戯に探ると共に、定着以来二千年の歴史を時代の状況や遊び手の社会環境との関わりにおいて跡づける。逸話や伝説を排して綴る初の囲碁全史。四六判３６６頁 '87

60 **日和山**（ひよりやま） 南波松太郎

千石船の時代、航海の安全のために観天望気した日和山——多くは忘れられ、あるいは失われた船舶・航海史の貴重な遺跡を追って、全国津々浦々におよんだ調査紀行。四六判３８２頁 '88

61 **篩**（ふるい） 三輪茂雄

臼とともに人類の生産活動に不可欠な道具であった篩、箕（み）、笊（ざる）の多彩な変遷を豊富な図解入りでたどり、現代技術の先端に再生するまでの歩みをえがく。四六判３３４頁 '89

62 **鮑**（あわび） 矢野憲一

縄文時代以来、貝肉の美味と貝殻の美しさによって日本人を魅了し続けてきたアワビ——その生態と養殖、神饌としての歴史、漁法、螺鈿の技法からアワビ料理に及ぶ。四六判３４４頁 '89

63 **絵師** むしゃこうじ・みのる

日本古代の渡来画工から江戸前期の菱川師宣まで、時代の代表的絵師の列伝で辿る絵画制作の文化史。前近代社会における絵画の意味や芸術創造の社会的条件を考える。四六判２３０頁 '90

64 **蛙**（かえる） 碓井益雄

動物学の立場からその特異な生態を描き出すとともに、和漢洋の文献資料を駆使して故事・習俗・神事・民話・文芸・美術工芸にわたる蛙の多彩な活躍ぶりを活写する。四六判３８２頁 '89

65-Ⅰ **藍**（あい）Ⅰ　風土が生んだ色　竹内淳子

全国各地の〈藍の里〉を訪ねて、藍栽培から染色・加工のすべてにわたり、藍とともに生きた人々の伝承を克明に描き、風土と人間が生んだ〈日本の色〉の秘密を探る。四六判４１６頁　'91

65-Ⅱ **藍**（あい）Ⅱ　暮らしが育てた色　竹内淳子

日本の風土に生まれ、伝統に育てられた藍が、今なお暮らしの中で生き生きと活躍しているさまを、手わざに生きる人々との出会いを通じて描く。藍の里紀行の続篇。　四六判４０６頁　'99

66 **橋**　小山田了三

丸木橋・舟橋・吊橋から板橋・アーチ型石橋まで、人々に親しまれてきた各地の橋を訪ねて、その来歴と築橋の技術伝承を辿り、土木文化の伝播・交流の足跡をえがく。四六判３１２頁　'91

67 **箱**　宮内悊

日本の伝統的な箱（櫃）と西欧のチェストを比較文化史の視点から考察し、居住・収納・運搬・装飾の各分野における箱の重要な役割とその多彩な文化を浮彫りにする。四六判３９０頁　'91

68-Ⅰ **絹**Ⅰ　伊藤智夫

養蚕の起源を神話や説話に探り、伝来の時期とルートを跡づけ、記紀・万葉の時代から近世に至るまで、それぞれの時代・社会・階層が生み出した絹の文化を描き出す。　四六判３０４頁　'92

68-Ⅱ **絹**Ⅱ　伊藤智夫

生糸と絹織物の生産と輸出が、わが国の近代化にはたした役割を描くと共に、養蚕の道具、信仰や庶民生活にわたる養蚕と絹の民俗、さらには蚕の種類と生態におよぶ。四六判２９４頁　'92

69 **鯛**（たい）　鈴木克美

古来「魚の王」とされてきた鯛をめぐって、その生態・味覚から漁法、祭り、工芸、文芸にわたる多彩な伝承文化を語りつつ、鯛と日本人とのかかわりの原点をさぐる。四六判４１８頁　'92

70 **さいころ**　増川宏一

古代神話の世界から近現代の博徒の動向まで、さいころの役割を各時代・社会に位置づけ、木の実や貝殻のさいころから投げ棒型や立方体のさいころへの変遷をたどる。四六判３７４頁　'92

71 **木炭**　樋口清之

炭の起源から炭焼、流通、経済、文化にわたる木炭の歩みを歴史・考古・民俗の知見を総合して描き出し、独自で多彩な文化を育んできた木炭の尽きせぬ魅力を語る。　四六判２９６頁　'93

72 **鍋・釜**（なべ・かま）　朝岡康二

日本をはじめ韓国、中国、インドネシアなど東アジアの各地を歩きながら鍋・釜の製作と使用の現場に立ち会い、調理をめぐる庶民生活の変遷とその交流の足跡を探る。四六判３２６頁　'93

73 **海女**（あま）　田辺悟

その漁の実際と社会組織、風習、信仰、民具などを克明に描くとともに海女の起源・分布・交流を探り、わが国漁撈文化の古層としての海女の生活と文化をあとづける。　四六判２９４頁　'93

74 **蛸**（たこ）　刀禰勇太郎

蛸をめぐる信仰や多彩な民間伝承を紹介するとともに、その生態・分布・捕獲法・繁殖と保護・調理法などを集成し、日本人と蛸との知られざるかかわりの歴史を探る。四六判３７０頁　'94

75 曲物（まげもの） 岩井宏實
桶・樽出現以前から伝承され、古来最も簡便・重宝な木製容器として愛用された曲物の加工技術と機能・利用形態の変遷をさぐり、手づくりの「木の文化」を見なおす。四六判318頁 '94

76-Ⅰ 和船Ⅰ 石井謙治
江戸時代の海運を担った千石船（弁才船）について、その構造と技術、帆走性能を綿密に調査し、通説の誤りを正すとともに、海難と信仰、船絵馬等の考察にもおよぶ。四六判436頁 '95

76-Ⅱ 和船Ⅱ 石井謙治
造船史から見た著名な船を紹介し、遣唐使船や遣欧使節船、幕末の洋式船における外国技術の導入について論じつつ、船の名称と船型を海船・川船にわたって解説する。四六判316頁 '95

77-Ⅰ 反射炉Ⅰ 金子功
日本初の佐賀鍋島藩の反射炉と精練方＝理化学研究所、島津藩の反射炉と集成館＝近代工場群を軸に、日本の産業革命の時代における人と技術を現地に訪ねて発掘する。四六判244頁 '95

77-Ⅱ 反射炉Ⅱ 金子功
伊豆韮山の反射炉をはじめ、全国各地の反射炉建設にかかわった有名無名の人々の足跡をたどり、開国か攘夷かに揺れる幕末の政治と社会の悲喜劇をも生き生きと描く。四六判226頁 '95

78-Ⅰ 草木布（そうもくふ）Ⅰ 竹内淳子
風土に育まれた布を求めて全国各地を歩き、木綿普及以前に山野の草木を利用して豊かな衣生活文化を築き上げてきた庶民の知られざる知恵のかずかずを実地にさぐる。四六判282頁 '95

78-Ⅱ 草木布（そうもくふ）Ⅱ 竹内淳子
アサ、クズ、シナ、コウゾ、カラムシ、フジなどの草木の繊維から、どのようにして糸を採り、布を織っていたのか――聞書きをもとに忘れられた技術と文化を発掘する。四六判282頁 '95

79-Ⅰ すごろくⅠ 増川宏一
古代エジプトのセネト、ヨーロッパのバクギャモン、中近東のナルド、中国の双陸などの系譜に日本の盤雙六を位置づけ、遊戯・賭博としてのその数奇なる運命を辿る。四六判312頁 '95

79-Ⅱ すごろくⅡ 増川宏一
ヨーロッパの鵞鳥のゲームから日本中世の浄土双六、近世の華麗な絵双六、さらには近現代の少年誌の附録まで、絵双六の変遷を追って時代の社会・文化を読みとる。四六判390頁 '95

80 パン 安達巖
古代オリエントに起ったパン食文化が中国・朝鮮を経て弥生時代の日本に伝えられたことを史料と伝承をもとに解明し、わが国パン食文化二〇〇〇年の足跡を描き出す。四六判260頁 '96

81 枕（まくら） 矢野憲一
神さまの枕・大嘗祭の枕から枕絵の世界まで、人生の三分の一を共に過す枕をめぐって、その材質の変遷を辿り、伝説と怪談、俗信と民俗、エピソードを興味深く語る。四六判252頁 '96

82-Ⅰ 桶・樽（おけ・たる）Ⅰ 石村真一
日本、中国、朝鮮、ヨーロッパにわたる厖大な資料を集成してその豊かな文化の系譜を探り、東西の木工技術史を比較しつつ世界史的視野から桶・樽の文化を描き出す。四六判388頁 '97

82-Ⅱ 桶・樽（おけ・たる）Ⅱ 石村真一

多数の調査資料と絵画・民俗資料をもとにその製作技術を復元し、東西の木工技術を比較考証しつつ、技術文化史の視点から桶・樽製作の実態とその変遷を跡づける。 四六判372頁 '97

82-Ⅲ 桶・樽（おけ・たる）Ⅲ 石村真一

樹木と人間とのかかわり、製作者と消費者とのかかわりを通じて桶樽と生活文化の変遷を考察し、木材資源の有効利用という視点から桶樽の文化史的役割を浮彫にする。 四六判352頁 '97

83-Ⅰ 貝Ⅰ 白井祥平

世界各地の現地調査と文献資料を駆使して、古来至高の財宝とされてきた宝貝のルーツとその変遷を探り、貝と人間とのかかわりの歴史を「貝貨」の文化史として描く。 四六判386頁 '97

83-Ⅱ 貝Ⅱ 白井祥平

サザエ、アワビ、イモガイなど古来人類とかかわりの深い貝をめぐって、その生態・分布・地方名、装身具や貝貨としての利用法などを豊富なエピソードを交えて語る。 四六判328頁 '97

83-Ⅲ 貝Ⅲ 白井祥平

シンジュガイ、ハマグリ、アカガイ、シャコガイなどをめぐって世界各地の民族誌を渉猟し、それらが人類文化に残した足跡を辿る。参考文献一覧／総索引を付す。 四六判392頁 '97

84 松茸（まつたけ） 有岡利幸

秋の味覚として古来珍重されてきた松茸の由来を求めて、稲作文化と里山（松林）の生態系から説きおこし、日本人の伝統的生活文化の中に松茸流行の秘密をさぐる。 四六判296頁 '97

85 野鍛冶（のかじ） 朝岡康二

鉄製農具の製作・修理・再生を担ってきた農鍛冶の歴史的役割を探り、近代化の大波の中で変貌する職人技術の実態をアジア各地のフィールドワークを通して描き出す。 四六判280頁 '98

86 稲 品種改良の系譜 菅 洋

作物としての稲の誕生、稲の渡来と伝播の経緯から説きおこし、明治以降主として庄内地方の民間育種家の手によって飛躍的発展をとげたわが国品種改良の歩みを描く。 四六判332頁 '98

87 橘（たちばな） 吉武利文

永遠のかぐわしい果実として日本の神話・伝説に特別の位置を占めて語り継がれてきた橘をめぐって、その育まれた風土とかずかずの伝承の中に日本文化の特質を探る。 四六判286頁 '98

88 杖（つえ） 矢野憲一

神の依代としての杖や仏教の錫杖に杖と信仰とのかかわりを探り、人類が突きつつ歩んだその歴史と民俗を興味ぶかく語る。多彩な材質と用途を網羅した杖の博物誌。 四六判314頁 '98

89 もち（糯・餅） 渡部忠世／深澤小百合

モチイネの栽培・育種から食品加工、民俗、儀礼にわたってそのルーツと伝承の足跡をたどり、アジア稲作文化という広範な視野からこの特異な食文化の謎を解明する。 四六判330頁 '98

90 さつまいも 坂井健吉

その栽培の起源と伝播経路を跡づけるとともに、わが国伝来後四百年の経緯を詳細にたどり、世界に冠たる育種と栽培・利用法を築いた人々の知られざる足跡をえがく。 四六判328頁 '99

91 珊瑚（さんご） 鈴木克美

海岸の自然保護に重要な役割を果たす岩石サンゴから宝飾品として知られる宝石サンゴまで、人間生活と深くかかわってきたサンゴの多彩な姿を人類文化史として描く。四六判３７０頁 '99

92-Ⅰ 梅Ⅰ 有岡利幸

万葉集、源氏物語、五山文学などの古典や天神信仰に表れた梅の足跡を克明に辿りつつ日本人の精神史に刻印された梅を浮彫にし、梅と日本人の二〇〇〇年史を描く。四六判２７４頁 '99

92-Ⅱ 梅Ⅱ 有岡利幸

その植生と栽培、伝承、梅の名所や鑑賞法の変遷から戦前の国定教科書に表れた梅まで、梅と日本人との多彩なかかわりを探り、桜との対比において梅の文化史を描く。四六判３３８頁 '99

93 木綿口伝（もめんくでん） 第2版 福井貞子

老女たちからの聞書を経糸とし、厖大な遺品・資料を緯糸として、母から娘へと幾代にも伝えられた手づくりの木綿文化を掘り起し、近代の木綿の盛衰を描く。増補版 四六判３３６頁 '00

94 合せもの 増川宏一

「合せる」には古来、一致させるの他に、競う、闘う、比べる等の意味があった。貝合せや絵合せ等の遊戯・賭博を中心に、広範な人間の営みを「合せる」行為に辿る。四六判３００頁 '00

95 野良着（のらぎ） 福井貞子

明治初期から昭和四〇年までの野良着を収集・分類・整理し、それらの用途と年代、形態、材質、重量、呼称などを精査して、働く庶民の創意にみちた生活史を描く。四六判２９２頁 '00

96 食具（しょくぐ） 山内昶

東西の食文化に関する資料を渉猟し、食法の違いを人間の自然に対するかかわり方の違いとして捉えつつ、食具を人間と自然をつなぐ基本的な媒介物として位置づける。四六判２９２頁 '00

97 鰹節（かつおぶし） 宮下章

黒潮からの贈り物・カツオの漁法から鰹節の製法や食法、商品としての流通までを歴史的に展望するとともに、沖縄やモルジブ諸島の調査をもとにそのルーツを探る。四六判３８２頁 '00

98 丸木舟（まるきぶね） 出口晶子

先史時代から現代の高度文明社会まで、もっとも長期にわたり使われてきた刳り舟に焦点を当て、その技術伝承を辿りつつ、森や水辺の文化の広がりと動態をえがく。四六判３２４頁 '01

99 梅干（うめぼし） 有岡利幸

日本人の食生活に不可欠の自然食品・梅干をつくりだした先人たちの知恵に学ぶとともに、健康増進に驚くべき薬効を発揮する、その知られざるパワーの秘密を探る。四六判３００頁 '01

100 瓦（かわら） 森郁夫

仏教文化と共に中国・朝鮮から伝来し、一四〇〇年にわたり日本の建築を飾ってきた瓦をめぐって、発掘資料をもとにその製造技術、形態、文様などの変遷をたどる。四六判３２０頁 '01

101 植物民俗 長澤武

衣食住から子供の遊びまで、幾世代にも伝承された植物をめぐる暮らしの知恵を克明に記録し、高度経済成長期以前の農山村の豊かな生活文化を愛惜をこめて描き出す。四六判３４８頁 '01

102 箸（はし） 向井由紀子／橋本慶子

そのルーツを中国、朝鮮半島に探るとともに、日本人の食生活に不可欠の食具となり、日本文化のシンボルとされるまでに洗練された箸の文化の変遷を総合的に描く。 四六判334頁 '01

103 採集 ブナ林の恵み 赤羽正春

縄文時代から今日に至る採集・狩猟民の暮らしを復元し、動物の生態系と採集生活の関連を明らかにしつつ、民俗学と考古学の両面から山に生かされた人々の姿を描く。 四六判298頁 '01

104 下駄 神のはきもの 秋田裕毅

古墳や井戸等から出土する下駄に着目し、下駄が地上と地下の他界を結ぶ聖なるはきものであったという大胆な仮説を提出、日本の神々の忘れられた側面を浮彫にする。 四六判304頁 '02

105 絣（かすり） 福井貞子

膨大な絣遺品を収集・分類し、絣産地を実地に調査して絣の技法と文様の変遷を地域別・時代別に跡づけ、明治・大正・昭和の手づくりの染織文化の盛衰を描き出す。 四六判310頁 '02

106 網（あみ） 田辺悟

漁網を中心に、網に関する基本資料を網羅して網の変遷と網をめぐる民俗を体系的に描き出し、網の文化を集成する。「網に関する小事典」「網のある博物館」を付す。 四六判316頁 '02

107 蜘蛛（くも） 斎藤慎一郎

「土蜘蛛」の呼称で畏怖される一方「クモ合戦」など子供の遊びとしても親しまれてきたクモと人間との長い交渉の歴史をその深層に遡って追究した異色のクモ文化論。 四六判320頁 '02

108 襖（ふすま） むしゃこうじ・みのる

襖の起源と変遷を建築史・絵画史の中に探りつつその用と美を浮彫にし、衝立・障子・屏風等と共に日本建築の空間構成に不可欠の建具となるまでの経緯を描き出す。 四六判270頁 '02

109 漁撈伝承（ぎょろうでんしょう） 川島秀一

漁師たちからの聞き書きをもとに、寄り物、船霊、大漁旗など、漁撈にまつわる〈もの〉の伝承を集成し、海の道によって運ばれた習俗や信仰の民俗地図を描き出す。 四六判334頁 '03

110 チェス 増川宏一

世界中に数億人の愛好者を持つチェスの起源と文化を、欧米における膨大な研究の蓄積を渉猟しつつ探り、日本への伝来の経緯から美術工芸品としてのチェスにおよぶ。 四六判298頁 '03

111 海苔（のり） 宮下章

海苔の歴史は厳しい自然とのたたかいの歴史だった——採取から養殖、加工、流通、消費に至る先人たちの苦難の歩みを史料と実地調査によって浮彫にする食物文化史。 四六判172頁 '03

112 屋根 檜皮葺と柿葺 原田多加司

屋根葺師一〇代の著者が、自らの体験と職人の本懐を語り、連綿として受け継がれてきた伝統の手わざを体系的にたどりつつ伝統技術の保存と継承の必要性を訴える。 四六判340頁 '03

113 水族館 鈴木克美

初期水族館の歩みを創始者たちの足跡を通して辿りなおし、水族館をめぐる社会の発展と風俗の変遷を描き出すとともにその未来像をさぐる初の〈日本水族館史〉の試み。 四六判290頁 '03

114 古着（ふるぎ） 朝岡康二
仕立てと着方、管理と保存、再生と再利用等にわたり衣生活の変容を近代の日常生活の変化として捉え直し、衣服をめぐるリサイクル文化が形成される経緯を描き出す。四六判２９２頁 '03

115 柿渋（かきしぶ） 今井敬潤
染料・塗料をはじめ生活百般の必需品であった柿渋の伝承を記録し、文献資料をもとにその製造技術と利用の実態を明らかにして、忘れられた豊かな生活技術を見直す。四六判２９４頁 '03

116-I 道I 武部健一
道の歴史を先史時代から説き起こし、古代律令制国家の要請によって駅路が設けられ、しだいに幹線道路として整えられてゆく経緯を技術史・社会史の両面からえがく。四六判２４８頁 '03

116-II 道II 武部健一
中世の鎌倉街道、近世の五街道、近代の開拓道路から現代の高速道路網までを通観し、道路を拓いた人々の手によって今日の交通ネットワークが形成された歴史を語る。四六判２８０頁 '03

117 かまど 狩野敏次
日常の煮炊きの道具であるとともに祭りと信仰に重要な位置を占めてきたカマドをめぐる忘れられた伝承を掘り起こし、民俗空間の壮大なコスモロジーを浮彫りにする。四六判２９２頁 '04

118-I 里山I 有岡利幸
縄文時代から近世までの里山の変遷を人々の暮らしと植生の変化の両面から跡づけ、その源流を記紀万葉に描かれた里山の景観や大和・三輪山の古記録・伝承等に探る。四六判２７６頁 '04

118-II 里山II 有岡利幸
明治の地租改正による山林の混乱、相次ぐ戦争による山野の荒廃、エネルギー革命、高度成長による大規模開発など、近代化の荒波に翻弄される里山の見直しを説く。四六判２７４頁 '04

119 有用植物 菅洋
人間生活に不可欠のものとして利用されてきた身近な植物たちの来歴と栽培・育種・品種改良・伝播の経緯を平易に語り、植物と共に歩んだ文明の足跡を浮彫にする。四六判３２４頁 '04

120-I 捕鯨I 山下渉登
世界の海で展開された鯨と人間との格闘の歴史を振り返り、「大航海時代」の副産物として開始された捕鯨業の誕生以来四〇〇年にわたる盛衰の社会的背景をさぐる。四六判３１４頁 '04

120-II 捕鯨II 山下渉登
近代捕鯨の登場により鯨資源の激減を招き、捕鯨の規制・管理のための国際条約締結に至る経緯をたどり、グローバルな課題としての自然環境問題を浮き彫りにする。四六判３１２頁 '04

121 紅花（べにばな） 竹内淳子
栽培、加工、流通、利用の実際を現地に探訪して紅花とかかわってきた人々からの聞き書きを集成し、忘れられた〈紅花文化〉を復元しつつその豊かな味わいを見直す。四六判３４６頁 '04

122-I もののけI 山内昶
日本の妖怪変化、未開社会の〈マナ〉、西欧の悪魔やデーモンを比較考察し、名づけ得ぬ未知の対象を指す万能のゼロ記号〈もの〉をめぐる人類文化史を跡づける博物誌。四六判３２０頁 '04

122-Ⅱ ものの け Ⅱ 山内昶
日本の鬼、古代ギリシアのダイモン、中世の異端狩り・魔女狩り等々をめぐり、自然＝カオスと文化＝コスモスの対立の中で〈野生の思考〉が果たしてきた役割をさぐる。四六判２８０頁 '04

123 染織（そめおり） 福井貞子
自らの体験と厖大な残存資料をもとに、糸づくりから織り、染めにわたる手づくりの豊かな生活文化を見直す。創意にみちた手わざのかずかずを復元する庶民生活誌。四六判２９４頁 '05

124-Ⅰ 動物民俗 Ⅰ 長澤武
神として崇められたクマやシカをはじめ、人間にとって不可欠の鳥獣や魚、さらには人間を脅かす動物など、多種多様な動物たちと交流してきた人々の暮らしの民俗誌。四六判２６４頁 '05

124-Ⅱ 動物民俗 Ⅱ 長澤武
動物の捕獲法をめぐる各地の伝承を紹介するとともに、全国で語り継がれてきた多彩な動物民話・昔話を渉猟し、暮らしの中で培われた動物フォークロアの世界を描く。四六判２６６頁 '05

125 粉（こな） 三輪茂雄
粉体の研究をライフワークとする著者が、粉食の発見からナノテクノロジーまで、人類文明の歩みを〈粉〉の視点から捉え直した壮大なスケールの〈文明の粉体史観〉 四六判３０２頁 '05

126 亀（かめ） 矢野憲一
浦島伝説や「兎と亀」の昔話によって親しまれてきた亀のイメージの起源を探り、古代の亀卜の方法から、亀にまつわる信仰と迷信、鼈甲細工やスッポン料理におよぶ。四六判３３０頁 '05

127 カツオ漁 川島秀一
一本釣り、カツオ漁場、船上の生活、船霊信仰、祭りと禁忌など、カツオ漁にまつわる漁師たちの伝承を集成し、黒潮に沿って伝えられた漁民たちの文化を掘り起こす。四六判３７０頁 '05

128 裂織（さきおり） 佐藤利夫
木綿の風合いと強靭さを生かした裂織の技と美をすぐれたリサイクル文化として見なおす。東西文化の中継地・佐渡の古老たちからの聞書をもとに歴史と民俗をえがく。四六判３０８頁 '05

129 イチョウ 今野敏雄
「生きた化石」として珍重されてきたイチョウの生い立ちと人々の生活文化とのかかわりの歴史をたどり、この最古の樹木に秘められたパワーを最新の中国文献にさぐる。四六判３１２頁〔品切〕 '05

130 広告 八巻俊雄
のれん、看板、引札からインターネット広告までを通観し、いつの時代にも広告が人々の暮らしと密接にかかわって独自の文化を形成してきた経緯を描く広告の文化史。四六判２７６頁 '06

131-Ⅰ 漆（うるし） Ⅰ 四柳嘉章
全国各地で発掘された考古資料を対象に科学的解析を行ない、縄文時代から現代に至る漆の技術と文化を跡づける試み。漆が日本人の生活と精神に与えた影響を探る。四六判２７４頁 '06

131-Ⅱ 漆（うるし） Ⅱ 四柳嘉章
遺跡や寺院等に遺る漆器を分析し体系づけるとともに、絵巻物や文学作品の考証を通じて、職人や産地の形成、漆工芸の地場産業としての発展の経緯などを考察する。四六判２１６頁 '06

132 **まな板** 石村眞一

日本、アジア、ヨーロッパ各地のフィールド調査と考古・文献・絵画・写真資料をもとにまな板の素材・構造・使用法を分類し、多様な食文化とのかかわりをさぐる。 四六判372頁 '06

133-Ⅰ **鮭・鱒**（さけ・ます）Ⅰ 赤羽正春

鮭・鱒をめぐる民俗研究の前史から現在までを概観するとともに、原初的な漁法から商業的漁法にわたる多彩な漁法と用具、漁場と社会組織の関係などを明らかにする。 四六判292頁 '06

133-Ⅱ **鮭・鱒**（さけ・ます）Ⅱ 赤羽正春

鮭漁をめぐる行事、鮭捕り衆の生活等を聞き取りによって再現し、人工孵化事業の発展とそれを担った先人たちの業績を明らかにするとともに、鮭・鱒の料理におよぶ。 四六判352頁 '06

134 **遊戯** その歴史と研究の歩み 増川宏一

古代から現代まで、日本と世界の遊戯の歴史を概説し、内外の研究者との交流の中で得られた最新の知見をもとに、研究の出発点と目的を論じ、現状と未来を展望する。 四六判296頁 '06

135 **石干見**（いしひみ） 田和正孝編

沿岸部に石垣を築き、潮汐作用を利用して漁獲する原初的漁法を日・韓・台に残る遺構と伝承の調査・分析をもとに復元し、東アジアの伝統的漁撈文化を浮彫りにする。 四六判332頁 '07

136 **看板** 岩井宏實

江戸時代から明治・大正・昭和初期までの看板の歴史を生活文化史の視点から考察し、多種多様な生業の起源と変遷を多数の図版をもとに紹介する〈図説商売往来〉。 四六判266頁 '07

137-Ⅰ **桜Ⅰ** 有岡利幸

そのルーツと生態から説きおこし、和歌や物語に描かれた古代社会の桜観から「花は桜木、人は武士」の江戸の花見の流行まで、日本人と桜のかかわりの歴史をさぐる。 四六判382頁 '07

137-Ⅱ **桜Ⅱ** 有岡利幸

明治以後、軍国主義と愛国心のシンボルとして政治的に利用されてきた桜の近代史を辿るとともに、日本人の生活と共に歩んだ「咲く花、散る花」の栄枯盛衰を描く。 四六判400頁 '07

138 **麴**（こうじ） 一島英治

日本の気候風土の中で稲作と共に育まれた麴菌のすぐれたはたらきの秘密を探り、醸造化学に携わった人々の足跡をたどりつつ醱酵食品と日本人の食生活文化を考える。 四六判244頁 '07

139 **河岸**（かし） 川名登

近世初頭、河川水運の隆盛と共に物流のターミナルとして賑わい、船旅や遊廓などをもたらした河岸（川の港）の盛衰を河岸に生きる人々の暮らしの変遷としてえがく。 四六判300頁 '07

140 **神饌**（しんせん） 岩井宏實／日和祐樹

土地に古くから伝わる食物を神に捧げる神饌儀礼に祭りの本義を探り、近畿地方主要神社の伝統的儀礼をつぶさに調査して、豊富な写真と共にその実際を明らかにする。 四六判374頁 '07

141 **駕籠**（かご） 櫻井芳昭

その様式、利用の実態、地域ごとの特色、車の利用を抑制する交通政策との関連から駕籠かきたちの風俗までを明らかにし、日本交通史の知られざる側面に光を当てる。 四六判294頁 '07

142 追込漁（おいこみりょう） 川島秀一
沖縄の島々をはじめ、日本各地で今なお行なわれている沿岸漁撈を実地に精査し、魚の生態と自然条件を知り尽した漁師たちの知恵と技を見直しつつ漁業の原点を探る。四六判３６８頁 '08

143 人魚（にんぎょ） 田辺悟
ロマンとファンタジーに彩られて世界各地に伝承される人魚の実像をもとめて東西の人魚誌を渉猟し、フィールド調査と膨大な資料をもとに集成したマーメイド百科。四六判３５２頁 '08

144 熊（くま） 赤羽正春
狩人たちからの聞き書きをもとに、かつては神として崇められた熊と人間との精神史的な関係をさぐり、熊を通して人間の生存可能性にもおよぶユニークな動物文化史。四六判３８４頁 '08

145 秋の七草 有岡利幸
『万葉集』で山上憶良がうたいあげて以来、千数百年にわたり秋を代表する植物として日本人にめでられてきた七種の草花の知られざる伝承を掘り起こす植物文化誌。四六判３０６頁 '08

146 春の七草 有岡利幸
厳しい冬の季節に芽吹く若菜に大地の生命力を感じ、春の到来を祝い新年の息災を願う「七草粥」などとして食生活の中に巧みに取り入れてきた古人たちの知恵を探る。四六判２７２頁 '08

147 木綿再生 福井貞子
自らの人生遍歴と木綿を愛する人々との出会いを織り重ねて綴り、優れた文化遺産としての木綿衣料を紹介しつつ、リサイクル文化としての木綿再生のみちを模索する。四六判２６６頁 '09